Klaus Müller-Hohenstein / Die ostmarokkanischen Hochplateaus

ERLANGER GEOGRAPHISCHE ARBEITEN

Herausgegeben vom
Vorstand der Fränkischen Geographischen Gesellschaft

Sonderband 7

Klaus Müller-Hohenstein

Die ostmarokkanischen Hochplateaus

Ein Beitrag zur Regionalforschung und zur Biogeographie
eines nordafrikanischen Trockensteppenraumes

Mit 46 Kartenskizzen und Figuren, 15 Bildern und 4 Tafelbeilagen

Erlangen 1978

Selbstverlag der Fränkischen Geographischen Gesellschaft
in Kommission bei Palm & Enke

Als Habilitationsschrift auf Empfehlung der Mathematisch-Naturwissenschaftlichen Fachbereiche der Friedrich-Alexander-Universität Erlangen-Nürnberg gedruckt mit Unterstützung der Deutschen Forschungsgemeinschaft

ISBN 3 920405 43 9

ISSN 0170—5180

Der Inhalt dieses Sonderbandes ist nicht in den „Mitteilungen der Fränkischen Geographischen Gesellschaft" erschienen.

Gedruckt in der Universitätsbuchdruckerei Junge & Sohn, Erlangen

Vorwort

Die vorliegende, im Sommer 1975 abgeschlossene Schrift entstand während fünfzehnmonatiger Gelände- und Laborarbeiten in Marokko in den Jahren 1973/74 sowie anschließender Studien im Herbar des Institut Chérifien in Rabat und im Museum Frey in Tutzing. Ermöglicht wurde sie durch ein Habilitandenstipendium und Reise- und Druckkostenbeihilfen der Deutschen Forschungsgemeinschaft, der ich für diese so großzügig gewährte Unterstützung großen Dank schulde.

Mein Interesse für biogeographische Probleme im Mittelmeerraum ist schon früh von meinem verehrten Lehrer und Doktorvater, Prof. Dr. Franz Tichy, geweckt worden. Er hat auch diese Arbeit mit vielen Ratschlägen gefördert. Hierfür danke ich ihm sehr herzlich.

Herr Prof. Dr. Eugen Wirth hat mit stetem Interesse und wertvollen Hinweisen besonders den kulturgeographischen Teil der Arbeit begleitet, Herr Prof. Dr. Karl Albert Habbe gab zahlreiche Anregungen zu physischgeographischen Fragen. Ihnen bin ich ebenso dankbar wie allen weiteren Mitarbeitern des Instituts für Geographie in Erlangen, die ohne Ausnahme in freimütigen und gewinnbringenden Diskussionen halfen, Zweifel auszuräumen und Fragen zu klären.

Die Herren Klaus Richter und Rudolf Rössler übernahmen die mühevolle Reinzeichnung der Karten und Tabellen, die Herren Wendelin Mehl und Clemens Meier fertigten die Fotografien an. Frau Dr. Annemarie Brüss, Frau Sigrun Tausch und meine Frau, Ulrike Müller-Hohenstein, schrieben die Arbeit ins reine und lasen mit großer Sorgfalt Korrektur. Herr Friedrich Linnenberg betreute die redaktionelle Arbeit. Ihnen gilt mein besonderer Dank.

Der deutschen Botschaft in Rabat bin ich ebenso zu Dank verpflichtet wie zahlreichen marokkanischen Behörden und Privatpersonen.

Trotz aller wertvollen Hilfen hätte diese Arbeit nicht ohne das liebevolle Verständnis meiner Familie und die enge Verbundenheit mit meinem Freund Franz Graul in Marokko abgeschlossen werden können.

Klaus Müller-Hohenstein

Inhaltsverzeichnis

	Seite
Vorwort	5
Inhaltsverzeichnis	7
Verzeichnis der Abbildungen, Bilder, Tabellen und Tafelbeilagen	9
Inhaltsverzeichnis des Beilagenheftes	10
Einleitung und Fragestellung	12

Erster Teil

Die physisch-geographischen Grundlagen und die bevölkerungs- und wirtschaftsgeographische Situation der ostmarokkanischen Hochplateaus . . 15

  I. Die physisch-geographischen Grundlagen der ostmarokkanischen Hochplateaus . . . 17
    A. Der Reliefformenschatz und die typischen Reliefeinheiten . . . 17
    B. Das Klima des nordafrikanischen Trockensteppengürtels und die klimatische Sonderstellung der ostmarokkanischen Hochplateaus . . . 25
      1. Die wichtigsten Variablen des Klimas der ostmarokkanischen Hochplateaus . . . 26
      2. Die Gliederung der ostmarokkanischen Hochplateaus nach klimatischen Gesichtspunkten . . . 35
    C. Die Böden der ostmarokkanischen Hochplateaus . . . 38
      1. Zur Genese und rezenten Dynamik der Böden und bodenäquivalenten Substrate . . . 38
      2. Die wichtigsten Bodeneigenschaften und die Typisierung der Böden . . . 40
      3. Die regionale Differenzierung der Böden auf den ostmarokkanischen Hochplateaus . . . 42
    D. Die Vegetation der ostmarokkanischen Hochplateaus . . . 44
      1. Vegetationskundliche und floristische Grundlagen . . . 44
      2. Die anthropogene Beeinflussung der Trockensteppen . . . 47
      3. Die regionale Differenzierung des Pflanzenkleides der ostmarokkanischen Hochplateaus . . . 49
    E. Die Tierwelt der ostmarokkanischen Hochplateaus . . . 52
      1. Allgemeine Charakteristik der Trockensteppenfauna . . . 52
      2. Die wichtigsten Vertreter der Trockensteppenfauna der ostmarokkanischen Hochplateaus . . . 54
      3. Zur tiergeographischen Gliederung der ostmarokkanischen Hochplateaus . . . 56
    F. Die ostmarokkanischen Hochplateaus und ihre Randlandschaften als Eignungsräume . . . 59

Seite

II. Zur gegenwärtigen bevölkerungs- und wirtschaftsgeographischen Situation der ostmarokkanischen Hochplateaus 60
   A. Die Bevölkerung der ostmarokkanischen Hochplateaus 60
   B. Die Lebensformen der Bevölkerung der südostmarokkanischen Landschaften 65
      1. Die seßhafte Bevölkerung der Randlandschaften der ostmarokkanischen Hochplateaus 66
      2. Die Lebensformen der nomadisierenden Bevölkerung der ostmarokkanischen Hochplateaus 70
      3. Die wirtschaftsgeographische Situation auf den ostmarokkanischen Hochplateaus 77
      4. Zur Frage des Nomadismus 86

Zweiter Teil
Zur Biogeographie der ostmarokkanischen Hochplateaus 89

  I. Allgemeine methodologische Einführung in den biogeographischen Teil der Arbeit 90
   A. Erläuterung der vegetationskundlichen Untersuchungen 92
   B. Erläuterung der tierkundlichen Untersuchungen 96
   C. Erläuterung der Untersuchungen aus den Bereichen „Relief", „Boden" und „Klima". 101
      1. Die Hangneigung als Parameter aus dem Bereich des Reliefformenschatzes 102
      2. Die bodenkundlichen Untersuchungsschritte 103
      3. Zur Untersuchung von Variablen aus dem klimatischen Bereich . 105
   D. Beschreibung der untersuchten „Perimeter" und Standorte . . . 105
  II. Ergebnisse der Untersuchungen zur Biogeographie der ostmarokkanischen Hochplateaus 133
   A. Die Verbreitung der Pflanzengesellschaften und ihrer regionalen und standörtlichen Varianten auf den ostmarokkanischen Hochplateaus . . 134
      1. Die Pflanzengesellschaften der Rumpfflächen im Westen der ostmarokkanischen Hochplateaus 135
      2. Die Pflanzengesellschaften der Hochebenen im Osten der ostmarokkanischen Hochplateaus 137
      3. Die Pflanzengesellschaften der Schichtstufen im Süden der ostmarokkanischen Hochplateaus 141
   B. Die jahreszeitliche Entwicklung der Pflanzengesellschaften der ostmarokkanischen Hochplateaus 143
      1. Die Ergebnisse der Beobachtungen von Dauerquadraten in den wichtigsten Pflanzengesellschaften 144
      2. Phytomasse und Primärproduktion in den wichtigsten Pflanzengesellschaften 154
      3. Vegetationskundliche Aspekte für eine potentielle Weidenutzung . 158
   C. Ergebnisse tiersoziologischer Untersuchungen 163

	Seite
III. Zusammenfassende Betrachtung der gegenwärtigen bevölkerungs- und wirtschaftsgeographischen Probleme der ostmarokkanischen Hochplateaus und Perspektiven einer zukünftigen Entwicklung	169
A. Die gegenwärtigen bevölkerungs- und wirtschaftsgeographischen Probleme der ostmarokkanischen Hochplateaus	170
B. Perspektiven einer zukünftigen Entwicklung der ostmarokkanischen Hochplateaus	172
Literaturverzeichnis	177
Verzeichnis der benutzten Karten und Luftbilder	184
Glossar	185
Bilder	187

Verzeichnis der Abbildungen, Bilder, Tabellen und Tafelbeilagen

Abbildungen[a]

1. Ausgewählte Klimadiagramme Ostmarokkos
2. Fünf-Jahres-Diagramme von Oujda und Midelt
3. Klimatogramm von Oujda (1969—1973)
4. Klimatogramm von Midelt (1969—1973)
5. Klimagramm Ostmarokkos
6. Brunnenstandort Hassi el Ahmar und typisches Zelt der Oulad el Haj
7. Perimeter 1: Jebel el Gaada
8. Perimeter 2: Iniene Rtem
9. Perimeter 5: Oued Nosli
10. Perimeter 7: En Nefouikha
11. Perimeter 11: Chebka Tisraine
12. Perimeter 12: Garet Dik
13. Perimeter 13: Guelb Zerga
14. Perimeter 14: Dmia
15. Perimeter 15: Chaif Oulad Raho
16. Perimeter 16: Chaif er Rih
17. Perimeter 17: Guelb Mbarek
18. Perimeter 18: Teniet Kenadsa
19. Perimeter 19: Chebka Remlia
20. Dauerquadrate steiniger und felsiger Halfastandorte in Perimeter 13 und 16
21. Dauerquadrate steiniger und sandiger Halfastandorte in Perimeter 1 und 12
22. Dauerquadrate lehmiger und steiniger Wermutstandorte in Perimeter 14 und 2
23. Dauerquadrate benachbarter Standorte von *Artemisia herba-alba* und *Anabasis aphylla* in Perimeter 19
24. Dauerquadrate lehmiger und sandiger *Lygeum spartum*-Standorte in Perimeter 14 und 11.

Bilder

1. Rumpffläche des Rekkam mit Halfa- und Wermutgesellschaften
2. Rumpffläche des Rekkam im Luftbild
3. Schichtkämme des Garet Dik mit Halfa- und Retamagesellschaften

---

[a] Weitere Abbildungen enthält das Beilagenheft. Sie sind in einem gesonderten Inhaltsverzeichnis aufgeführt.

4. Schichtkämme des Garet Dik im Luftbild
5. Hochebenen von En Nefouikha mit den charakteristischen Boden-Vegetations-Komplexen
6. Hochebenen von En Nefouikha im Luftbild
7. *Stipa tenacissima* (flor.)
8. *Artemisia herba-alba* und *Aristida coerulescens* (flor.)
9. *Retama sphaerocarpa* auf Nebkets
10. Felsspaltengesellschaft mit *Stipa tenacissima*
11/12. Dauerquadrat in *Anabasis aphylla*-Gesellschaft
13/14/15. Dauerquadrat in *Lygeum spartum*-Gesellschaft

Tabellen

1. Bevölkerungszahlen ausgewählter Siedlungen (Annexe) und ihres Verwaltungsbereichs in Südost-Marokko
2. Die Bevölkerungsentwicklung in Guercif, Missour und Midelt von 1930—1971

Tafelbeilagen

1. Ostmarokko, Übersichtsskizze
2. Vegetationsaufnahmen auf den ostmarokkanischen Hochplateaus:
   (1) Teiltabelle der *Stipa tenacissima*-Gesellschaften
   (2) Teiltabelle der *Artemisia herba-alba*-Gesellschaften
   (3) Teiltabelle der *Retama sphaerocarpa*- und der *Anabasis aphylla*-Gesellschaften
3. Tierkundliche Untersuchungen auf den ostmarokkanischen Hochplateaus:
   (1) Teiltabelle der Coleoptera-Populationen
   (2) Coleoptera-Zeitfänge in *Artemisia herba-alba*-Gesellschaften
   (3) Coleoptera-Zeitfänge in *Stipa tenacissima*-Gesellschaften
4. Ökotoptypen der ostmarokkanischen Hochplateaus [b]

Inhaltsverzeichnis des Beilagenheftes

1. Erläuterungen und Legende zur Tafelbeilage 4:
   Ökotoptypen der ostmarokkanischen Hochplateaus
2. Luft- und Bodentemperaturen an Strahlungstagen in Perimeter 15
   (gemeinsame Legende der Abbildungen 25—30)
3. Abb. 25: Luft- und Bodentemperaturen in Perimeter 15 am 24. 2. 1974
4. Abb. 26: Luft- und Bodentemperaturen in Perimeter 15 am 25. 4. 1974
5. Abb. 27: Luft- und Bodentemperaturen in Perimeter 15 am 25. 5. 1974
6. Abb. 28: Luft- und Bodentemperaturen in Perimeter 15 am 19. 6. 1974
7. Abb. 29: Luft- und Bodentemperaturen in Perimeter 15 am 27. 10. 1973
8. Abb. 30: Luft- und Bodentemperaturen in Perimeter 15 am 18. 12. 1973
9. Erläuterung der floristischen Arealtypenspektren der Abb. 31—34
10. Abb. 31: Floristische Arealtypenspektren
11. Abb. 32: Arealtypenspektren der *Stipa tenacissima*-Gesellschaften
12. Abb. 33: Arealtypenspektren der *Artemisia herba-alba*-Gesellschaften
13. Abb. 34: Arealtypenspektren der *Retama sphaerocarpa*-Gesellschaften
14. Erläuterung der floristischen Lebensformenspektren

---

[b] Nähere Erläuterungen und die Legende zu Tafelbeilage 4 befinden sich im Beilagenheft.

15. Abb. 35: Floristische Lebensformenspektren
16. Abb. 36: Lebensformenspektren von *Stipa tenacissima*-Gesellschaften
17. Abb. 37: Lebensformenspektren von *Artemisia herba-alba*-Gesellschaften
18. Abb. 38: Lebensformenspektren von *Retama sphaerocarpa*-, *Lygeum spartum*- und *Anabasis aphylla*-Gesellschaften
19. Abb. 39: Lebensformenspektren ausgewählter Pflanzengesellschaften
20. Gruppenspektren der bodenlebenden Arthropodenfauna (gemeinsame Legende der Abb. 40—43)
21. Abb. 40: Gruppenspektren der bodenlebenden Arthropodenfauna in Halfagesellschaften der Perimeter 1 und 15
22. Abb. 41: Gruppenspektren der bodenlebenden Arthropodenfauna in Wermutgesellschaften der Perimeter 2, 5, 11 und 16
23. Abb. 42: Gruppenspektren der bodenlebenden Arthropodenfauna an feuchten Standorten der Daya (Perimeter 14) und der Nebkets (Perimeter 15)
24. Abb. 43: Gruppenspektren der bodenlebenden Arthropodenfauna in Halfagesellschaften der Perimeter 1, 12 und 16, sowie auf einer bour-Fläche (Perimeter 1)
25. Erläuterung der faunistischen Arealtypenspektren der Abb. 44—46
26. Abb. 44: Faunistische Arealtypenspektren *(Coleoptera)*
27. Abb. 45: Faunistische Arealtypenspektren *(Coleoptera)* aus Halfagesellschaften
28. Abb. 46: Faunistische Arealtypenspektren *(Coleoptera)* aus Wermutgesellschaften
29. Artenliste I: Die Blütenpflanzen der ostmarokkanischen Trockensteppen
30. Artenliste II: Die Säugetiere der ostmarokkanischen Trockensteppen
31. Artenliste III: Die Vögel der ostmarokkanischen Trockensteppen
32. Artenliste IV: Die Reptilien der ostmarokkanischen Trockensteppen
33. Artenliste V: Die Käfer der ostmarokkanischen Trockensteppen

Einleitung und Fragestellung

Die ostmarokkanischen Hochplateaus gehören ohne Zweifel zu den Räumen des Königreichs Marokko und darüber hinaus zu den Landschaften des gesamten Maghreb, die bis heute in der geographischen Literatur kaum bekannt gemacht wurden. Mit Ausnahme von Überblicksdarstellungen in den umfassenden Länderkunden von Nordwestafrika und Marokko und abgesehen von der Bearbeitung sehr spezieller Fragen in Teilräumen oder Randlandschaften dieses Trockensteppengebietes fehlt jegliche eingehendere Behandlung und Gesamtdarstellung. Hierfür können eine Reihe von Gründen aufgeführt werden; als wichtigster erscheint uns die äußerst periphere Lage eines wirtschaftsschwachen Raumes, der auch in der französischen Protektoratszeit, in der insbesondere französische Wissenschaftler wesentlich zur besseren Kenntnis der Räume und Probleme des Maghreb beitrugen, nicht interessant und attraktiv genug erschien.

Die ostmarokkanischen Hochplateaus sind aber auch Teil eines einheitlichen natürlichen Großraumes, der sich kontinuierlich vom Ostabfall des Mittleren Atlas in Marokko über das Hochland von Algerien bis in den tunesisch-algerischen Grenzbereich hinein erstreckt. Übergreifende Bezeichnungen wie „Hautes plaines algéro-marocaines" oder „nordafrikanischer Trockensteppengürtel" unterstreichen die enge Verwandtschaft der aufgrund des Reliefformenschatzes, des Großklimas und des Pflanzenkleides zusammengefaßten Räume.

In dieser Arbeit werden die ostmarokkanischen Hochplateaus unter biogeographischen Fragestellungen behandelt. Biogeographisches Arbeiten wird dabei in erster Linie als ökologisches Arbeiten aufgefaßt. Vom geographischen, die räumlichen Beziehungen in den Vordergrund stellenden Standpunkt aus soll ein bestimmter Ausschnitt der Trockensteppenökosysteme erfaßt werden. Dieser Ausschnitt betrifft die Ausstattung mit Lebewesen — einschließlich des Menschen — und ihre Interaktionen. Unter Biogeographie wird hier also partielle Ökosystemforschung verstanden, partiell, weil Struktur und Funktion von Ökosystemen nicht nur nach der räumlichen Anordnung und Interaktion der sie aufbauenden Elemente, sondern auch unter den Aspekten von Energiebilanzen betrachtet werden können.

Struktur und Funktion von Ökosystemen sind in der Regel so komplex, daß sie heute von nur sehr wenigen Ökosystemen näherungsweise bekannt sind. Ein einzelner ist bei ihrer Erforschung ohnehin überfordert.

Wesentliche Erkenntnisse sind in diesem Zusammenhang nur in langjährigem „teamwork" mit erheblichem apparativen Aufwand erarbeitet worden [1]. So lag es nahe, einen Raum auszuwählen, dessen Ökosysteme zum einen als nicht zu komplex eingeschätzt werden durften und die zum anderen noch nicht zu vielseitiger und nachhaltiger menschlicher Beeinflussung unterworfen worden waren.

Selbst der partielle, auf die Strukturelemente der Trockensteppenökosysteme und ihre vielseitigen Wechselbeziehungen ausgerichtete Arbeitsansatz kann aber in einem relativ „einfach" strukturierten Gebiet nicht nur aus zeitlichen, sondern auch aus fachlichen Gründen nicht vollständig von einem einzelnen Bearbeiter verfolgt werden. Es ist erforderlich, Systemelemente (oder Variable) und Systemzusammenhänge auszuwählen. Diese müssen nach eigenen Erfahrungen oder Hinweisen aus der Literatur als entscheidende, übergeordnete Bausteine und Zusammenhänge angesehen werden können. In Anlehnung an LONG (1972) soll dieser Ansatz als „sektoriell" bezeichnet werden. Selbstverständlich entbindet der sektorielle Ansatz nicht von der ganzheitlichen Sicht; detailliert bearbeitet wird aber nur der als entscheidend erachtete Bereich [2].

Zwei Aspekte stehen im folgenden bei der biogeographischen Bearbeitung der ostmarokkanischen Hochplateaus im Vordergrund. Zum einen wird der ausgewählte Raum als Typus aufgefaßt, als charakteristischer Ausschnitt des nordafrikanischen Trockensteppengürtels. Dabei wird versucht, allgemeine biogeographische Ergebnisse über das engere Arbeitsgebiet hinaus auf den gesamten Trockensteppenbereich anzuwenden.

Zum anderen fassen wir die Hochplateaus als Individuum auf, als Teil des marokkanischen Königreiches, der potentiell Möglichkeiten rationellerer Landnutzung besitzt, ohne notwendigerweise in fortschreitendem Maße degradiert und seiner natürlichen Ressourcen beraubt zu werden. Diese Fragen gewinnen bei dem auch in Marokko ständig wachsenden Bevölkerungsdruck an Bedeutung. Die unter diesen Gesichtspunkten interpretierten Ergebnisse können als Entscheidungshilfe für die gegenwärtigen Planungen angesehen werden.

---

1) Erinnert sei an erste Ergebnisse, die heute von Forschungsprojekten im Rahmen des UNESCO-Programms "Man and the Biosphere", MAB, vorliegen, z. B. vom Solling-Projekt (ELLENBERG 1971).

2) Im einleitenden Kapitel des speziellen, biogeographischen Teils dieser Arbeit werden, ausgehend von dem hier skizzierten partiellen und sektoriellen Ansatz, weitere methodologische Überlegungen dargelegt.

Unter Betonung praxisnaher Probleme werden also unter dem erstgenannten Aspekt Fragen des Eignungsraumes, unter dem letztgenannten solche des Ergänzungsraumes diskutiert.

Im ersten Teil dieser Arbeit sind somit zunächst die physisch-geographischen Grundlagen und die gegenwärtige bevölkerungs- und wirtschaftsgeographische Situation der ostmarokkanischen Hochplateaus vorzustellen. Dabei werden — soweit dies sinnvoll oder sogar notwendig erscheint — die angrenzenden Räume mit in die Betrachtung einbezogen.

Hieran schließt sich ein zweiter Teil an, in welchem versucht wird, neben grundlegenden biogeographischen Fragen, wie der Kennzeichnung und Differenzierung des Arbeitsgebietes durch ausgewählte biotische Taxa, auch einen Beitrag zur Lösung der im ersten Teil herausgestellten Probleme zu leisten. Es handelt sich bei diesem zweiten Teil im wesentlichen um die Erläuterung der einzelnen Arbeitsschritte, die in Karten, Profilen, Diagrammen, Tabellen und Listen erfolgende Darstellung der Ergebnisse und ihre textliche Interpretation.

Abschließend werden Perspektiven und Alternativen aufgezeigt, die sich für eine zukünftige Entwicklung dieses Raumes aus biogeographischer Sicht bieten.

Erster Teil

Die physisch-geographischen Grundlagen und die gegenwärtige bevölkerungs- und wirtschaftsgeographische Situation der ostmarokkanischen Hochplateaus

Zu den ostmarokkanischen Landschaften werden die Räume gezählt, die sich als etwa breitenparallele Streifen von der Mittelmeerküste im Norden bis zu den östlichen Ausläufern des Hohen Atlas im Süden erstrecken. Im Westen werden sie vom Rif und dem Steilabfall des Mittleren Atlas begrenzt, im Osten liegt die Landesgrenze zu Algerien [3].

Es sind Räume von erheblicher Gegensätzlichkeit. Der schmale, relativ humide und dicht besiedelte Küstensaum gehört zu den ertragreichsten Agrarlandschaften des marokkanischen Königreiches mit dem noch heute sichtbaren Erbe der großen „fermes" aus der französischen Protektoratszeit. Die ein erstaunlich geschlossenes Waldkleid aus Steineichen und Thujen tragenden und nur in den höchsten Erhebungen 1000 m überragenden Beni Snassen trennen diesen Raum von südlich anschließenden Ebenen und Becken, die schon ganz den Charakter der nordafrikanischen Trockensteppen besitzen. Die durchschnittlichen Niederschlagsmengen lassen vor allem in Senken noch einen bescheidenen Regenfeldbau zu. In den relativ milden Wintern finden hier darüber hinaus nomadisierende Stämme aus dem Süden willkommene Weidegründe. Besondere Bedeutung erhält dieses Gebiet jedoch durch wichtige Marktzentren (Guercif, Taourirt) an den Straßen- und Eisenbahnverbindungen, die die wirtschaftlichen Zentren Marokkos über Oujda, der wichtigsten Stadt im Osten, mit Algerien verbinden. Eine meist markante Steilstufe trennt diesen durchschnittlich nur 500—800 m hoch gelegenen „Korridor" von den ostmarokkanischen Hochplateaus (1100—1400 m), die ihrerseits bis zu den stark aufgelösten, kaum über 2000 m Höhe erreichenden Ausläufern des Hohen Atlas reichen. Dort verläuft die Grenze zu den saharischen Landschaften Marokkos. Die Vielfalt der ostmarokkanischen Landschaften wird noch erhöht durch die Tal- und Beckenlandschaften der Moulouya mit ausgedehnten Bewässerungsflächen im Norden und zahlreichen kleinen Flußoasen im Süden.

Gleichwohl besitzen alle diese Landschaften einen gemeinsamen, stark prägenden Charakterzug in ihrer großräumigen Lage: Sie dürfen nach MENSCHING (1957, S. 234) „als Gegenstück zum atlantischen Atlasvorland aufgefaßt werden". Dies bedeutet nicht nur, daß die vorgenannten Gebirgsmassive atlantische Klimaeinflüsse, insbesondere niederschlagbringende Luftmassen, zurückhalten und dieser Raum deshalb — und auch wegen der nahezu fehlenden orographischen Hindernisse im Süden — saharischen Einflüssen gegenüber besonders offen ist. Mindestens ebenso wichtig war und ist die dadurch gegebene Abschnürung von den Zentren des politischen und wirtschaftlichen Lebens in den westlichen Kernräumen. Am

---

3) Vgl. hierzu Tafelbeilage 1.

wenigsten ist hiervon der wirtschaftlich potente, mediterrane Norden betroffen. Schon die französischen „colons" aber bezeichneten die Landschaften der Hochplateaus als „petit désert" und rechneten sie nicht mehr zum „Maroc utile". Nicht nur in der ersten Hälfte dieses Jahrhunderts, für die PASKOFF (1956, S. 35) dieses Gebiet „la région déshéritée de l'Empire Chérifien" nennt, wirkte diese Abschnürung. Auch die gegenwärtig stark zentralistische Wirtschafts- und Bevölkerungspolitik verstärkt für diesen Raum die ohnehin in vieler Hinsicht periphere Lage.

Landesnatur und die jüngere Territorialgeschichte haben so gleichermaßen dazu beigetragen, daß der marokkanische Anteil am hochgelegenen nordafrikanischen Trockensteppengürtel bisher kaum das Interesse der geographischen Forschung fand.

Voraussetzung für die Behandlung der einleitend genannten biogeographischen Fragestellungen im zweiten Teil der Arbeit ist deshalb eine Einführung in den Naturraum der ostmarokkanischen Hochplateaus wie auch in die gegenwärtige bevölkerungs- und wirtschaftsgeographische Situation.

I. Die physisch-geographischen Grundlagen der ostmarokkanischen Hochplateaus

A. Der Reliefformenschatz und die typischen Reliefeinheiten

Die im Schrifttum zu findenden Landschaftsbezeichnungen, wie „ostmarokkanische Hochplateaus", „Meseta oranaise" oder „Hautes plaines algéro-marocaines", deuten zweierlei an: Zum einen wird der überwiegend flächenhafte Charakter dieses Raumes betont, zum anderen aber auch festgestellt, daß sich diese Landschaft über die Landesgrenze hinaus weit nach Algerien hinein erstreckt. DESPOIS (1958, S. 64) betont die Einförmigkeit dieser „région à la fois plus vaste et la plus désespérément monotone ... de toute l'Afrique du Nord".

Eine Abgrenzung der Hochplateaus nach geomorphologischen Kriterien wird durch den anderen Formenschatz der *Randlandschaften* im Norden, Westen und Süden erleichtert. Im *Norden*, einem Bereich besonders starker Heraushebung und tektonischer Beanspruchung, ist das Grundgebirge stellenweise von den Deckgebirgsschichten entblößt. An scharfen Ouedeinschnitten werden hier von jungen Graniten durchsetzte paläozoische Schiefer sichtbar. Die markanteste Form und gleichzeitig scharfe Grenze wird jedoch von überwiegend jurassischen Deckgebirgsserien gebildet, die über dem Grundgebirgssockel eine stark zerlappte Schichtstufe aufbauen. Sie überragt das nördlich gelegene Vorland der tertiär- und quartärerfüllten Becken und Ebenen um mehr als 1000 m.

Im *Westen* haben sich die rechten Nebenflüsse der Moulouya canyonartig in dieselben Deckgebirgsserien eingetieft. So wurde hier der Rand der Hochplateaus in zahlreiche Riedel zerlegt, denen oft noch Zeugenberge vorgelagert sind. Vor diesen Riedeln liegen schwachgeneigte, ebenfalls zerschnittene Glacisflächen, die — in mehrere Stockwerke gegliedert — die beckenartigen Erweiterungen des Moulouyatales füllen und zum charakteristischen Formenelement werden [4]. Hier trennen den Rand der Hochebenen 400 bis 500 Höhenmeter vom Niveau der untersten jungen Terrassenflächen.

Auch im *Süden* der Hochplateaus hat eine stärker wirksame Tektonik zur Ausbildung nahezu west-östlich streichender Antiklinalen geführt. Es sind kleine, oft kompliziert gebaute Massive aus kretazischen, jurassischen und — seltener — triassischen Sedimenten. Überwiegend treten sie als Schichtstufen und -kämme in Erscheinung. Nur selten, wie etwa im Jebel Bou Arfa (1 580 m) [5], wird auch das Grundgebirge aufgedeckt. Insgesamt bilden diese kleinen Gebirgsstöcke einen zwar deutlichen, doch recht lückenhaften und die Hochplateaus nur um wenige 100 m überragenden Grenzwall zu den südlich anschließenden saharischen Landschaften.

So klar, wie sich die aufgezählten Randlandschaften untereinander und von den Hochplateaus durch ihren Reliefformenschatz unterscheiden und abgrenzen lassen, so eintönig erscheint die Oberflächengestaltung der Hochebenen selbst.

Diese Hochebenen Ostmarokkos sind nur ein kleiner Teil der einheitlichen Naturlandschaft, die sich in wechselnder Breite — zwischen 100 und 200 km — über mehr als 700 km vom Moulouyatal im Westen bis zum Hodnabecken im Osten erstreckt. Sie nimmt damit im wesentlichen den Raum zwischen den Tellketten im Norden und dem stark aufgelösten Saharaatlas im Süden ein und wird als „Marokkanisch-Algerische Hochplateaus" bezeichnet. Diese Hochplateaus dachen sich vom durchschnittlich 1 200 bis 1 400 m hoch gelegenen marokkanischen Anteil kontinuierlich bis zum Schott el Hodna in ca. 800 m ü. NN ab.

Trotz der bereits betonten Einförmigkeit haben einerseits strukturelle Besonderheiten, andererseits die Lage zum Vorfluter zur Ausbildung be-

---

4) RAYNAL (1961) gibt eine detaillierte geomorphologische Darstellung der Beckenlandschaften der Moulouya.

5) Die Schreibung der Eigennamen und die Höhenangaben sind einheitlich den Blättern der topographischen Karte 1:100 000 entnommen.

sonders kennzeichnender Reliefeinheiten dieser Großlandschaft geführt. *Flächensysteme* unterschiedlicher Genese herrschen vor: im Westen kaum zerstörte *Rumpfflächen*, mehr oder weniger verkrustete *Fußflächen* in allen Bereichen, vor allem aber im Osten, ebenso ausgedehnte *Überschwemmungsflächen* im Anschluß an kaum eingetiefte Oueds, die „zones d'épandage". Flächenmäßig nur geringen, aber physiognomisch stark ins Gewicht fallenden Anteil haben häufig als *Schichtkämme* ausgebildete kleinere Gebirgsmassive. Nur wenige und auch nur episodisch fließende Oueds haben sich tiefer in die Flächen eingeschnitten und örtlich zur Ausbildung *canyonartiger Talformen* mit jungen Terrassensystemen geführt. Schließlich müssen die zahlreichen *abflußlosen Hohlformen* unterschiedlichster Größe sowie mit und ohne Salzanreicherung (Schott, Daya) erwähnt werden. Sie gehören zum charakteristischen Formenschatz aller Wüstenrandlagen. Mit dem Schott Rharbi und dem Schott Tigri liegen zwei der größeren Schotts erst im algerisch-marokkanischen Grenzbereich, also schon außerhalb des hier betrachteten Raumes [6]. Alle anderen als kennzeichnend erkannten Reliefeinheiten sind aber auch am Aufbau der ostmarokkanischen Hochplateaus beteiligt.

In den *Rumpfflächen im Westen*, die charakteristischerweise mit den Bezeichnungen „Rekkam" und „Dahra" von der einheimischen Bevölkerung eigene Landschaftsnamen erhalten haben, erreichen die ostmarokkanischen Hochplateaus ihre durchschnittlich höchste Lage von etwa 1 300 m ü. NN. In der „Gaada" von Debdou [7] im Norden und auch im Raum von Hassi el Ahmar im Süden (Chebket Bou Ahsira, 1 677 m) werden sogar 1 600 m Höhe deutlich überschritten. Trotz dieser Höhenunterschiede überwiegt der flächenhafte Charakter.

Im Vergleich zu den östlich anschließenden Ebenen muß hier jedoch eine zwar unterschiedlich starke, bis auf den Wasserscheidenbereich im östlichen Teil jedoch sehr intensive Zerschneidung und Zertalung als charakteristisch herausgestellt werden. Sie wurde von einem nur episodisch Wasser führenden hydrographischen Netz geschaffen, welches diesen Raum in wenigen größeren, mäandrierenden Oueds (Keddou, Tissaf, Timersat) zur nahen Moulouya im Westen entwässert. Die überwiegend flachlagernden Sedimente — Kalke und Dolomite des Jura, Kreidekalke sowie junge tertiäre und altquartäre, überwiegend sandige, aber auch zu konglomerati-

---

6) Die Lage dieser Schotts im algerisch-marokkanischen Grenzbereich hatte leider zur Folge, daß die Geländearbeiten nicht bis hierher ausgedehnt werden konnten.

7) Im Glossar werden arabische Bezeichnungen für Relieftypen und Landschaften, wie gaada, chebka, cahra u. a. m., erläutert.

schen Lagen verbackene Ablagerungen — sind dadurch im moulouyanahen Teil in deutlicher getrennte, tafelbergartige Riedel, Rücken und auch Einzelberge zerlegt (gara, chebka, gour). Im zentralen und im wasserscheidennahen östlichen Teil bestimmen flache Kuppen den Formenschatz. Sie sind durch oft nur wenige Meter eingesenkte Mulden, seltener durch Talkerben voneinander getrennt [8]. Mit Ausnahme der stellenweise senkrecht über mehrere Dekameter abfallenden Talhänge der größeren Oueds werden Hangneigungen von 10 Grad nur selten erreicht oder gar überschritten.

Die Genese der Großformen erklären DRESCH und RAYNAL (1953) durch mindestens zwei Phasen der Flächenbildung im Pont und im Villafranchien, wobei spätestens seit dem Altquartär auch die tief gelegene Erosionsbasis der Moulouya wirksam wurde. Die rezente Morphodynamik wirkt nur im westlichen Teil bei überwiegend linienhafter Abtragung stärker reliefumgestaltend im Sinne einer Auflösung und Zerstörung der Flächen. Die Kuppen und stärker geneigten Hanglagen in den übrigen Bereichen sind von einem relativ engmaschigen Netz kleiner Kerben (Ravinen) überzogen. Sie zerschneiden in der Regel jedoch nur die örtlich über einen Meter mächtigen Schuttdecken, welche die höher gelegenen Bereiche ummanteln. Diese dürften trotz der auch heute vorherrschenden physikalischen Verwitterung größtenteils periglazialen Ursprungs sein [9]. In den eingeschalteten Muldenbereichen überwiegt auf schwach geneigten, stellenweise verkrusteten „Ausgleichsflächen" im Sinne MENSCHINGs (1968), die ouednahe wenigstens örtlich als Terrassen, in hangnäheren Teilen eher als Glacis anzusprechen sind, die flächenhafte Abtragung, zumindest aber flächenhafte Materialumlagerung [10]. Bei der Umlagerung des feineren Materials spielt auch der Wind eine erhebliche Rolle.

Wenn auch im westlichen Teil der ostmarokkanischen Hochplateaus *Fußflächen* nicht fehlen, so bestimmen sie doch erst in den östlich anschließenden Ebenen den Charakter des Formenschatzes entscheidend. Dieser Raum muß als 1 100—1 200 m ü. NN erreichende Vorlandebene der höher gelegenen Rumpfflächen im Westen und der Schichtstufen und Schichtkämme im Süden aufgefaßt werden. Örtlich haben hier Bohrungen eine mehrere hundert Meter mächtige Auflage tertiärer und quartärer Ablage-

---

[8] Typische Ausschnitte aus diesem Relief zeigen die Karten der Perimeter 1 und 5 (Abb. 7 und 9).

[9] Häufig konnte eingeregelter Schutt in den Kerben beobachtet werden; die insbesondere von RAYNAL mehrfach genannten Strukturböden wurden jedoch nicht gefunden (1961).

[10] Der Kartenausschnitt von Perimeter 2 (Abb. 8) gibt diese Reliefverhältnisse beispielhaft wieder.

rungen über den jurassischen und kretazischen Deckgebirgsserien ergeben. In diesen teils fluvialen, konglomeratisch verfestigten, teils lakustrischen, lockeren Sedimenten haben sich Fußflächen entwickelt, die im engeren Ag mit einer Hangneigung von etwa 50 Promille an den oben genannten Reliefeinheiten ansetzen, bald nur noch ein Gefälle von 10 bis unter 5 Promille besitzen und sich bis zum 50 bis 100 m eingetieften Vorfluter im Osten, dem Oued Charef, erstrecken.

Die aus dem gebirgigen Rückland kommenden Oueds teilen sich nach Erreichen der Fußflächen über breiten, kaum gewölbten Schwemmfächern auf und überziehen das gesamte Gebiet mit einem dichten Netz kaum meterbreiter, wenig eingetiefter Rinnen. Bei geringer Neigung anastomosieren die Rinnen, teilweise enden sie auch in kleinen Depressionen. Nach starken Niederschlägen füllen sich diese Becken für wenige Tage mit Wasser, auch an die Rinnen seitlich anschließende Bereiche werden anhaltend überspült (zone d'épandage). In kolkartig vertieften Rinnenabschnitten bleibt das Wasser wochenlang stehen. Die inselhaft in diesem Abflußsystem liegenden Reste älterer Fußflächen heben sich nicht so sehr durch ihre wenige Dezimeter höhere Lage als vielmehr durch ihre kiesig-steinige Bedeckung von den lehmig-sandigen Spülbereichen ab. Nicht selten tragen diese Flächen Spuren älterer Abflußsysteme [11]. Der schubweise Transport von Lockermaterial in heute weniger aktiven Rinnen und Spülzonen hat die Ausbildung eines zebrafellartigen Vegetationsmosaiks zur Folge. Es zeigt am besten die geringfügigen Höhenunterschiede des Flachreliefs an.

Kennzeichnend für die rezente Morphodynamik sind so in erster Linie kleinräumige Umlagerung von vorwiegend mittleren bis feinsten Korngrößen durch flächenhaftes, langsames Abfließen des Wassers in den Rinnen und Spülbereichen sowie die Abtragung und Umlagerung durch fast ununterbrochen wehende Winde. Noch fehlen quantitative Vorstellungen zu den Abtragungsbeträgen, doch darf angenommen werden, daß die Substratumlagerung durch Deflation die durch Denudation und Erosion überwiegt.

Im Süden der ostmarokkanischen Hochplateaus sind die jurassischen und kretazischen Deckgebirgsserien stärker gefaltet oder an südwest-nordöstlich verlaufenden Bruchlinien schollenartig herausgehoben. Unterschiedliche Widerständigkeit der einzelnen Sedimente wie auch ihr wechselnd starkes Einfallen führten zur Ausbildung von Schichtstufen und Schichtkämmen. Diese erreichen im engeren Ag 1 300 bis 1 600 m absoluter

---

[11] In den Perimetern 7 und 19 sind charakteristische Beispiele dieser Reliefeinheiten dargestellt (Abb. 10 und 19).

Höhe. Kalke und Dolomite des Dogger, so beim Chaif Oulad Raho (1 584 m), und Kalke des Cenoman/Turon, wie beim Garet el Dik (1 578 m) oder beim Chaif er Rih (1 334 m), treten als Stufenbildner auf [12]. Sie werden in der Regel nur durch geringmächtige, bunt gefärbte Mergellagen voneinander getrennt.

Die oberen Stufenhänge sind meist wandartig versteilt, wobei diese Wände im Kalk durch breite Klüfte gegliedert werden und stark verkarstet sind. Die ebenfalls verkarsteten Stufenflächen sind auf den zahlreichen Zeugenbergen und Ausliegern ganz, sonst auch in Traufnähe deutlich als Schichtflächen ausgebildet und haben nur stellenweise eine dünne Auflage von Lockermaterial. Die Stufenhänge sind vor allem im unteren Teil mit mächtigen Hangschuttlagen bedeckt. Am Hangfuß liegen nicht selten übermannsgroße Gesteinsblöcke, die von der Kante herabgestürzt sind. Zahlreiche Kerben zerschneiden die Hangschuttdecken. Sowohl diese starke Hangzerschneidung als auch die großen Gesteinsbrocken deuten auf eine rezente Stufenrückverlegung hin, an der Lösungsvorgänge, physikalische Verwitterung und die episodischen Starkregen gleichermaßen teilhaben [13].

Die Kerben und Runsen sammeln sich in wenigen größeren Rinnen oder setzen auch ganz aus, sobald der Stufenhang mit meist deutlichem Gefällsbruch in die anschließenden Fußflächen übergeht. Besonders deutlich und kaum zerschnitten sind sie im Südosten des Ag ausgebildet und leiten als echte „Ausgleichsflächen" im Sinne von MENSCHING (1968) zu den oben geschilderten Fußflächen und Sedimentationsbecken im Osten über. Im Südwesten sind die Fußflächen unter dem Einfluß der zur Moulouya gerichteten subsequenten Vorfluter undeutlicher ausgebildet bzw. stärker zerstört.

An mehreren Stellen, besonders in den Rumpfflächen des Rekkam, zeugen *basaltische Decken* von vulkanischer Tätigkeit. In Schloten und Spalten haben die Laven die jungen Deckgebirgsserien durchbrochen. Sie sind dabei sowohl über den jüngsten plio-pleistozänen Flächen als Reste erhalten als auch bereits in diesen Flächen mit eingeebnet worden. Ersteres ist östlich Tissaf am Rand des Moulouyabeckens auf den in Riedel und Tafelberge zerlegten Flächenresten zu beobachten, letzteres trifft z. B. für den Guelb Zerga (1 483 m) im zentralen Rekkam zu [14]. Dieses Bild legt

---

12) Die genannten Erhebungen sind in den Karten der Perimeter 12, 15 und 16 dargestellt (Abb. 12, 15 und 16).

13) Insgesamt stimmen die hier gemachten Beobachtungen weitgehend mit denen überein, die DONGUS (1970) für Schichtstufen aus anderen ariden Räumen mitteilt.

14) Der Guelb Zerga und seine nähere Umgebung sind in der Kartenskizze von Perimeter 13 (Abb. 13) dargestellt.

eine genetische Deutung in mehreren Phasen von der Wende Mio-/Pliozän bis zum Altquartär nahe.

Zwar besitzt der Vulkanismus kaum eigene reliefprägende Züge, doch sind seine Spuren in weitverbreiteten basaltischen Schuttdecken und solchen aus geschwärzten Kontaktgesteinen erhalten. Sie spielen örtlich bei der Entwicklung der Böden oder bodenäquivalenter Substrate eine wichtige Rolle.

Die *Täler* und *Abflußsysteme* samt ihrer näheren Umgebung müssen aus mehreren Gründen besonders betrachtet werden. Sie tragen in ihrer unterschiedlichen Ausgestaltung nicht nur wesentlich zur Differenzierung des Gesamtraumes bei, sondern besitzen als grundwassernächste Standorte für große Einzugsbereiche eine entscheidende siedlungs- und wirtschaftsgeographische Bedeutung.

Das in der Übersichtskarte dargestellte Talnetz läßt den bereits erwähnten Gegensatz der westlichen und östlichen Landschaften des Ag erkennen. Von den sehr flachen wasserscheidenden Rücken im zentralen Bereich und einigen Schichtkämmen im Süden — aus Höhenlagen also um 1 500 bis 1 600 m — ist der Abfluß nach Westen zur perennierend fließenden Moulouya in 600 bis 800 m ü. NN gerichtet. Vorfluter im Osten ist der Oued Charef (Oberlauf des Oued Za/Oued el Hai), der zwar örtlich gegenüber den anschließenden Flächen um über 100 m eingetieft sein kann, trotzdem aber weit über Moulouyaniveau in 900 bis 1 000 m ü. NN liegt. In der Luftlinie ist die Moulouya vom vorgenannten wasserscheidenden Bereich nur zwischen 40 und 60 km entfernt, der Oued Charef jedoch etwa doppelt so weit.

Die trotz zahlreicher Mäanderstrecken kaum 100 km Länge erreichenden Moulouyanebenflüsse (Oued Keddou, Oued Tissaf, Oued Guesmir) haben ein wesentlich größeres durchschnittliches Gefälle als der Oued Charef und seine Zuflüsse (Oued Betoum, Oued Sidi Ali), die bis zu 200 km Länge erreichen. Außerdem zeigen ihre Längsprofile eine Reihe von Gefällsbrüchen. Diese sind vor allem auf das Überwinden härterer Gesteinsbänke in kurzen Durchbruchstalabschnitten zurückzuführen. Da die Oueds im Osten sich dagegen weitgehend in die eigenen jungen Sedimente einschneiden, ist ihr Gefälle insgesamt stärker ausgeglichen.

Ebenso wichtig für die räumliche Differenzierung ist das Muster des hydrographischen Netzes. Im Westen zerschneiden viele kleine und kleinste Oueds die anstehenden Kalke, Dolomite und Sandsteine. Im Osten haben sich neben den größeren Oueds nur selten kaum eingetiefte, tributäre oder auch ganz unabhängige, quasi endorheische Rinnensysteme in den Lockersedimenten ausgebildet. Ihr Netz ist außerordentlich weitmaschig.

Die im Ag ausnahmslos aperiodische Wasserführung mit ebenfalls stark schwankenden Abflußspenden führte bei dem jungen Talnetz nur selten zur Ausbildung deutlicher Flußterrassen. Charakteristisch sind jedoch einmal in gefällsarmen Bereichen ausgedehnte lehmüberdeckte Überschwemmungsbereiche. Zum anderen werden die Oueds örtlich von Nebkets begleitet, dünenartigen Bildungen aus feinkörnigen Substraten, die durch eine strauchige Vegetation *(Retama sphaerocarpa, Ziziphus lotus)* festgelegt sind. In den jungen Sedimenten und Schotterkörpern der Oueds liegt ein erster sehr wichtiger Grundwasserhorizont, der relativ leicht in wenige Meter tiefen Brunnen (oglat) erschlossen werden kann. Ständige Wasserführung besitzen nur der Oued Tissaf ab Tissaf und der Oued el Hai außerhalb des engeren Ag. Gespeist werden sie durch Karstquellen, wobei die im Becken von Berguent liegende Quelle an der Grenze des Oued Charef (alternder Fluß) zum Oued el Hai (lebender Fluß) 550 l/sec spendet und hier eine wirtschaftliche Ausnahmesituation schafft. Die Quelle in Tissaf schüttet maximal 60 l/sec. Der Gehalt dieser Wässer an löslichen Salzen schwankt zwischen 1 und 2 g/l.

Die größten *abflußlosen Hohlformen* des nordafrikanischen Trockengürtels am Nordrand der Sahara sind die Schotts. Sie gehören zu den charakteristischsten Reliefeinheiten der endorheischen Gebiete. Beispielhaft sind sie im algerischen Hochland oder auch in Südtunesien ausgebildet.

Die ostmarokkanischen Hochplateaus haben dagegen nur im Grenzbereich zu Algerien Anteil an zwei kleineren dieser „Salzsenken", dem Schott Rharbi südöstlich von Berguent und dem Schott Tigri nordöstlich Bou Arfa. Außer den mehrere tausend Quadratkilometer großen Schotts, deren Entstehung mit tertiären und altquartären Seen in Verbindung gebracht wird, gibt es jedoch auch kleinere abflußlose Becken, darunter solche, in denen es infolge unterirdischer Entwässerung nicht zur Anreicherung von Salzen kommt. DRESCH (1959) hat in einer knappen Übersicht alle auftretenden Formen dieser Art beschrieben und meist polygenetisch gedeutet. Struktur- und Schichtgrenzen, Deflation und Lösungsvorgänge können im einzelnen ihre Entstehung begünstigen.

Gerade letztere haben wohl eine entscheidende Rolle bei der Genese der meist nur wenige tausend Quadratmeter großen Senken gespielt, die im engeren Ag besonders im Wasserscheidenbereich zwischen Moulouya und Oued Charef in anstehenden Kalken wie auch weiter im Osten auf den stark verkrusteten pliozänen Flächen entwickelt sind [15]. Sie werden als *Dayas* bezeichnet. Gegenüber ihrer näheren Umgebung sind sie nur um wenige Meter eingetieft, selten und nur stellenweise durch eine deutliche Kante markiert. Trotzdem fallen sie sofort wegen ihrer ganz andersartigen Vegetation auf. In diese dolinenartigen Hohlformen werden durch stark verästelte Rinnensysteme feine Sedimente transportiert und abgelagert. Sie erreichen schon im Randbereich der Senken 2 m Mächtigkeit, in den Beckenzentren wahrscheinlich sogar mehrere Dekameter. Eine völlige Auffüllung und Einebnung verhindern die ständigen Winde, die einen Teil des abgetrockneten Feinmaterials schnell wieder ausweben. Bei fehlender oder ungenügender Abdichtung der Dayas nach unten kommt es nicht zur Anreicherung von Salzen.

B. Das Klima des nordafrikanischen Trockensteppengürtels und die klimatische Sonderstellung der ostmarokkanischen Hochplateaus

Schon bei der Beschreibung des Reliefformenschatzes der ostmarokkanischen Hochplateaus zeigte sich eine starke Abhängigkeit älterer Oberflächenformen von Vorzeitklimaten sowie auch der rezenten Morphodynamik vom gegenwärtigen klimatischen Geschehen. Der klimatische Einfluß auf die Böden ist nachhaltig, am engsten wird sich aber auch in den Trockensteppen die ursächliche Verknüpfung mit der Vegetation erweisen. Somit kommt der Betrachtung des Klimas besondere Bedeutung zu.

Nordafrika liegt im Bereich eines alternierenden, durch zwei deutlich unterschiedene Jahreszeiten gekennzeichneten Großklimas, welches bis zu den vollariden, saharischen Bereichen im Süden besonders im Niederschlagsjahresgang diese mediterranen Züge trägt. Unter dem Einfluß des Azorenhochs herrschen im Sommer trockene und heiße, überwiegend stabile Wetterlagen vor. Sie werden nur durch gelegentlich weit nach Norden reichende Ausläufer innersaharischer Zyklonen gestört, die mit südlichen und südöstlichen Staub- und Sandstürmen (chergui) verbunden sind und ein Ansteigen der Temperaturen zu den heute bekannten Maxima bedingen. Die durch breite „Pforten" getrennten, kaum 2000 m Höhe erreichenden Kämme des Saharaatlas im Süden der Hochplateaus können den starken saharischen Einfluß nicht aufhalten.

Das winterliche, zyklonal bestimmte Wettergeschehen ist wesentlich instabiler. Westliche und nordwestliche Winde bringen vom Atlantik her kühle und feuchte Luftmassen und sind Ursache eines zweigeteilten aus-

---

15) Ein typisches Beispiel zeigt die Karte von Perimeter 14 (Abb. 14).

geprägten Niederschlagsmaximums. Dem nördlichen Küstensaum bringen zusätzlich auch mittelmeerbürtige Zyklonen Niederschlag. Nur gelegentlich gewinnen Hochdruckeinflüsse aus dem Südwesten, die kühles und klares Wetter mit sich bringen, die Oberhand. Hier wirkt sich für die ostmarokkanischen Hochplateaus die Lage im Großrelief klimatisch ungemein modifizierend aus. Die westlichen Luftmassen bringen zwar den atlantischen Landschaften Marokkos und dem Mittleren Atlas zahlreiche ergiebige Niederschlagsereignisse. Die über 3000 m hohen Gebirgsmassive schirmen aber die östlich anschließenden Räume stark ab. Nur so ist die saharische Enklave des Mittleren Moulouyabeckens im Regenschatten des Atlasmassivs mit Niederschlägen unter 200 mm zu erklären. Selbst auf den über 1500 m hohen Bereichen der Hochplateaus werden kaum 400 mm erreicht. Die vom Mittelmeer kommenden feuchten Luftmassen gelangen in der Regel auch nicht über den Nordrand der Plateaus hinaus, bedingen aber an diesem ein örtliches Ansteigen der Niederschläge auf etwa 500 bis 600 mm.

Die klimatische Sonderstellung der Hochplateaus wird somit durch die relative *„Offenheit" gegenüber saharischen Einflüssen* einerseits und den verhältnismäßig starken *Abschluß gegenüber atlantischen und mediterranen Einflüssen* andererseits verursacht [16].

1. Die wichtigsten Variablen des Klimas der ostmarokkanischen Hochplateaus

Menge und jahreszeitliche Verteilung der Niederschläge wie auch die Zuverlässigkeit ihres Eintreffens sind in Trockenräumen wichtigstes klimatisches Kriterium. Sie erlauben jedoch nur im Zusammenhang mit den Temperaturen eine aussagekräftige und gesicherte regionale Differenzierung. Wichtiger als in vielen anderen Gebieten und gerade auch den Nachbarlandschaften sind in Ostmarokko schließlich die fast immerwährenden, mitunter stürmischen Luftbewegungen. Diesbezügliche Daten sind im folgenden zusammengestellt [17].

---

16) Zahlreiche Klimakarten dokumentieren ebenfalls die hier beschriebene Sonderstellung, sehr eindrucksvoll z. B. die „Carte Bioclimatique de la Région méditerranéenne" der UNESCO-FAO (1962).

17) Zur Erläuterung der folgenden Ausführungen sind die in den Abb. 1—4 und 25—30 skizzierten Klimadiagramme (nach WALTER-LIETH 1964, z. T. ergänzt), Klimatogramme von Oujda und Midelt für 1969—73 (nach Unterlagen des Service Climatologique Casablanca) und Temperaturdiagramme (nach eigenen Messungen) heranzuziehen.

Darüber hinaus ist es erstmals möglich, einen Eindruck von ökologisch so bedeutsamen Fakten wie Einstrahlung und Verdunstung zu geben. Seit 1969 werden hierzu Messungen in den beiden Stationen 1. Ordnung Oujda und Midelt vorgenommen. Beide Stationen, wie auch die in der französischen Protektoratszeit über 20 Jahre lang arbeitenden in Guercif, Outat el Haj, Berguent und Bou Arfa, liegen außerhalb des engeren Ag, in welchem keine Station eingerichtet wurde oder je existierte. Die angeführten Stationen bieten so nur Näherungswerte, wenn auch Midelt im Südwesten, Berguent im Nordosten und Bou Arfa im Südosten die Verhältnisse für die angrenzenden Bereiche des Ag ziemlich genau wiedergeben dürften. Leider muß aber auch für die Protektoratszeit die Zuverlässigkeit der erhobenen Daten in Frage gestellt werden.

Die im ATLAS DU MAROC von GAUSSEN und DEBRACH 1958 entworfene Karte der *Jahresniederschläge* in Marokko läßt im Südosten Marokkos eine streifenförmige, nord-südlich verlaufende Anordnung von Räumen mit unterschiedlichen Niederschlagsbeträgen erkennen. Im Moulouyatal wird zunächst ein 10 bis 20 km breiter, den Fluß begleitender Streifen mit Niederschlägen unter 200 mm angenommen, der flußabwärts über Guercif hinaus bis nahe an das Mittelmeer, im Süden bis unweit Midelt, reicht. Während die Niederschlagsbeträge von hier aus nach Westen im Mittleren Atlas sehr schnell Werte über 1 200 mm erreichen, liegt im Osten die 300-mm-Isohyete erst auf den Randhöhen der Hochplateaus. Für diesen Bereich sind die Werte von Midelt repräsentativ [18]. Im Norden dieses Streifens werden auf der Gaada von Debdou 400 mm, am Steilrand selbst auch über 500 mm Niederschlag erreicht. Im Süden können im Raum von Hassi el Ahmar bei Erhebungen über 1600 m Höhe ebenfalls Werte über 400 mm angenommen werden. Mit den weiter nach Osten abnehmenden absoluten Höhenlagen unterschreiten auch die Niederschlagsmengen die 300-mm-Marke. Der gesamte Osten des engeren Ag erhält zwischen 200 und 300 mm, auf der Achse Bou Arfa-Tendrara-Berguent reicht schließlich wieder ein Streifen mit unter 200 mm weit nach Norden.

Die *jährliche Niederschlagsverteilung* weist zwei ausgeprägte Maxima auf. Bei den im Moulouyatal gelegenen Stationen im Westen ist das Frühjahrsmaximum höher, regenreichste Monate sind der März und April. Die Minima liegen im Juni, Juli und August. Letzteres gilt auch für die weiter

---

18) Ein Vergleich der älteren Diagramme von Oujda und Midelt (Abb. 1) mit den neuen 5-Jahres-Diagrammen (Abb. 2) weist im Fall von Oujda diesen jüngeren Zeitraum als geringfügig, im Fall von Midelt als merklich kühler und feuchter aus. Vgl. hierzu auch das Diagramm nach der Methode von EMBERGER (Abb. 5).

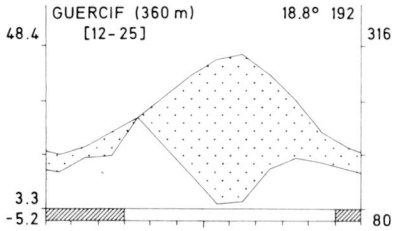
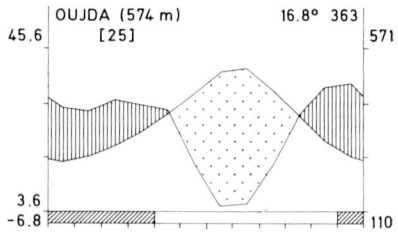

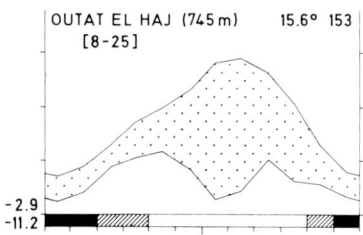
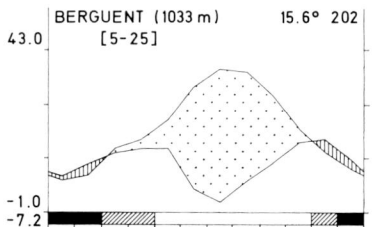

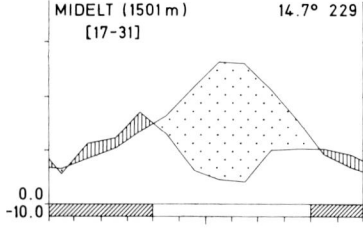
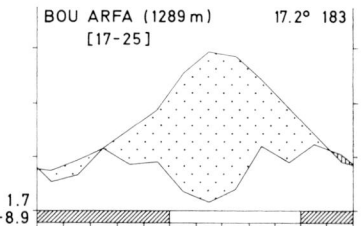

Ausgewählte Klimadiagramme Ostmarokkos

(nach Methode WALTER, z.T. ergänzt durch Maxima und Minima von Jahresniederschlagssummen)

Abb. 1

östlich gelegenen Stationen (Oujda, Berguent, Bou Arfa). Hier liegt das Hauptmaximum jedoch eindeutig in den Herbstmonaten, ab September. Dezember und Januar sind relativ trocken. Diese unterschiedlichen Niederschlagsgänge zeigen eindrucksvoll die Abschirmung der Moulouyasenke durch den Mittleren Atlas, da die Herbstniederschläge im Gegensatz zu den mehr kontinentalen Frühjahresregen überwiegend planetarisch bedingt sind.

Auf den gesamten Hochplateaus darf mit etwa 40 Niederschlagstagen gerechnet werden, im Moulouyatal mit nur etwa 30. Während dort Schneefall selten ist, fällt auf den Hochebenen alljährlich an mindestens 4 bis über 10 Tagen Schnee. Allerdings bleibt dieser Schnee selten länger als einen Tag liegen, dünne und lückenhafte Decken halten nur wenige Stunden vor. Gerade für den Bodenwasserhaushalt ist aber der Schnee wichtig, da bei verlangsamtem Abfluß mehr Feuchtigkeit vom Boden aufgenommen werden kann. Im übrigen fallen auch hier die Niederschläge überwiegend in der häufig für Trockengebiete geschilderten hohen Intensität. In Matarka fielen z. B. am 18. 11. 73 innerhalb von nur 2 Stunden ca. 50 mm Niederschlag, also etwa ein Viertel der gesamten Jahresmenge. Bemerkenswert erscheint, daß von der Mehrzahl aller Niederschlagsereignisse nur relativ kleine Räume erfaßt werden. Nach eigenen Beobachtungen im Herbst 1973 und Frühjahr 1974 wurden oft nicht mehr als 50 bis 100 km² in langgezogenen Streifen abgedeckt.

Die *Niederschlagsvariabilität* von Jahr zu Jahr ist sehr hoch. Am Beispiel von Oujda liegen für die 25 Jahre Beobachtungsdauer während der Protektoratszeit bei einem Jahresmittel von 363 mm die Extremwerte bei 571 bzw. 110 mm, in den letzten 5 Jahren bei einem Mittel von 366 mm immerhin schon bei 504 und 196 mm [19]. PASKOFF (1956) weist für das Becken von Berguent von 20 Jahren 7 als trockene, 3 als extrem trockene aus [20]. Für den Gesamtbereich des Ag dürfte die Schwankungsbreite bei ähnlichen Dimensionen liegen. In extremen Jahren sind deshalb nicht nur die Ernten in den wenigen Trockenfeldern, sondern auch eine ausreichende Nahrungsgrundlage für die Weidewirtschaft in Frage gestellt.

Die *Temperaturwerte* lassen eine weitere klimatische Differenzierung Ostmarokkos und des engeren Ag zu. Die Jahresmittel zeigen für die westlichen Stationen im Moulouyatal eine deutliche Abnahme nach dem hypsometrischen Wandel, wobei die Werte für das 1 500 m hoch gelegene Midelt mit 14,7 bzw. 13,6 Grad C (Mittel der letzten 5 Jahre) für die

---

19) Vgl. hierzu die Klimatogramme von Oujda und Midelt (Abb. 3 und 4).

20) Letztere erhalten nur 50 % oder weniger der durchschnittlichen Niederschlagsmenge. Die trockenen Jahre werden von der Bevölkerung auch besonders benannt, z. B. „am belboum" (Jahr, in dem Mehl verteilt wurde). Das folgenschwere Jahr 1944/45 erhielt den Namen „am belgroum" (Jahr, in dem die Hörner der toten Tiere liegen blieben).

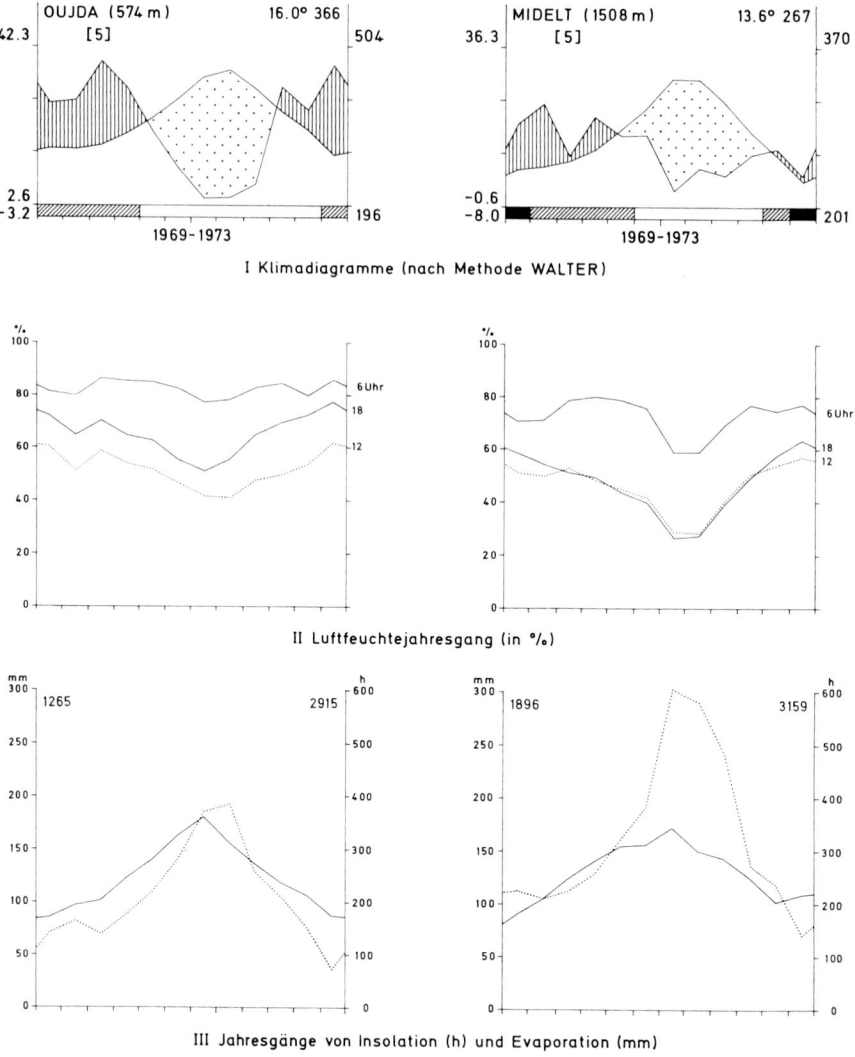

I Klimadiagramme (nach Methode WALTER)

II Luftfeuchtejahresgang (in %)

III Jahresgänge von Insolation (h) und Evaporation (mm)

5-Jahres-Diagramme von Oujda und Midelt

Abb. 2

höher gelegenen Bereiche im Westen des Ag voll gültig sind. Im Osten liegen die Mittelwerte bei Höhenlagen zwischen 1 000 und 1 200 m ü. NN um 1 bis 2 Grad C höher. Die besonders heißen Sommer im Südosten führen zu weiter erhöhten Durchschnittstemperaturen (Bou Arfa 17,2 Grad C).

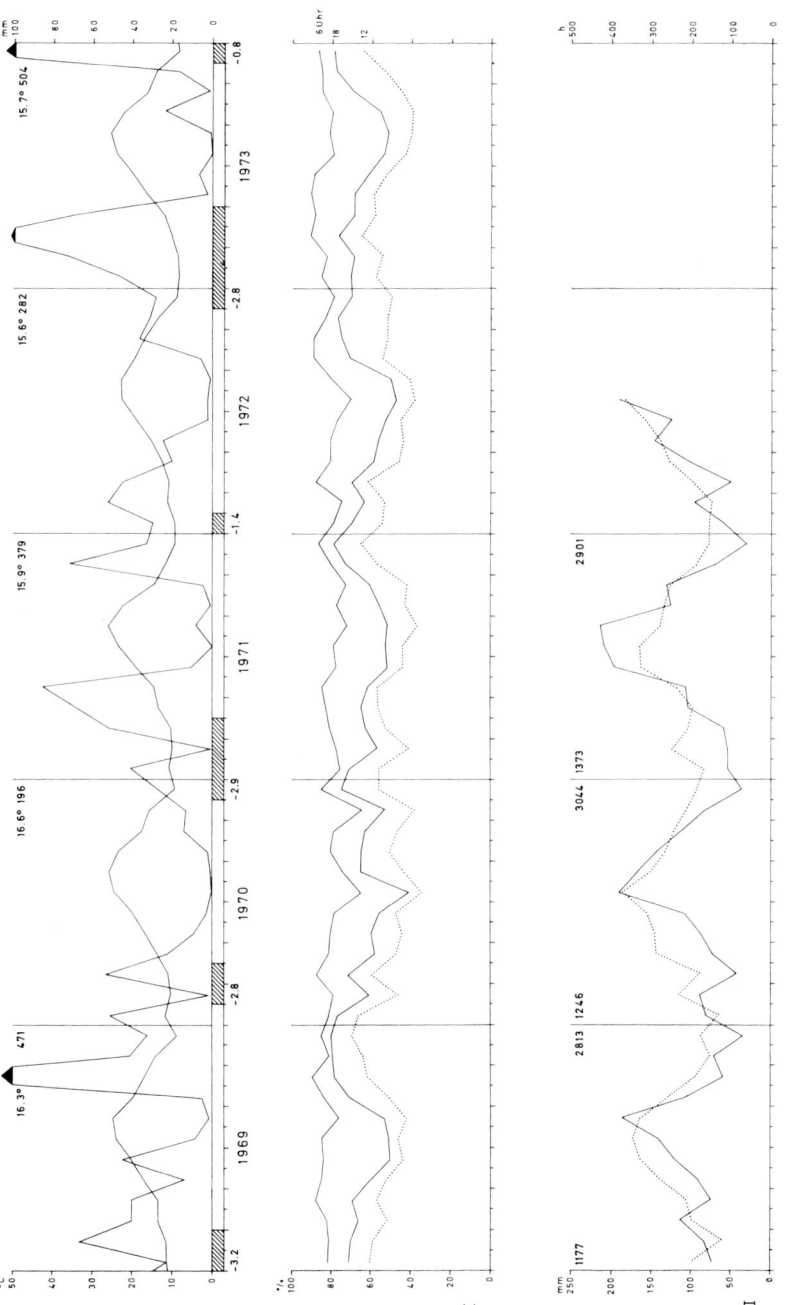

Klimatogramm von Oujda (1969-1973)

I Temperaturen und Niederschläge, II Luftfeuchte, III Insolation und Evaporation

Abb. 3

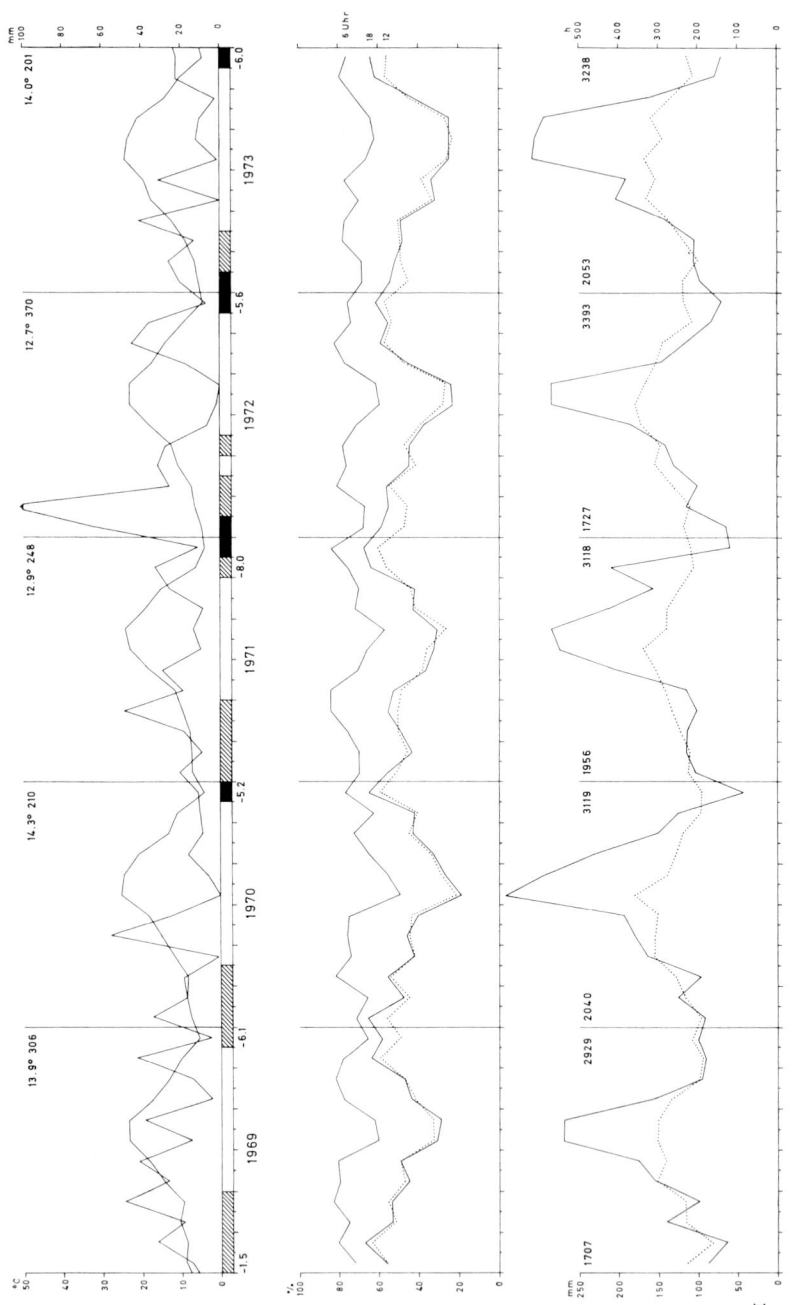

Klimatogramm von Midelt (1969-1973)

I Temperaturen und Niederschläge, II Luftfeuchte, III Insolation und Evaporation

Abb. 4

Gleichzeitig läßt sich von Westen nach Osten zunehmende Kontinentalität nachweisen (Temperaturjahresamplitude in Midelt unter 19, in Bou Arfa über 21 Grad C). Die Temperaturtagesamplituden sind im Sommer am größten und erreichen durchschnittlich etwa 20 Grad C, mitunter bis über 30 Grad [21]. Besonders charakteristisch sind für das Ag jedoch nicht so sehr die warmen, im Südosten auch heißen Sommer, sondern die sehr kalten, rauhen Winter. Fröste können ab September und bis Mai auftreten. So brachte ein Kaltlufteinbruch am 29. 4. 74 in Hassi el Ahmar Schneefall und ein nächtliches Minimum von − 6,8 Grad C. In Höhenlagen ab 1500 m liegt das mittlere Januar-Minimum ohnehin unter 0 Grad C.

Für die Vegetation bedeuten diese kalten Winter nach der sommerlichen, durch Trockenheit herbeigeführten Ruhe eine weitere, temperaturbedingte winterliche Ruhezeit. Die für die Vegetation wichtigen Temperaturgänge im bodennahen Bereich und den oberen Bodenschichten sind in mehreren Diagrammen dargestellt [22].

Dennoch ist wieder im Hinblick auf die Vegetation hervorzuheben, daß die Temperaturen in Bodennähe im Frühjahr die Vegetationsentwicklung begünstigen. Die eigentliche Vegetationsperiode wird zwar auf wenige Monate (März bis Juni) beschränkt, jedoch bei sehr vorteilhaften Bedingungen. Die Temperatursumme (Luft-T.) liegt in der Vegetationszeit auch in den kältesten Gebieten bei etwa 2 000 Grad, erlaubt also den Regenfeldbau, der somit nur durch die fehlende Feuchtigkeit eingeschränkt wird.

Die nach der Methode WALTER entworfenen Klimadiagramme (Abb. 1) weisen schließlich auch noch die feuchten und trockenen Jahreszeiten, die Zahl der humiden und ariden Monate, aus. Hiernach ist im mittleren Moulouyatal (Outat el Haj) und auch im Südosten der Hochplateaus (Bou Arfa) bei 11—12 Trockenmonaten mit vollariden Verhältnissen zu rechnen. Für Berguent, stellvertretend für die östlichen, niedriger gelegenen Bereiche der Hochebenen ergeben sich 3 humide Monate, für Midelt, gültig für den höheren Anteil im Westen, sogar 6. Nach EMBERGER fällt deshalb auch noch Midelt in den ariden Bereich und im Mittel der letzten 5 Jahre, die kühler und feuchter waren, in den semiariden.

---

21) Nach eigenen Messungen.

22) Die Messungen wurden in relativ windgeschützter Lage in Perimeter 15 zwischen Hassi el Ahmar und Matarka im Süden der Hochplateaus in etwa monatlichen Abständen durchgeführt (an Strahlungstagen). Da keine Thermographen verfügbar waren, fehlen die nächtlichen Werte zwischen 22.00 und 6.00 Uhr.

Im allgemeinen liegen für die Trockenräume Nordafrikas noch keine gemessenen Daten zur *Einstrahlung, Verdunstung und Luftfeuchte* vor. Zwei neu ausgerüstete Beobachtungsstationen 1. Ordnung (Oujda und Midelt) geben mit nunmehr 5jährigen Meßreihen erste Anhaltspunkte. Freilich wurde bis vor kurzem die Insolation nur über die Sonnenscheindauer ermittelt, erst neuerdings liegen für Oujda auch Werte in cal/cm² vor, die Beobachtungsdauer ist aber noch zu kurz. Die mit Piché-Evaporimetern (grüne Scheibe) ermittelten Verdunstungswerte liegen in Millimeter umgerechnet vor. Unter Berücksichtigung der insgesamt kurzen Meßreihen lassen sich aber doch schon eine Reihe interessanter Angaben entnehmen [23].

Die Sonnenscheindauer liegt im Ag bei etwa 3000 h/a. Maximalwerte von über 300 h/m werden im Juni, Juli und August erreicht, sie fallen also mit dem Niederschlagsminimum zusammen. Im engeren Ag (nach der Station Midelt) liegen die Werte jedoch in allen Monaten bei mindestens 200 Stunden.

Die Jahreskurve für die tatsächlichen Evaporationswerte weist ihre Maxima in den gleichen Monaten auf [24]. Hier werden in Midelt im Juni und Juli fast 300 mm erreicht. Deutlich ausgeprägte Minima liegen in den Wintermonaten Dezember und Januar mit Werten unter 100 mm. Im Jahr ist in Midelt mit 1 800 bis 2 000 mm zu rechnen, im stark mediterran bestimmten Oujda mit 1 200 bis 1 400 mm. Bei näherer Auswertung der Klimatogramme zeigt sich in der Tendenz eine gewisse Übereinstimmung von Verdunstungs- und Niederschlagsjahresgang.

Natürlich sind auch Beziehungen zu den Daten der relativen Luftfeuchte zu erkennen. Die Frühjahrs- und Herbstmaxima der Niederschläge zeigen sich auch in Luftfeuchtemaxima von über 80 % für morgens 6 Uhr. In der sommerlichen Trockenzeit liegen aber selbst diese 6-Uhr-Werte für Midelt bereits unter 60 %, die Mittagswerte sinken unter 30 %. Bleiben, wie 1970 und 1972 in Oujda, die Herbstniederschläge aus, so dauert der sommerliche Tagesgang der Luftfeuchte bis in die Wintermonate an.

Besonderes Klimacharakteristikum der ostmarokkanischen Hochplateaus sind nahezu immerwährende *Luftbewegungen*. Orographische Schranken, die den Luftaustausch hindern oder die Heftigkeit von Stürmen

---

23) Vgl. hierzu nochmals die Klimatogramme von Oujda und Midelt (Abb. 3, 4) und die 5-Jahres-Klimadiagramme der beiden Orte (Abb. 2).

24) Größenordnung und Jahrestagung der Evaporation bestätigen die nach WALTER entworfenen Klimadiagramme.

mildern könnten, fehlen im engeren Ag praktisch vollständig. Aber auch die Gebirgskämme im Süden, selbst der Mittlere Atlas im Westen, bedeuten nur für die unmittelbar im Lee liegenden Räume einen gewissen Windschutz. Winde aus südlichen und westlichen Richtungen herrschen vor, im Winter gewinnen vorübergehend sehr kalte Luftströmungen aus dem Nordwesten, im Sommer sehr heiße Winde (chergui) aus dem Südosten und Osten an Bedeutung. Durchschnittlich ist mit Windgeschwindigkeiten zwischen 3 und 6 m/sec zu rechnen, wobei mitunter nachts und in den Mittagsstunden Windstille herrscht. Nicht selten erreichen die Windgeschwindigkeiten aber Sturmesstärke mit Werten über 20 m/sec.

Im Winter erschweren diese eisigen und stürmischen Winde das Leben der nomadisierenden Bevölkerung und ihrer kaum geschützten Herden. Aber auch die Stürme in der warmen, trockenen Jahreszeit, besonders aus dem Südosten und Osten, bringen mit ihrer Staubfracht, mit stark ansteigenden Temperaturen bei gleichzeitigem Absinken der relativen Luftfeuchte auf Werte um nur 20% eine starke Belastung für Mensch, Tier und Vegetation. Gerade in der Vegetationsperiode sind diese Stürme mit ihrer austrocknenden Wirkung für die Vegetationsentwicklung sehr nachteilig. Sie verstärken die ariden Züge des ostmarokkanischen Klimas. Schließlich wurde bereits darauf hingewiesen, daß die Winde eine ganz erhebliche Rolle beim Abtrag und bei der Umlagerung feinkörniger Substrate spielen und somit die rezente Morpho- und Bodendynamik ganz wesentlich mitbestimmen.

2. Die Gliederung der ostmarokkanischen Hochplateaus nach klimatischen Gesichtspunkten

Obwohl im engeren Ag keine Klimastation liegt, erlauben doch die vorliegenden Daten, eine relativ gesicherte klimatische Gliederung der Hochplateaus vorzunehmen, bei der die subregionale Betrachtung im Sinne von WEISCHET (1956) im Vordergrund steht. Grundlage einer solchen Betrachtung muß eine Klimaklassifikation sein. Im Hinblick auf biogeographische Fragestellungen sind besonders solche Klimaklassifikationen geeignet, die Vegetationsgrenzen hervorheben und die empirisch abgesichert sind.

Diesen Anforderungen genügt nach den eigenen Erfahrungen die auf einen „quotient pluviothermique" gegründete Klassifikation von EMBERGER, welche im Rahmen von vegetationsgeographischen Studien erarbeitet und mehrfach verbessert bzw. verfeinert wurde (1930, 1939, 1942, 1955). Ihre

Anwendung bringt eine Reihe weiterer Vorteile. Die Klassifikation von EMBERGER beruht auf Erkenntnissen in Nordafrika, ist also auch besonders für diesen Raum gültig. In nahezu allen jüngeren geographischen (und auch botanischen) Arbeiten ist auf seine Methode der Abgrenzung zurückgegriffen worden. Zuletzt ist sie maßgeblich in die „Carte bioclimatique de la région méditerranéenne" der UNESCO-FAO (1962) eingegangen, an deren Ausarbeitung EMBERGER mitwirkte.

Grundlage dieser Klassifikation ist der „quotient pluviothermique": [25]

$$Q = \frac{1000\,P}{\frac{M + m}{2}(M - m)}$$

in welchem die Niederschlagswerte und die Mittelwerte der Extremtemperaturen besondere Berücksichtigung finden. Je nach Höhe des Quotienten werden saharische, aride, semiaride, subhumide und humide Bereiche ausgeschieden, diese dann unter nochmaliger Heranziehung der mittleren Minima des kältesten Monats in Unterbereiche mit kalten, kühlen, gemäßigten oder warmen Wintern unterteilt [26]. Bis auf die saharischen werden alle diese Varianten wegen des noch ausgeprägten Niederschlagsjahresgangs als mediterrane Varianten aufgefaßt.

EMBERGER bezeichnete seine durch den pluviothermischen Quotienten charakterisierten, also wesentlich durch den Niederschlag bestimmten Bereiche als „étages bioclimatiques", die dann weiter thermisch gekennzeichneten Unterbereiche als „sous-étages". Die hierdurch möglichen Abstufungen sind sehr fein. Dies kann an den jungen 5-Jahresreihen für Oujda und Midelt im Vergleich zu den alten Werten nachgewiesen werden. Nach letzteren liegt Oujda im ariden Bereich mit gemäßigten Wintern, nach ersteren im semiariden mit kühlen Wintern. Auch Midelt rückt bei bleibend kalten Wintern aus dem ariden in den semiariden Bereich.

Der weitaus größte Teil des engeren Ag fällt in den mediterran-ariden Unterbereich mit kalten Wintern („étage méditerranéen aride, sous-étage à

---

25) Zur Erläuterung:
P = Jahresniederschlag (in mm)
M = Mittlere Max.-T. des wärmsten Monats
m = Mittlere Min.-T. des kältesten Monats
Die T.-Angaben erfolgen in Grad Kelvin.

26) In Abb. 5 ist ein Ausschnitt des „Climagramme pluviothermique" nach EMBERGER aus SAUVAGE (1963) wiedergegeben, der wichtige Stationen der näheren Umgebung und der größeren Randlandschaften enthält. Alle Orte sind auf der Übersichtskarte enthalten.

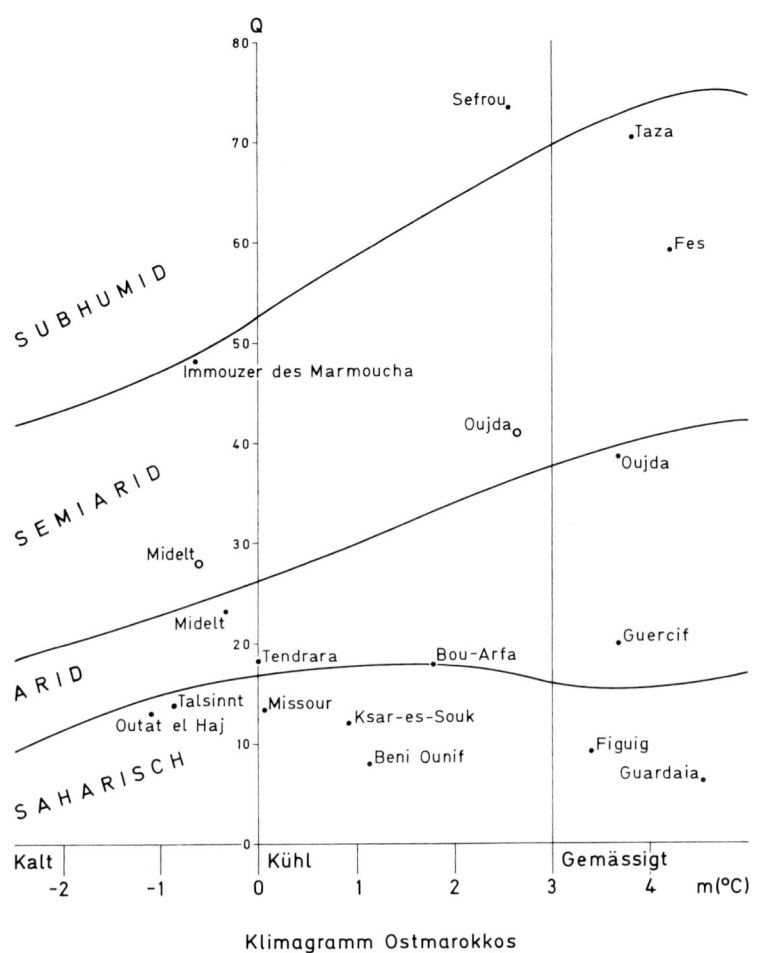

Abb. 5

Klimagramm Ostmarokkos
nach Methode EMBERGER unter Verwendung des "Quotient pluviothermique" $Q = \dfrac{1000\,P}{\dfrac{M+m}{2}(M-m)}$

hiver froid"). Deutlich wird der Gegensatz zu den westlichen Randlandschaften, von denen das mittlere Moulouyabecken als saharische Enklave hervortritt (Missour, Outat el Haj) und wo schließlich im Mittleren Atlas in enger räumlicher Nachbarschaft Klimaabstufungen bis in die „étage humide" erreicht werden (Immouzzer des Marmoucha, Sefrou). Der den Hochplateaus im Norden vorgelagerte Korridor Taza-Oujda gehört zwar auch schon zum semiariden Bereich, zeichnet sich aber durch gemäßigte

Winter aus. Der Steilabfall selbst, z. B. die Gaada von Debdou, liegt in einem semiariden bis subhumiden Streifen, gleichzeitig beginnen hier die winterkalten Räume. Im Süden müssen die hochgelegenen Gebiete über 1 500 m, z. B. Hassi el Ahmar, wegen der erhöhten Niederschläge als semiarid ausgegliedert werden, im Südosten schließlich wirkt sich die geringe absolute Höhe durch etwas mildere Winter aus (Tendrara); unmittelbar südlich beginnt hier der saharische Bereich (Bou Arfa).

Es muß bemerkt werden, daß diese sehr grob erscheinende Gliederung bei den sehr feinen Abstufungsmöglichkeiten innerhalb der genannten Bereiche und Unterbereiche den Gesamtraum des engeren Ag als klimatisch recht einheitlich erscheinen läßt, was durch das Vegetationskleid weitgehend unterstrichen wird.

C. Die Böden der ostmarokkanischen Hochplateaus

Die Böden der Trockengebiete sind in jüngeren zusammenfassenden Darstellungen ausführlich behandelt worden (z. B. AUBERT 1962, GANSSEN 1968). Die Fragen der Bodengenese, Bodentypisierung und der rezenten Bodendynamik müssen deshalb hier nur kurz gekennzeichnet werden. Eine meist reliefbedingte räumliche Differenzierung führt jedoch in den Einzellandschaften zu charakteristischen Verbreitungsmustern von Böden und bodenähnlichen Sedimenten, einem kleinräumigen Wechsel vorherrschend zonaler, intrazonaler oder azonaler Bildungen, die in ihren Grundzügen bekanntgemacht werden sollen [27].

1. Zur Genese und rezenten Dynamik der Böden und bodenäquivalenten Substrate

Das überwiegend semiaride, sommerheiße und winterkalte Klima der Hochplateaus schränkt die Zeit der Bodenbildung auf wenige Monate ein. So entwickeln sich die Böden entsprechend der geringen chemischen Verwitterung und Mineralisierung sehr langsam. Oft kann nur von Rohböden, Regosolen oder bodenartigen Bildungen gesprochen werden, die einer strengen Bodendefinition kaum mehr genügen [28]. Auf die vorherrschend physi-

---

27) Nähere Einzelheiten zur Textur und zum Wasserhaushalt der Böden werden im speziellen Teil der Arbeit bei der Behandlung der Boden-Vegetation-Komplexe mitgeteilt.

28) Der Begriff „Boden" wird deshalb auch im folgenden sehr weit ausgelegt und umfaßt alle bodenähnlichen oder bodenäquivalenten Substrate.

kalische Verwitterung ist der hohe Anteil an scharfkantigen Steinen unterschiedlichster Größe zurückzuführen. Der Wechsel trockener und feuchter Jahreszeiten hat einen unter Umständen mehrfachen Richtungswechsel des Bodenwasserstroms zur Folge. Hierauf beruht das Fehlen deutlicher Horizonte, die Grundlage einer exakten Typisierung sein könnten. Außerdem findet im Gegensatz zu den Böden humider Breiten keine Auswaschung bestimmter Stoffe statt, sondern eher eine Anreicherung von Carbonaten, aber auch von leicht löslichen Chloriden und Sulfaten.

Diese Tendenz zur Verbrackung des Bodenwassers mit Chloriden und Sulfaten bzw. zur Carbonatisierung führte und führt zur Bildung unterschiedlicher Verkrustungen. Oberflächliche und sehr oberflächennahe, vegetationsfeindliche Salzkrusten entstehen vor allem in abflußlosen Senken, den Schotts. Weitaus größere Verbreitung besitzen Kalk- und Gipskrusten oder deutliche, oft rezente Anreicherungshorizonte. Diese liegen in der Regel im Unterboden und sind dort weitaus poröser und weniger verhärtet als an Stellen, wo sie von der Abtragung freigelegt wurden und als felsiger Panzer die Oberfläche bilden oder wo sie nach der Freilegung wieder von jungen Bodensedimenten überschüttet wurden. Kalk- und Gipskrusten übernehmen stellenweise die Rolle des Muttergesteins für die rezente Bodenbildung. Gipskrusten liegen dabei meist tiefer als Kalkkrusten und treten besonders in stärker ariden Gebieten mit Niederschlägen unter 200 mm auf.

Autoren, die ihre Ergebnisse zu Fragen der Krustenbildung in diesem Raum gewonnen haben, nehmen ihre überwiegend vorzeitliche Bildung an, besonders gegen Ende der pleistozänen Pluviale, doch wird eine gegenwärtige Um- und Weiterbildung nicht ausgeschlossen [29].

Neben den Krusten treten örtlich Bodensedimente auf, die sich durch ihre rötliche oder braune Färbung als Reste umgelagerter fossiler Böden deuten lassen. HÜBSCHMANN (1971) stellt sie ins Soltanien (Würm), graue, stark verlehmte Substrate ins Rharbien (Postwürm).

Von größerer Bedeutung für die gegenwärtige Bodenbildung sind jedoch vor allem in den höher gelegenen Bereichen stark steinige, periglaziale Bildungen, die das Anstehende in weniger geneigten Hanglagen in mehrere Dezimeter mächtigen Decken überlagern können.

Für die kleinräumige Differenzierung der Böden ist das Relief ausschlaggebend. Nicht von ungefähr hat VAGELER (1955) gerade in diesem

---

29) Verwiesen werden darf hier auf detaillierte Beschreibungen verschiedener Krustenböden und krustenartiger Bildungen durch MÜLLER (1954) sowie auf den Versuch einer systematischen Differenzierung und Klassifizierung von DURAND (1964).

Raum seine Theorien von Bodencatenen als charakteristischen, reliefgebundenen Bodentypenreihen belegen können. Eine deutliche Sortierung der Korngrößen sowie die unterschiedliche Gründigkeit von Böden und bodenähnlichen Substraten in Abhängigkeit von der Hangneigung ist augenfällig. Die regelhafte Anordnung ist Ergebnis von Abtragungs- und Umlagerungsprozessen durch flächenhaft fließendes Wasser. Kompliziert und stellenweise auch verwischt wird dieses Muster aber durch die dauernde Wirkung der Winde. Sie bewirken eine quasi immerwährende Bodenerneuerung. Feinste Korngrößen (etwa bis 0,05 mm/d) werden in Staubstürmen über große Entfernungen verfrachtet und bedingen an begünstigten, windgeschützten Stellen lößartige Ablagerungen. Für gröbere Partikel sind schon kleinste Hindernisse, insbesondere auch Zwergsträucher oder Horstgräser, Ursache für die Anlage von „Mikrodünen" oder Nebket. SASSON (1967) faßt solche Bildungen mit dem Begriff der „sols d'apport" zusammen und stellt diesen die „sols d'ablation" gegenüber. Diese liegen in den Nährgebieten ersterer und treten wegen des oberflächlich fehlenden Feinmaterials als stark steinige Bildungen (regs), oft als regelrechte Steinpflaster in Erscheinung. Diese Pflaster schützen aber eine darunterliegende Bodenschicht vor der weiteren Ausblasung.

Eine über das natürliche Maß der Deflation hinausgehende anthropogene Beeinflussung der Bodenumlagerungen wird durch den Tritt der weidenden Tiere hervorgerufen. Dies zeigt die jeweils nähere Umgebung wichtiger Brunnenplätze. Stärker betroffen sind daneben auch die wenigen bour-Flächen für den Regenfeldbau.

2. Die wichtigsten Bodeneigenschaften und die Typisierung der Böden

Je nach Ausgangsgestein und Lage des Standorts im Relief wechselt die *Korngrößenzusammensetzung* der einzelnen Bodenhorizonte. Oberflächlich wird überall die sortierende Kraft des fließenden Wassers deutlich. Die Windwirkung führt mancherorts zu ausgeprägten Maxima oder auch Minima bestimmter Fraktionen [30]. Insgesamt treten alle Bodenarten von stark steinigen und felsigen bis zu dichten, lehmig-tonigen Bildungen auf. Da der Substratcharakter, Textur und Struktur weitgehend die *Feldkapazität* der Böden bestimmen, schwankt diese dementsprechend ebenfalls stark und liegt zwischen 10 und 30 Volumprozent. In der feuchteren Jah-

---

30) Aus der zusammenfassenden schematischen Profildarstellung (Tafelbeilage 4) können hierzu und zu weiteren Bodencharakteristika nähere Angaben entnommen werden.

reszeit werden wenigstens die oberen Bodenschichten mitunter mehrfach aufgefüllt. In der Trockenzeit fallende Niederschläge sind aber wegen der geringen Benetzbarkeit der Böden nahezu wertlos.

Der den Bodenwasserhaushalt im allgemeinen positiv beeinflussende *Humusgehalt* ist sehr gering, da er fast ausschließlich auf abgestorbene Wurzeln zurückgeht. Oberirdisch anfallendes totes organisches Material wird schnell abgebaut. Über 3 % Humusgehalt sind selten, mitunter fällt der Anteil unter 1 %. Das C/N-Verhältnis liegt im allgemeinen nur bei Werten zwischen 8 und 12.

Die nur geringe Mineralisation läßt eine Reihe von lithogenen Merkmalen stärker hervortreten. Der *Kalkgehalt* ist, den vorherrschenden Muttergesteinen entsprechend, meist hoch. In vielen Böden sind besondere Anreicherungshorizonte ausgebildet, zum Teil stärker verfestigt, oft auch nur in mehrschichtigen lamellenartigen Lagen oder in körnigen Verdichtungen.

Fast alle Böden besitzen *pH-Werte* über 7 bis 9. *Salzanreicherungen* sind im engeren Ag selten. Nur wo salzhaltige Sedimente oberflächlich aufgeschlossen sind, wie z. B. marine Mergellagen des Tertiär, und wo die Auswaschung und Abführung auch leicht löslicher Salze erschwert werden, erreichen Natrium- und Magnesiumchloride und Magnesiumsulfate höhere Werte [31]. Auch die *Bodenfarbe* wird in hohem Maße vom Muttergestein bestimmt.

Eine Typisierung der Böden der nordafrikanischen Trockensteppengebiete ist zwar pauschal möglich und mehrfach unter besonderer Berücksichtigung der zonalen, klimatisch bedingten Grundzüge vorgenommen worden. Danach herrschen im nördlichen Übergangsgebiet zu den mediterranen Braunerden hellbraune und zimtfarbene Trockensteppenböden vor, weiter im Süden im Übergang zu den vollariden Räumen ohne echte Bodenbildung überwiegend hellgraufarbene Halbwüstenböden und Seroseme. Im engeren Ag — und das gilt wohl auch für den Gesamtbereich — bestimmen aber zahlreiche Übergangsformen, vor allem auch intrazonale und azonale Bildungen, das Bodenmosaik. Intrazonale, vom Relief abhängige und azonale, meist durch Zuschußwasser geprägte Böden sind schwer durch allgemeine Typenbezeichnungen zu benennen. Zwar ist es möglich, örtlich z. B. von Xerokarbonatrohböden, von Solontschaken und Takyren zu sprechen. Dem vorherrschenden Übergangscharakter, dem Kontinuum auch der Böden, wird aber am besten das Modell der Bodencatena gerecht. Hierauf wird auch bei kleinräumigen Untersuchungen zurückzugreifen sein.

---

31) OZENDA (1954) hat in den Schotts des Oranais genauere Analysen durchgeführt.

3. Die regionale Differenzierung der Böden auf den ostmarokkanischen Hochplateaus

Trotz der geschilderten klimatischen Unterschiede im Ag treten bei der Betrachtung der räumlichen Verbreitung der Böden klimatisch bedingte Grundzüge in den Hintergrund. Zwar lassen sich im Sinn des planetarischen Formenwandels eine kontinuierliche Abnahme des Humusgehalts und überhaupt eine Intensitätsabnahme der bodenbildenden Prozesse von Norden nach Süden beobachten. Weniger wichtig sind regelhafte Änderungen nach dem hypsometrischen Wandel. Überall aber zeigt sich die Abhängigkeit der Bodenbildung und der räumlichen Anordnung der Böden vom Relief. So bieten sich auch die bereits ausgeschiedenen großen Reliefeinheiten für einen bodengeographischen Überblick an [32].

Die *Böden der Rumpfflächen- und Kalkhügellandschaften* im Westen des Ag sind durchweg flachgründig und skelettreich, die mitunter dichten oberflächlichen Steinpflaster können einen noch größeren Steinanteil vortäuschen. Hier sind die feineren Korngrößen teilweise ausgeblasen oder abgeschwemmt worden, die steinigen Decken schützen jedoch ein durchaus erdiges, gut durchlüftetes und durchlässiges Material, welches nicht selten solifluidal verlagert worden ist. Gleichzeitig schützt der so gestaltete Oberflächenabschluß auch die Böden vor zu rascher Austrocknung. Dieses Bodenmilieu bietet insbesondere dem Halfagras ausreichende Voraussetzungen, wobei die Horstgräser ihrerseits zur rezenten Bodenbildung beitragen. Die Horste fangen als mechanische Hindernisse besonders fein- und mittelsandige Bestandteile des von Wind und Wasser transportierten Materials ab und schützen es zwischen ihren Halmen vor weiterer Umlagerung. Hierdurch erhöhen sich allmählich die Wuchsorte der Horste, es entstehen „Mikronebket", kleine sandige, von den Gräsern gekrönte Hügel, die auf den steinigen Pflastern aufsitzen.

Verkrustungen sind in diesem Bereich selten. An besonders windexponierten Stellen oder auch an steileren Hangpartien, etwa den canyonartigen Einschnitten der großen Oueds, sind nur rohe Gesteinsböden oder Schuttlagen verbreitet. In Gebieten, wo Sand- oder Kalksandsteine der Kreide anstehen, kommt es mitunter zur Hartrindenbildung.

Fußflächen sind in den westlichen Kalkhügelgebieten nur selten und dann als kurze Ausgleichsflächen zu den eingeschalteten Muldentälern der Oueds entwickelt. In großer Ausdehnung leiten sie aber zu den Sedimentationsebenen im Osten über und sind auch den Schichtstufen und Anti-

---

[32] Hierzu sind die einzelnen Perimeterkarten (Abb. 7 bis 19) sowie das schematische Überblicksprofil (Tafelbeilage 4) ergänzend heranzuziehen.

klinalen im Süden vorgelagert. Auch die *Böden der Fußflächen* sind durchweg steinig und „flachgründig", obwohl sie in gebirgsferneren Bereichen als Aufschüttungsflächen auf mehrere Meter mächtigen jungen, wenig verfestigten Sedimenten ausgebildet sind. In diesen Sedimenten sind jedoch häufig oberflächennahe, teilweise steinharte Krusten zu beobachten, welche die für die Vegetation erreichbare Bodentiefe beschränken.

Einen Wechsel in der Korngrößenzusammensetzung der Böden auf den Fußflächen zeigen durch Chamaephyten bestimmte Vegetationsgesellschaften an. Der mit der Entfernung vom Gebirgsrand ständig zunehmende Anteil feinerer Fraktionen führt zu stärkerer Bodenverdichtung, welche die Halfagesellschaften meiden. Auch um die Kleinsträucher sammelt sich feineres Material, allerdings in weitaus geringerem Maße als um die Halfahorste.

Großen Raum nehmen bodenähnliche Substrate in den flachen Mulden und Senken beiderseits der Oueds in allen Bereichen der Hochplateaus ein. Im Kartenbild erscheinen sie so auch als unterschiedlich breites, stellenweise stark erweitertes Gewässernetz. In den östlichen Sedimentationsebenen erreichen sie ihre weitaus größte Ausdehnung und verzahnen sich mit den inselhaft aufgelösten Fußflächen. Diese überragen die Überschwemmungsbereiche der Oueds nur geringfügig um Dezimeterbeträge.

Während die *Böden* über den Fußflächen aber noch relativ locker sind, herrschen in den periodischen *Überschwemmungsbereichen* feine und feinste Korngrößen vor, die zu starker Verschlämmung neigen und sich in der Trockenzeit zu tiefen polygonalen Rissen öffnen. Hier zeigt sich besonders deutlich, wie kleinste Reliefunterschiede bodengenetisch wirksam werden können. Da diese stark verdichteten Böden auch noch sehr schnell austrocknen, sind sie vegetationsfeindlich.

An den *Schichtstufen und -kämmen* im Süden sind nur *bodenartige Substrate* in den Klüften enthalten. Auf den Steilhängen findet in scharfkantigen Schuttmassen nur eine geringe Bodenbildung statt, die sich aber mit abnehmender Hangneigung und beim Übergang zu Abtragungsfußflächen verstärkt. Die Bodenbildungen über vulkanischen Gesteinen heben sich durch ihre dunklere Färbung ab, ohne sonst größere Unterschiede zu den Steinpflasterböden der Kalkhügelbereiche aufzuweisen. Feinkörnige, sehr tiefgründige und leicht lessivierte Böden liegen in den kleinen abflußlosen Hohlformen vor, in denen im Frühjahr nach Niederschlägen und der Schneeschmelze oft tagelang Wasser steht. Die Salzanreicherungen sind jedoch gering, da in diesen Kesseln das Wasser unterirdisch abgeführt wird. Eigentliche Salzböden fehlen dem engeren Ag, da die großen Schotts außerhalb desselben liegen.

D. Die Vegetation der ostmarokkanischen Hochplateaus [33]

Bei der Behandlung der klimatischen und der edaphischen Grundlagen der ostmarokkanischen Hochebenen wurde bereits der Übergangscharakter dieses Raumes zwischen den mediterranen Landschaften im küstennahen Norden und den vollariden und kontinentalen Räumen im Süden deutlich. Auch das Pflanzenkleid des Ag besitzt Züge dieses Übergangs, andererseits wird aber auch gerade hier durch die Entwicklung und Ausbildung eigenständiger Pflanzengemeinschaften die Sonderstellung dieses Raumes augenfällig.

1. Vegetationskundliche und floristische Grundlagen

In der vorliegenden einschlägigen Literatur wird die Vegetation im nordafrikanischen Trockengürtel nördlich der Sahara mit unterschiedlichen Begriffen zusammengefaßt. So finden sich z. B. bei OZENDA (1954) und WALTER (1968) die Bezeichnungen *„Steppe"* oder auch *„Trockensteppe"*, SCHIMPER (1935) jedoch vermeidet den Steppenbegriff und spricht wie auch STOCKER (1962) von *„Halbwüste"*. Eine dritte Gruppe von Autoren läßt sich von dominanten Arten leiten und spricht von Halfa-, Wermut- und anderen Pflanzengesellschaften (EMBERGER 1939, KNAPP 1973). Der von ELLENBERG und MUELLER-DOMBOIS (1966) unternommene Versuch einer weltweiten Klassifizierung der Pflanzenformationen läßt gerade für Gesellschaften in diesem Raum keine eindeutige und befriedigende Zuordnung zu.

Es soll hier nicht der „Steppen"-Begriff diskutiert werden. Wir lassen uns vielmehr von physiognomischen und ökologischen Gesichtspunkten leiten und sprechen bei den im engeren Ag auftretenden Formationen von „Trockensteppengesellschaften". Unter Gesellschaften verstehen wir dabei typische, immer wieder auftretende Artenkombinationen mit mindestens einer dominanten, namengebenden Art und Begleitern im Sinne von Charakter- oder Differentialarten, ohne gleichzeitig damit etwa den systematischen Rang in der pflanzensoziologischen Ordnung zu verbinden [34].

In diesem Sinn sind in den ostmarokkanischen Hochplateaus drei besonders wichtige und klar voneinander zu trennende *Formationsgruppen* verbreitet. Der Trockensteppenbegriff drängt sich dabei vor allem bei der

---

[33] Vegetation und Tierwelt des Ag werden hier in ihren Grundzügen dargestellt. Es darf auf die eingehendere Behandlung im speziellen, biogeographischen Teil der Arbeit verwiesen werden.

[34] Zu diesen terminologischen Fragen wird im speziellen Teil näher Stellung genommen.

am weitesten verbreiteten Gruppe auf, in der *Horstgräser*, besonders das Halfagras *(Stipa tenacissima)*, gelegentlich auch das Espartogras *(Lygeum spartum)*, ganzjährig den Gesellschaftsaspekt bestimmen. In der zweiten Gruppe herrschen mehr oder weniger stark verholzende *Zwergsträucher* vor, als wichtigster ein Wermutstrauch *(Artemisia herba-alba)* [35].

Schließlich ist noch eine Gebüschformation hervorzuheben, in der ein *Rutenstrauch (Retama sphaerocarpa)* dominierende Art ist. Die Retama-Gesellschaft nimmt zwar wenig Raum entlang den größeren Oueds ein, tritt aber in dem sonst weitgehend baumfreien Pflanzenkleid besonders hervor.

Baumwuchs fehlt heute in den ostmarokkanischen Trockensteppen fast ganz. An einigen Oueds sind noch wenige Exemplare von *Pistacia atlantica*, einer einst weiter verbreiteten Art, erhalten geblieben. Außer dem bereits genannten Retama-Strauch ist an wenigen Stellen auch noch der Kameldorn *(Ziziphus lotus)* als bis mannshoher Strauch verbreitet. Wesentlichsten Anteil an der Zusammensetzung der Trockensteppengesellschaft haben aber Hemikryptophyten und Chamaephyten. Das lassen schon die auf mittleren Gruppenmengen beruhenden Wuchsformenspektren der Stipa- bzw. Artemisia-Gesellschaften eindrucksvoll erkennen [36]. Therophyten treten selbst noch in feuchteren Jahren stärker zurück und herrschen erst weiter südlich, außerhalb des engeren Ag, vor. Geophyten spielen fast gar keine Rolle.

An die extremen klimatischen Bedingungen mit langer Trockenzeit und winterlichen Frösten müssen sich die hier lebenden Pflanzen anpassen. Nur wenige Arten — hierzu gehören *Pistacia atlantica, Citrullus colocynthis* und *Retama sphaerocarpa*, die alle in Ouednähe wachsen — erreichen mit ihren Wurzeln Grundwasserströme. Die Annuellen wählen sich ihre kurze Vegetationsperiode in den feuchten Jahresabschnitten, teilweise bereits im Herbst, überwiegend jedoch im Frühjahr. Durch Trockenheit oder Kälte bedingte Ruhepausen überdauern sie im Samenstadium. Die weitaus meisten perennierenden Arten besitzen — Xerophyten ganz allgemein kennzeichnende — morphologische Merkmale, mit deren Hilfe sie zum einen ihre Transpiration einschränken, zum anderen das pflanzenverfügbare Wasser der oberen Bodenschichten in einem großen Umkreis mit einem flachgründigen, stark verzweigten und weitreichenden Wurzel-

---

35) IONESCO und SAUVAGE (1962) sprechen in den semiariden und ariden Räumen Marokkos auch von Steppen. In diesem speziellen Fall bei dominierenden verholzenden Zwergsträuchern benutzen sie den Begriff der „steppes ligneuses".

36) Vgl. hierzu die Wuchsformenspektren der Stipa- und der Artemisia-Gesellschaften in den Abb. 36 und 37 (Beilagenheft Nr. 16 und 17).

werk ausnutzen. Sie sind somit teilweise aktiv dürreresistent. Trotzdem überdauern aber viele Arten die Trocken- bzw. Kälteperiode nur durch weitgehende Einschränkung ihrer Lebensfunktionen, so auch der Assimilation, in passiver Dürreresistenz (LANGE 1966).

Es ist aber nicht nur deshalb schwierig, die pflanzliche Primärproduktion für die Trockensteppengesellschaften vorauszusagen. Nicht nur der jahreszeitliche Rhythmus, sondern vor allem die klimatische Variabilität von Jahr zu Jahr hat auch hier große Schwankungen zur Folge. Nach eigenen Untersuchungen dürften die entsprechenden Werte für den ostmarokkanischen Raum im wesentlichen zwischen 1 und 10 t/ha/a schwanken [37]. Sie liegen damit in den Bereichen, die z. B. BAZILEVICH, RODIN und ROZOV (1971) für vergleichbare Pflanzengesellschaften in Trockengebieten mitteilen.

Während bei der Betrachtung der Wuchsformen und Formationen eher eine gewisse Eigenständigkeit der Vegetation der ostmarokkanischen Trockensteppenräume zu erkennen war, lassen die *floristischen Gesichtspunkte* den Übergangscharakter stärker hervortreten.

In Abb. 31 sind in Anlehnung an die Methode von FILZER (1963) eine Reihe von *Arealtypenspektren* für das engere Ag und die Randlandschaften im Norden, Westen und Süden skizziert worden [38]. Zunächst zeigen die Spektren der Randlandschaften die zu erwartenden Gegensätze. Mediterrane Florenelemente überwiegen in den Hartlaubgehölzen der Gaada von Debdou, bemerkenswert ist auch der relativ hohe Anteil ibero-mauretanischer Arten. Dagegen fehlen Arten aus den südlichen und östlichen Florenprovinzen noch fast ganz. Der in den Arealtypenspektren in einem kleinen Kreis verzeichnete Quotient, der das Verhältnis der Arten auf den nördlichen Strahlen (Arten aus humideren, atlantischen Bereichen) zu denen auf den südlichen bis östlichen Strahlen (Arten aus arideren, kontinentalen Räumen) ausdrückt, unterstreicht diese Interpretation.

Im mittleren Moulouyatal mischen sich in fast gleich großen Anteilen Arten der nördlich gelegenen Florenprovinzen mit solchen, die ihren Verbreitungsschwerpunkt in der Sahara bzw. der saharo-sindischen Florenregion haben. Andere Florenelemente treten zurück. Schließlich zeigt das Spektrum von Bou Arfa, im Süden außerhalb des engeren Ag gelegen, ein deutliches Überwiegen saharo-sindischer Arten. Die Arten aus der Mediterranëis und Eurasien besitzen nurmehr einen Anteil von rund 30 %.

---

37) Auch diese Frage wird ausführlich im speziellen Teil diskutiert.
38) Vgl. die Erläuterungen zu diesen Arealtypenspektren. (Beilagenheft Nr. 9).

Das im Zentrum der Abb. 31 skizzierte Arealtypenspektrum (I) gilt für alle an 13 verschiedenen Standorten im engeren Ag in insgesamt 60 Aufnahmen erfaßten Arten. Es zeigt deutlich die Übergangsstellung zwischen den mediterranen Räumen im Norden einerseits und dem Moulouyatal und dem vollariden Südosten andererseits. Der Anteil der Arten, die ihren Verbreitungsschwerpunkt in nördlichen Räumen haben, ist immer noch am größten, hat aber zu Gunsten eines erstmals ins Gewicht fallenden Anteils an saharischen Arten abgenommen. Bei einer Trennung der oben genannten 60 Aufnahmen nach den Stipa-, Artemisia- und Retamagesellschaften fällt die fast vollkommene Kongruenz des „Halfaspektrums" (Ib) mit dem Durchschnittsspektrum auf (I). In den meist stark lückigen Artemisiagesellschaften (Ic) zeigt sich der saharische Einfluß am deutlichsten. Die Retamagesellschaften (Ia) an den größeren Oueds erlauben offenbar wegen der insgesamt günstigeren Wasserverhältnisse und auch wegen des Schutzes, den die Rutensträucher anderen Arten bieten, ein besonders starkes Vordringen mediterraner Arten in den vorsaharischen Bereich. In allen Gesellschaften haben Endemismen einen Anteil zwischen 10 und 15 %.

Aus floristischer Sicht ist noch anzumerken, daß die in allen pflanzensoziologischen Aufnahmen erfaßten 178 Arten [39] insgesamt 33 Familien angehören, von denen die Compositen (38), Poaceen (26) und Cruziferen (21) die meisten Vertreter stellen.

2. Die anthropogene Beeinflussung der Trockensteppen

In zahlreichen Beiträgen wurde in den letzten Jahrzehnten die Frage diskutiert, ob die Vegetation der nordafrikanischen Steppengebiete, insbesondere die ausgedehnten „Halfameere", das natürliche Pflanzenkleid oder ob sie anthropogenen Ursprungs ist. Übereinstimmend nehmen alle Autoren an, daß im Grenzbereich zu den mediterranen Hartlaubformationen durch über Jahrtausende andauernde, vielfältige und nachhaltige Nutzung [40] die Trockensteppe nach Norden ausgeweitet wurde. Während aber MAIRE (1926) und EMBERGER (1939) weite Bereiche der Halfasteppen noch als natürlich ansehen, wollen MARION (1952) und MONJAUZE, FAUREL und SCHOTTER (1955) dieser Formation nur örtlich begrenzt die Rolle der Klimaxvegetation zugestehen. Eigene Beobachtungen liefern Argumente für beide Ansichten. Zunächst sprechen die extremen Klimabedingungen (lange,

---
39) Eine nähere pflanzensoziologische Betrachtung ist im speziellen Teil der Arbeit enthalten. Vgl. auch die beigefügten Artenlisten im Beilagenheft Nr. 29 bis 33.
40) Vgl. hierzu auch GIESSNER (1971) und MÜLLER-HOHENSTEIN (1973).

heiße Trockenzeit, sehr kalte Winter, durchweg hohe Lufttrockenheit) für natürliche Baumfreiheit. Auch die immerwährenden Winde sind gehölzfeindlich. Kostspielige Aufforstungsversuche, vor allem mit verschiedenen Eucalyptusarten und mit der Aleppokiefer *(Pinus halepensis)*, in Versuchsparzellen zwischen Jerada im Norden und Tendrara im Süden schlugen bis heute trotz mehrfacher Bewässerung in den ersten Jahren fast ausnahmslos fehl. Pflanzensoziologische Untersuchungen liegen in noch zu geringem Maße vor. Die eigenen Ergebnisse sprechen allerdings bei dem hohen Anteil mediterraner Arten in dem gesamten, nahezu 200 km breiten Halfagürtel eher für ein stärkeres Zurückweichen der Wälder. Allerdings fehlt mit den Geophyten eine recht charakteristische Gruppe fast ganz. Wenn man heute aber z. B. am Oued Betoum, der seinen Namen von „betoum" *(Pistacia atlantica)* erhielt, nur noch wenige Dutzend dieser Bäume findet, dazu nur noch zwei weitere Exemplare in den Schichtkämmen bei Hassi el Ahmar, wenn man darüber hinaus sieht, wie heute die Retamasträucher der Nebkets von der nomadisierenden Bevölkerung gekappt und als Brennmaterial genutzt werden, so muß — jedenfalls im engeren Ag — anthropogene Beeinflussung fast überall unterstellt werden.

Aber auch das aktuelle Pflanzenkleid wird durch direkte und indirekte menschliche Einflüsse gegenwärtig modifiziert. Die direkten Einflüsse sind in erster Linie auf den akuten Mangel an Brennmaterialien zurückzuführen. So hacken die Frauen im weiten Umkreis aller Zeltplätze die stärker verholzenden Zwergsträucher mitsamt oberflächennahem Wurzelwerk heraus. Selbst bei sparsamstem Verbrauch benötigt eine Zeltgemeinschaft am Tag durchschnittlich mindestens 5 kg getrockneter Zwergsträucher für die Zubereitung der Mahlzeiten und des Tees [41]. An den eisigen Wintertagen wärmen sich die Hirten und Zeltbewohner an entzündeten Halfahorsten. Große Areale bleiben als schwarze Flächen nach Verlassen der jeweiligen winterlichen Standorte zurück.

Freilich führen beide Arten von Eingriffen bei der sehr geringen Bevölkerungsdichte nur örtlich zu weitergehenden Veränderungen. Erheblich größer, wenn auch quantitativ schwer einzuschätzen, sind die Folgen gelegentlicher Überstockung, besonders in Trockenjahren [42]. Auch hier sind höhere Abtragung und Ausblasung zu erwarten. Dennoch sind weite Bereiche vom Weidegang der Tiere ganz ausgenommen, da die Brunnendichte zu gering ist.

---

41) Das entspricht, grob gesehen, etwa einer Zahl von 100 Zwergsträuchern, die auf einer etwa 200 bis 400 m² großen Fläche „eingeschlagen" werden.
42) Fragen der Überstockung werden im biogeographischen Teil ausführlicher diskutiert.

Schließlich lassen sich anthropogene Einflüsse auch durch das verstärkte Auftreten nitrophiler Arten, z. B. von *Pegamum harmala*, an traditionellen Siedlungsplätzen oder an den immer wieder benutzten Wanderwegen der Herden nachweisen. Wie weit sich aber, eventuell durch Saatgut oder moderne Verkehrsmittel begünstigt, bereits Neophyten in diesem Raum ausbreiten konnten, ist gegenwärtig noch völlig unbekannt.

3. Die regionale Differenzierung des Pflanzenkleides der ostmarokkanischen Hochplateaus

Bei der Betrachtung der Vegetationsformationen und der Arealtypenspektren wurden bereits Sonderstellung und Übergangscharakter des engeren Ag angesprochen. Die großräumigen Differenzierungen und teilweise fast linienhaften Abgrenzungen gegenüber den *Randlandschaften* sind im wesentlichen klimatisch zu erklären. Auch die erste detailliertere Vegetationskarte Marokkos von EMBERGER (1939) hebt die klimatisch bedingten Vegetationszonen und -stufen hervor. Das gilt auch für die 1968 von der UNESCO-FAO herausgegebene Vegetationskarte des Mittelmeerraumes. Hier wird allerdings der wenig glückliche Begriff der „Pseudosteppe" benutzt.

Die scharfe Grenze zu den mediterranen Hartlaubgehölzen im Norden (Gaada von Debdou, Monts de Jerada) ist vor allem auf höhere Niederschläge (500—600 mm im Jahresmittel) zurückzuführen. In diesen durch Holzeinschlag und Waldweide überformten Wald- und Strauchgesellschaften sind in höchsten Lagen *Quercus ilex* und *Juniperus oxycedrus* vorherrschend. Die etwas tiefer gelegenen, sommerheißen Räume sind von einem fast geschlossenen Gürtel der Berberthuja *(Tetraclinis articulata)* umgeben. Auf sauren, schiefrigen Gesteinen des Grundgebirges bildet örtlich die Aleppokiefer *(Pinus halepensis)* autochthone Bestände. Alle Waldgesellschaften weisen in der Kraut- und Strauchschicht die charakteristischen mediterranen Begleiter auf, von denen *Rosmarinus officinalis* am weitesten in die südlich anschließenden Halfagesellschaften zu verfolgen ist.

Scharf ist auch die Vegetationsgrenze im Westen des Ag am stark zerlappten Abfall der Hochplateaus zur Moulouyasenke. Hier fällt etwa der Verlauf der 200-mm-Isohyete mit der Grenze zwischen den Halfagesellschaften und den Halbwüstengesellschaften im Regenschatten des Mittleren Atlas zusammen. Letztere sind durch das Vorherrschen von Chenopodiaceen gekennzeichnet (besonders *Haloxylon scoparium*, Arten der Gattungen Salsola und Atriplex), von denen viele zur saharischen Florenregion gehören; andere sind endemisch. An den größeren Flußläufen treten auch eine Reihe von Phanerophyten auf, neben *Pistacia atlantica* z. B. *Nerium oleander, Tamarix gallica*, an der Moulouya auch *Populus euphratica*.

Die Landesgrenze zu Algerien durchschneidet den Trockensteppengürtel im Osten, die Südgrenze muß jedoch, obwohl sie bereits außerhalb des engeren Ag liegt, noch kurz betrachtet werden. Die Halfagesellschaften sind nach Süden bis etwa zu einer die Siedlungen Rich — Bou Anane — Bou Arfa verbindenden Linie in großen, geschlossenen Flächen zu verfolgen, wobei allerdings die Horste zunehmend lichter stehen und niedriger werden. Sie geben dabei Raum für solche Arten, die als Charakterarten saharischer Pflanzengesellschaften gelten, so z. B. für die endemische *Anabasis aretioides* und andere Chenopodiaceen und Halophyten, die hier ihre nördliche Verbreitungsgrenze finden [43]. Die Übergänge sind hier also im Vergleich zu den für den Norden und Westen geschilderten Verhältnissen fließender. An keiner Stelle ist die südliche Trockensteppengrenze, die zugleich als Nordgrenze der Sahara aufgefaßt werden kann, mit einer deutlichen Grenzlinie zu erfassen.

Die *Saharagrenze* kann zwar pflanzengeographisch recht gut mit der Südgrenze der geschlossenen Halfaverbreitung und der Nordgrenze der Dattelpalme (mit reifenden Früchten!) angenommen werden. Aber beide Grenzen sind anthropogen bedingt bzw. beeinflußt. Auch Grenzwertlinien einzelner Klimaelemente sind wegen fehlender Beobachtungsstationen nicht darzustellen; darüber hinaus ist die oft genannte 100-mm-Isohyete bei der hohen Niederschlagsvariabilität methodisch kaum zu vertreten. Die eigene Beobachtung der Pflanzenverbreitung — und auch der Tiere — veranlaßt uns, im Süden des Ag von einem unter Umständen mehrere Zehner von Kilometern breiten Grenzsaum zwischen Trockensteppe und Wüste zu sprechen, der im Südosten in das engere Ag hineinreicht.

Während die pflanzengeographische Abgrenzung der Hochplateaus gegenüber den benachbarten Räumen nach klimatischen, also zonalen Gesichtspunkten erfolgte, sind für die *räumliche Differenzierung der Vegetation der Trockensteppen* andere Faktoren ausschlaggebend. Zwar können auch hier klimatische Einflüsse durch verstärktes Auftreten mediterraner Arten in den höheren und feuchteren Gebieten bzw. durch das Vordringen saharischer Arten in die trockeneren Räume nachgewiesen werden. Auch besitzen in ersteren die Pflanzengesellschaften einen höheren Deckungsgrad, während in letzteren schon Ansätze zu kontrahierten Vegetationsmustern sichtbar werden. Der Gegensatz der oben skizzierten Halfa-,

---

43) Die sehr charakteristische Polsterpflanze *Anabasis aretioides* erreicht in Hassi Cheguig im engeren Ag ein ziemlich isoliertes, nördlichstes Vorkommen in Ostmarokko.

Wermut- und Retamagesellschaften ist jedoch in erster Linie substratbedingt, indirekt also vom Relief abhängig. Es gewinnen somit intrazonale Kriterien die Oberhand.

Die Halfagesellschaften sind auf Räume beschränkt, in denen lockere, gut durchlüftete und drainierte Substrate verbreitet sind. Jede Bodenverdichtung durch einen höheren Anteil der Tonfraktion wird gemieden. Halfastandorte besitzen eine Hangneigung, die im allgemeinen über 2 Grad hinaus geht. Im engeren Ag sind die welligen bis hügeligen Rumpfflächen im Westen und die Schichtstufenlandschaften im Süden Halfastandorte. Je nach Steinigkeit und Gründigkeit der Substrate können verschiedene, pflanzensoziologisch gut zu charakterisierende Halfagesellschaften erfaßt werden.

In den Ebenen, auf den niedrigen Terrassen und in Depressionen bestimmen Wermutgesellschaften das Pflanzenkleid. Hier unterscheiden sich die Substrate von den vorgenannten durch die feinere Textur und durch die Überdeckung mit abgelagertem Feinmaterial. Das bedeutet ein Vorherrschen der genannten Gesellschaften in der engeren Nachbarschaft der größeren Oueds, vor allem aber in den weiten östlichen Ebenen und Sedimentationsbecken. Auch diese Wermutgesellschaften lassen eine pflanzensoziologische Differenzierung in regionale und standörtliche Varianten zu [44]. Auf den Fußflächen wechseln die skizzierten Standortbedingungen mitunter auf kleinstem Raum. Hier durchdringen sich deshalb Stipa- und Artemisiagesellschaften auch am stärksten.

Der Substratcharakter wird nicht nur durch die Textur bestimmt. Kleinräumig differenzieren auch Zuschußwasser, Salzanreicherung oder — wie im Fall der Retamagesellschaften an den Ouedrändern — oberflächennahe Bodenwasserströme die Standortbedingungen. Solche Differenzierungen finden ihren Ausdruck in Pflanzengesellschaften, die durch andere dominante Arten, etwa *Lygeum spartum* oder *Anabasis aphylla*, floristisch und physiognomisch abzugrenzen sind. Sie führen in der Umgebung der größeren Oueds und in den Aufschüttungsebenen im Osten zu abwechslungsreicheren Vegetationsmustern in den sonst sehr monoton wirkenden Halfa- und Wermutbeständen.

Schließlich wurde auf anthropogen bedingte Differenzierungen um traditionelle Zeltplätze und Herdenwanderwege und um die wenigen Brunnenfelder hingewiesen.

---

44) Sie werden im speziellen Teil ausführlich besprochen. Vgl. auch die Darstellungen in den einzelnen Perimeterkarten (Abb. 7—19).

E. Die Tierwelt der ostmarokkanischen Hochplateaus

Bisher wurde die Tierwelt der ostmarokkanischen Trockensteppen noch nicht im Zusammenhang beschrieben. Diese Forschungslücke allein kann jedoch nicht den folgenden Versuch rechtfertigen. Es lassen sich vielmehr auch hier sehr bald enge Zusammenhänge mit anderen Geofaktoren erkennen, die zum besseren Verständnis der Trockensteppenökosysteme beitragen. Außerdem stützt die Verbreitung vieler Arten die naturräumliche Gliederung des Ag, und schließlich ist auch der Indikatorwert einiger Taxa für bestimmte Standortqualitäten nicht zu bestreiten.

An tiergeographischen und tierökologischen Arbeiten liegt aus Ostmarokko nur die Untersuchung von BROSSET (1961) zur Ökologie der Avifauna vor. In älteren Beiträgen von PELLEGRIN (1926) und KOCHER (1954) werden nur Artenlisten und Fundorte einiger Reptilien bzw. Käfer veröffentlicht. Somit beruhen die folgenden Ausführungen zum großen Teil auf eigenen Beobachtungen, Sammlungen und Auskünften der einheimischen Bevölkerung.

1. Allgemeine Charakteristik der Trockensteppenfauna [45]

Auch die tierischen Bewohner der Trockenräume müssen sich den extremen klimatischen Bedingungen anpassen, um konkurrieren und überleben zu können. Dabei gibt es eine Reihe interessanter Parallelen zur Pflanzenwelt.

Hier wie dort gibt es vergleichbare Reaktionen gegenüber den Temperaturextremen oder der langanhaltenden Trockenheit. Während z. B. die Therophyten im ausreichend geschützten Samenstadium Trockenzeit und Frostperioden überdauern, verharren einige Wirbeltiere in diesen Zeiten in Höhlen oder an Orten, die den direkten atmosphärischen Einflüssen entzogen sind, wobei sie ihre Lebensfunktion stark drosseln. Dies trifft in den kalten Wintermonaten im Ag für alle Reptilien zu, auch für die weitverbreitete Wüstenspringmaus *(Jaculus orientalis)* und andere Kleinnager. Von den bodenlebenden Arthropoden überleben viele Arten in einem enzystierten Stadium oder als Larven in den oberen Bodenhorizonten bzw. im dichten Wurzelwerk der Horstgräser. Unter den Vögeln fehlen viele Arten in der sommerlichen Trockenzeit, andere wieder überwintern in den milderen mediterranen Küstenlandschaften.

---

[45] Alle beobachteten Arten sind in Gruppenlisten im Anhang zusammengestellt. Im speziellen Teil der Arbeit wird näher auf tiersoziologische und -ökologische Fragen der bodenlebenden Arthropoden, insbesondere der Coleoptera, eingegangen.

Auch den tageszeitlichen Temperaturschwankungen entgehen zahlreiche Tiere, indem sie in Gesteinsspalten oder selbstgegrabenen Höhlen Zuflucht suchen oder sich auch, wie vor allem die in strauchigen Gesellschaften verbreiteten Schnecken *(Helix punctata)*, in möglichst hoch über dem Boden liegenden Zweigen festsetzen. Nur wenige Spezies, etwa unter den Standvögeln, aber auch unter den Käfern (z. B. *Timarcha laevigata*), sind ganzjährig aktiv und in dieser Aktivität offenbar auch nicht streng an bestimmte Tageszeiten gebunden. Sie und andere weisen morphologische und physiologische Anpassungen auf, die in der Pflanzenwelt ihre Parallele in xerophytischen Bildungen finden.

Zwar können Wirbeltiere mit großem Bewegungsradius regelmäßig weit voneinander entfernt liegende Wasserstellen aufsuchen. Vögel legen unter Umständen täglich große Entfernungen zurück und bringen, wie manche Steppenhühner, ihren noch flugunfähigen Küken geringe Wassermengen im Gefieder mit. Vielen kleineren Tieren, besonders Wirbellosen, sind diese Möglichkeiten aber verschlossen. Sie besitzen dann die Transpiration herabsetzende, wassersparende Einrichtungen und sind mitunter aufgrund komplizierter physiologischer Vorgänge in der Lage, ihren Feuchtigkeitsbedarf durch Umsetzungen aus der festen Nahrung zu entnehmen [46].

Nicht nur der jahreszeitliche Rhythmus des Auftretens ist innerhalb des gesamten Artenspektrums unterschiedlich. Auch die aktive Tageszeit wechselt von Art zu Art. Ganz grob gesehen können wahrscheinlich alle Tiere der Trockensteppen je nach Lage ihrer aktiven Tageszeit in 3 bzw. 4 Gruppen zusammengefaßt werden: die Tagaktiven, die Nachtaktiven und die Dämmerungsaktiven; letztere lassen sich in eine Morgengruppe und eine Abendgruppe unterteilen. Gerade die beiden letzten Gruppen sind nach den bisherigen Beobachtungen die wahrscheinlich größten, die Nachtaktiven sind aber sicherlich noch nicht alle erfaßt. Die Tagaktiven besitzen — wie an mehreren Arten nachgewiesen [47] — besonders hohe Vorzugs- bzw. Letaltemperaturen. Das gilt bei der insgesamt nur 15monatigen Beobachtungszeit für viele Arten, vor allem solche mit geringer Populationsdichte und mit nur kurzzeitigem Auftreten während des Jahres.

Nicht alle zweckmäßigen „Anpassungen" sind auf klimatische Einflüsse zurückzuführen. Läufer und Springer unter den Säugetieren sind offenbar

---

46) Hierher gehören viele flugunfähige Tenebrioniden, auch *Jaculus orientalis*, vgl. CLOUDSLEY und CHADWICK, 1964.

47) Beispiele von im Ag vertretenen Arten geben WEBER (1954) sowie CLOUDSLEY und CHADWICK (1964): Vorzugstemperatur von *Adesmia metallica* 49 Grad C, Letaltemperatur von *Oenera hispida* 45 Grad C.

ebenso konkurrenzkräftig wie grabende Formen unter den Insekten. Pflanzenkleid und Bodensubstrat sind für die Beschaffenheit der Biotope und damit z. B. auch für die Verbreitung der Taxa ebenso wichtig.

Natürlich wird der Lebensraum aller Arten entscheidend durch das Nahrungsangebot sowie das Fehlen oder Vorhandensein von Feinden und Konkurrenten bestimmt. Für die nordafrikanischen Trockensteppenräume sind diese Fragen bisher jedoch kaum angeschnitten worden.

2. Die wichtigsten Vertreter der Trockensteppenfauna der ostmarokkanischen Hochplateaus

Weder die zusammengestellten Artenlisten [48] noch die folgenden Abschnitte sind als „Inventar" aufzufassen. Dazu reicht das gesammelte Material nicht aus; auch wurden mehrere Gruppen unter den Wirbellosen nicht oder nur sehr summarisch erfaßt. Dennoch ist eine faunistische Charakterisierung in groben Zügen möglich. Darüber hinaus erlaubt die Betrachtung der Tierarten und -populationen Rückschlüsse auf anthropogene Einflüsse und zur Habitatbindung.

In Trockengebieten treten unter den *Wirbeltieren Reptilien* wegen ihrer Anpassungsfähigkeit gegenüber Trockenheit und hohen Temperaturen durch ihren relativ hohen Arten- und Individuenreichtum hervor. Im engeren Ag sind zahlreiche Eidechsen und Geckos heimisch (vor allem *Acanthodactylus pardalis, Stenodactylus mauritanicus*), welche zusammen mit der sehr häufigen *Agama bibrioni* insbesondere in den Halfagesellschaften auf vorwiegend steinig-kiesigem Substrat anzutreffen sind. Das gilt auch für die griechische Landschildkröte (*Testudo graeca*). In lockeren Sanden finden Skinke (*Chalcides ocellatus*) zusagende Bedingungen. Die Artemisiagesellschaften sind dagegen arten- und individuenärmer. Unter den Schlangen sind besonders Nattern (*Coluber hippocrepis, Macropotodon cuccullatus*), aber auch einige Giftschlangen, darunter *Cerastes vipera* und die über 2 m Länge erreichende *Vipera lebentina*, ebenfalls vorzugsweise in Halfagesellschaften beobachtet worden. Dennoch lassen sich Arten- und Individuenzahlen der Reptilien auf den Hochplateaus nicht mit denen der angrenzenden Räume vergleichen. Einige Arten fehlen wegen der wahrscheinlich zu kalten Winter ganz, so besonders der für das gesamte mittlere Moulouyabecken und den Süden Marokkos so charakteristische Dornschwanz (*Uromastix acanthinurus*). Amphibien wurden nicht beobachtet.

---

48) Vgl. hierzu die Artenlisten im Beilagenheft Nr. 29—33.

Der Mangel an ausdauernden Gewässern bei der langanhaltenden Trockenheit erklärt ihr Fehlen.

Erstaunlich ist der Artenreichtum der *Vögel*. Selbst ohne Berücksichtigung der Zugvögel bleiben nahezu 50 verschiedene Arten, von denen auch einige überaus individuenreich sind. Hierher gehören besonders Feld- und Flughühner sowie Rennvögel (z. B. *Alectoris barbara, Cursorius cursor*) und auch viele, teilweise auf den nordafrikanischen Trockensteppengürtel beschränkte Lerchen und Steinschmätzer (z. B. *Calandrella rufescens, Eremophila bilopha, Oenanthe deserti*). Der Schwarze Milan ist der häufigste unter den durch staatliche Verordnungen geschützten Greifvögeln; an unzugänglichen Felspartien nistet in den südlichen Schichtkämmen vereinzelt noch der Steinadler. Geschützt sind auch der seltene Waldrapp und die noch verbreitete Kragentrappe.

Viele Arten zeigen in ihrer Verbreitung deutliche Habitatspräferenzen. In den schutzgewährenden Halfagesellschaften sind dabei besonders mediterrane Arten in den höheren und feuchteren Gebieten weit nach Süden zu verfolgen (Mittelmeersteinschmätzer, Feld- und Haubenlerche). In den im Osten und Südosten vorherrschenden Artemisiagesellschaften überwiegen dagegen saharische Arten, wie Dupontlerche, Wüstensteinschmätzer und Wüstengimpel, wobei die beiden letzteren nur in besonders ariden Räumen (unter 200 mm Niederschlag) vorkommen. Die 200-mm-Isohyete erweist sich bei der Vogelwelt als außerordentlich bedeutsame biogeographische Grenzlinie.

Sind schon unter den Vögeln einige Arten durch menschliche Eingriffe in ihren Beständen gefährdet (z. B. die Kragentrappe), so gilt das in weitaus stärkerem Maße für einige der großen *Säuger*. Während noch vor kaum 20 Jahren im gesamten engeren Ag fast jederzeit Gazellenherden beobachtet werden konnten [49], wurden 1973/74 nur zweimal auf größere Entfernung kleine Trupps ausgemacht (*Gazella dorcas*). Außerordentlich selten sind Hyänen und Mufflons geworden; im engeren Ag darf der Gepard wohl als ausgerottet gelten. Obwohl diese Arten heute geschützt sind, ist hier mit weiterem Rückgang zu rechnen, da die Jagd in diesen Gebieten nicht zu überwachen ist. Als verbreiteter größerer Säuger verbleibt somit nur noch trotz hartnäckiger Bekämpfung der Schakal. Hase — vor allem im Halfa — und Kaninchen sind relativ häufig; besonders charakteristisch und weit verbreitet sind Kleinnager, wie die Wüstenspringmaus (*Jaculus orientalis*). Offenbar auf felsige Bereiche beschränkt ist ein insektenfressender Kleinsäuger, *Elephantulus rozeti*.

---

49) Nach freundlicher mündlicher Mitteilung von A. BROSSET.

Insgesamt läßt die Wirbeltierfauna vor allem im Vergleich mit der der angrenzenden Räume eine treffende Charakterisierung der Trockensteppen zu.

Die weitaus größte Zahl der *Wirbellosen* ist in den nordafrikanischen Trockensteppengebieten kaum bekannt. Ausnahmen sind im Ag nur wenige „spektakuläre" Arten, wie verschiedene Skorpione und Hundertfüßler (z. B. *Buthus occitanus, Androctonus mauritanicus, Heterometrus maurus, Scolopendra clavipes*) und die Käfer, die relativ früh das Interesse der Zoologen fanden. Mit Hilfe der 1973/74 in Fallen gefangenen, am Erdboden lebenden Arthropoden ist jedoch eine erste Charakterisierung und Differenzierung des Ag möglich [50]. Zwar mußte eine nähere Bestimmung der Arten unterbleiben; verglichen werden können aber immerhin die Anteile einzelner systematischer Gruppen, die in mehreren Diagrammen (Abb. 40—43) skizziert wurden.

Ameisen und *Spinnen* sind an fast allen Standorten mit hohen Anteilen vertreten, wobei erstere nur wenigen Arten angehören, die Spinnen aber sehr artenreich sind und sich ihr Artenspektrum im Norden stark von dem im Süden unterscheidet. *Urinsekten* und *Dipteren* gehören ebenfalls zu den bedeutenderen Gruppen. Während erstere aber im wesentlichen auf die Halfagesellschaften beschränkt bleiben, finden letztere offensichtlich in den Artemisiagesellschaften zusagendere Bedingungen. Ziemlich gleichmäßig und mit relativ geringer Arten- und Individuenzahl sind *Heuschrecken* verbreitet. Selten und nur im Halfamilieu vorkommend sind *Blattoidea* (Fangschrecken, Schaben) und *Myriopoden*. *Asseln* sind schließlich nur an bodenfeuchteren Standorten in den Nebkets und in dichten Wermutbeständen anzutreffen. Diese Standorte sind gleichzeitig die arten- und individuenreichsten überhaupt. Eine Kennzeichnung und Differenzierung der Trockensteppen gelingt am besten mit den überall vertretenen und systematisch besser bekannten *Coleoptera*.

3. Zur tiergeographischen Gliederung der ostmarokkanischen Hochplateaus

Räumliche Gliederungen nach der Verbreitung charakteristischer tierischer Taxa sind schwieriger als Gliederungen nach der Verbreitung von Pflanzen. Dennoch liefert auch die tiergeographische Betrachtung Grenzkriterien, die die bisher gefundenen stützen oder ergänzen. Es zeigten sich schon eine Reihe verschiedener und unterschiedlich starker Bindungen von

---

50) Im speziellen Teil sind die Fallenmethode und ihre Vor- und Nachteile ausführlich beschrieben. Dort wird auch näher auf die Käfer eingegangen.

Arten an bestimmte Geofaktoren. Formenschatz, Substratcharakter, klimatische Extremwerte und Vegetationsgesellschaften besitzen innerhalb der Tierwelt einen von Art zu Art wechselnden Rang bei der Biotopwahl. Deshalb ist grundsätzlich auch das Artenspektrum eines Raumes möglichst vollständig zu erfassen. Für unseren Gliederungsversuch wurde die Verbreitung der Käfer und der Vögel zugrunde gelegt [51].

Zunächst zeigen die Arealtypenspektren der Käfergesellschaften (Abb. 44) die Eigenständigkeit des engeren Ag und die klare Abgrenzung gegenüber den Randlandschaften außerordentlich eindrucksvoll. Wie schon bei den floristischen Spektren (Abb. 31), nimmt das Durchschnittsspektrum des Ag eine Mittelstellung zwischen dem mediterran bestimmten Norden und dem saharischen Süden ein. Im Moulouyatal mischen sich Arten mit nördlichen bzw. südlichen Verbreitungsschwerpunkten zu etwa gleichen Teilen; der hohe Anteil an östlichen und südöstlichen Arten läßt auch hier die Interpretation dieses Raumes als saharische Enklave zu. Zur arealtypologischen Kennzeichnung des Ag selbst können die in Abb. 40—43 skizzierten Spektren der Käfergesellschaften in Halfa- bzw. Wermutbeständen herangezogen werden. Ein Vergleich der Spektren in den Halfagesellschaften ergibt einen etwa gleichbleibenden Anteil nördlicher Arten. Hierin kommt möglicherweise der bessere Schutz zum Ausdruck, den die dichter stehenden Horstgräser diesen Arten im Vergleich zu den locker stehenden Zwergsträuchern bieten. Unterschiedlich groß sind die Anteile südlicher Arten. Sie unterstreichen die Abgrenzung der westlichen, höher gelegenen Bereiche von den östlichen. Letztere besitzen ihrerseits ein deutliches Nord-Süd-Gefälle; der Südosten erweist sich als besonders stark saharisch bestimmt. Eine gewisse Sonderstellung nimmt das Diagramm von Perimeter 13 im zentralen Westen ein. Hier wurden die Käferfänge im Perimeterzentrum auf schwarzem basaltischem Schutt vorgenommen, was möglicherweise den hohen Anteil saharischer Arten erklärt.

Die Spektren der Coleoptera in den Artemisia-Gesellschaften lassen eine noch deutlichere räumliche Differenzierung ablesen [52]. Hier bleiben im Westen bei geringer Zunahme der saharischen Arten in südlicher Richtung die Anteile der mediterranen Arten etwa gleich groß. Im Osten treten sie jedoch zugunsten von Arten zurück, die ihren Verbreitungsschwerpunkt im

---

51) Aus praktischen Gründen — relativ kurze Beobachtungsdauer und fehlende systematische Kenntnisse — können umfassendere Artenspektren gegenwärtig noch nicht berücksichtigt werden.

52) Sie ist wenigstens teilweise auf endemische Arten und Unterarten zurückzuführen, die offensichtlich relativ eng begrenzte Areale besitzen.

östlichen nordafrikanischen Trockensteppengürtel oder im saharischen Bereich haben. Auch hier zeigen sich diese Einflüsse wieder am stärksten im Südosten.

Beobachtungen zur Verbreitung einzelner Vogelarten sollen abschließend zur räumlichen Gliederung mit herangezogen werden. Die oben erwähnten engen Bindungen bestimmter Arten an bestimmte Vegetationsgesellschaften oder auch an das Relief oder Substrat bestimmter Biotope erlauben das, wenn auch mit insgesamt breiteren Grenzsäumen zu rechnen ist. Besonders klar ist die Abgrenzung der Trockensteppengebiete gegen die nördlich angrenzenden mediterranen Baum- und Strauchformationen. Zwar verlassen z. B. viele Greifvögel ihre Nistplätze in den Wäldern und jagen im Offenland, auch wagen sich andere Waldvogelarten erstaunlich weit in die Steppengebiete vor (z. B. die Blauracke, auch das Rotkehlchen). Dennoch überschneiden sich die Areale vieler Waldbewohner (Blaumeise, Elster, Eichelhäher) mit denen der reinen Steppenvögel (verschiedene Lerchen und Steinschmätzer, Brachpieper, Kragentrappe) kaum.

Arten der Gattung Oenanthe zeigen eine besonders klare Abgrenzung ihrer Areale und können im Offenland als Indikatoren für bestimmte klimatische Verhältnisse aufgefaßt werden [53]. Nach BROSSET (1961) sind Sahara- und Schwarzrückensteinschmätzer *(Oenanthe leucopyga, O. lugens)* ganz auf Gebiete mit Niederschlägen unter 100 mm beschränkt und treten nördlich des Jebel Maiz bei Figuig nicht mehr auf. In Räumen zwischen 100 und 200 mm Niederschlag ist die Gattung durch Fahlbürzel- und Wüstensteinschmätzer *(O. moesta, O. deserti)* vertreten. Beide Arten wurden im Südosten des Ag (Matarka-Tendrara), letztere schon im Becken von Berguent beobachtet. In den höheren Bereichen der Hochplateaus im Westen sind die Steinschmätzer vor allem durch die mediterranen Arten *(O. seebohmi, O. hispanica)* repräsentiert.

Die Trockensteppenformationen bieten wegen ihrer unterschiedlichen Schutz- und Nistmöglichkeiten ebenfalls verschiedene Typen besonders geeigneter Biotope. Arten- und individuenreiche Vogelgesellschaften sind an die Retama- und Ziziphus-Nebkets und die wenigen Pistazien an den größeren Oueds gebunden. Hier nisten auch noch größere Greifvögel, wie Baumfalke und Lanner, nach BROSSET auch noch der Schlangenadler und der Schwarze Milan. Ganz auf die insgesamt artenärmeren Halfagesellschaften beschränkt sind Haubenlerche *(Galerida cristata randoni)*, Dupont-

---

[53] Die untereinander sehr ähnlichen, meist schwarzweiß gezeichneten Steinschmätzerarten sind im Gelände nur sehr schwer anzusprechen. Wir greifen hier nur auf eindeutig erkannte Arten zurück.

lerche und Felsenhuhn *(Alectoris barbara spatzi)*. Kragentrappe, Triel, Sandflughuhn, Kurzzehen- und Wüstenläuferlerche bevorzugen das offenere Milieu der Wermutsteppen.

F. Die ostmarokkanischen Hochplateaus und ihre Randlandschaften als Eignungsräume

Bei der Behandlung der natürlichen Grundlagen der ostmarokkanischen Hochplateaus und der angrenzenden Räume ist wiederholt auf die Möglichkeiten und Grenzen bestimmter Formen der Landnutzung hingewiesen worden. Es soll hier nochmals zusammenfassend unter Berücksichtigung der auf physisch-geographischer Grundlage erarbeiteten räumlichen Differenzierung der diesbezügliche Rahmen abgesteckt werden, den die Bevölkerung dieses Raumes vorfindet.

Das *mittlere Moulouyabecken* im Westen des engeren Ag wurde als saharische Enklave geschildert, in der Regenfeldbau nicht mehr möglich ist. Dagegen erlaubt die perennierend fließende Moulouya auf flußnahen Terrassen intensive Bewässerungswirtschaft. Allerdings reicht das Wasser nur für etwa 2—3 % der Flächen dieser naturräumlichen Einheit. Der Rest, steinige und teilweise verkrustete Terrassen- und Glacisflächen mit chenopodiaceenreichen Halbwüstenformationen, ist nur sehr extensiv als Weide zu nutzen, vorwiegend in den hier im Vergleich zu den Hochplateaus milderen Wintern. Diese Nutzung bietet sich auch deshalb an, weil viele der hier verbreiteten Zwergsträucher bereits nach den Herbstniederschlägen austreiben.

Im Norden des Ag, unterhalb der bewaldeten Steilstufe der Gaada von Debdou, liegen *Becken und Ebenen,* in denen nur durch Zuleitung von Zuschußwasser von umliegenden Hängen Regenfeldbau begrenzt möglich ist. Örtlich erlauben Karstquellen am Stufenfuß einen Bewässerungsfeldbau auf kleinen Flächen. Auch dieser relativ wintermilde Raum ist für die Nomaden der Hochplateaus wichtiges Winterweidegebiet.

Im Süden der Hochplateaus liegt die Grenze zu den vollariden, *saharischen Landschaften,* die mit Ausnahme der Oasen von Figuig und des Tafilalt nur in die Sommerweidegebiete der nomadisierenden Stämme der Hochplateaus mit einbezogen werden können.

Die *Hochplateaus* selbst nehmen in diesem Rahmen in vieler Hinsicht eine Übergangsstellung ein. Als Besonderheit muß hervorgehoben werden, daß dieser Raum in klimatischer Sicht nicht nur durch die Niederschläge in seiner Eignung eingeengt wird, sondern auch durch die Temperaturen.

Erstere erlauben in den höchstgelegenen Randbereichen im Norden und im Südwesten bei Jahresmitteln um 400 mm Niederschlag wenigstens in feuchten Jahren einen bescheidenen Regenfeldbau. Die außerordentlich kalten und stürmischen Winter schränken aber die Existenzmöglichkeiten von Mensch und Weidevieh stark ein.

Somit bleibt dieser Raum im wesentlichen Sommerweidegebiet. Dabei sind die im Osten vorherrschenden Wermutgesellschaften eine etwas günstigere Weidegrundlage als die Halfagesellschaften im Westen. Diese bieten dafür die Möglichkeit industrieller Nutzung für die Papierherstellung. Die mindere Qualität der vorherrschenden Pflanzenarten für die Ernährung von Schafen und Ziegen, vor allem aber die wenigen ergiebigen Wasserstellen erlauben allerdings keine geschlossene Beweidung der gesamten Hochebenen. Bewässerungswirtschaft ist deshalb auch nicht möglich.

II. Zur gegenwärtigen bevölkerungs- und wirtschaftsgeographischen Situation der ostmarokkanischen Hochplateaus

Es wurde schon einleitend darauf hingewiesen, daß zur Beurteilung der Entwicklungsmöglichkeiten und -chancen für eine zukünftige Landnutzung der ostmarokkanischen Hochplateaus ein Minimum an Informationen zur gegenwärtigen bevölkerungs- und wirtschaftsgeographischen Situation erforderlich ist, selbst wenn diese Beurteilung in erster Linie aus biogeographischer Sicht erfolgen soll.

In den folgenden Kapiteln wird, gestützt auf das vorhandene und durch eigene Beobachtungen ergänzte Material, eine überwiegend auf statistischen Unterlagen beruhende bevölkerungsgeographische Skizze versucht. Besonderer Wert wird jedoch sodann auf eine *Beschreibung der Lebensformen* und auf die *Beziehung zwischen Landesnatur und Bevölkerung* im Ag und seinen Randlandschaften gelegt; schließlich wird die *Frage des Nomadismus* unter den besonderen Verhältnissen in Ostmarokko diskutiert.

A. Die Bevölkerung der ostmarokkanischen Hochplateaus

Ein erster Überblick gilt den absoluten *Bevölkerungszahlen*, der *Bevölkerungsdichte* und den einzelnen *Bevölkerungsgruppen* in ihrer jüngeren Entwicklung. Dabei ist es erforderlich, über die Grenzen des engeren Ag hinaus die Randlandschaften in die Betrachtung mit einzubeziehen. Nur so wird die Sonderstellung der ostmarokkanischen Hochplateaus auch unter diesem Gesichtspunkt erkennbar. Ebenso sind einige Siedlungen und Verwaltungszentren in den Randlandschaften für das Ag, welches selbst fast keine feste Siedlung besitzt, zentrale Orte, zu denen genau bestimmbare Beziehungen unterhalten werden.

Wenden wir uns zunächst der Zahl und Dichte der Bevölkerung in Südostmarokko zu, wobei auch jüngste Veränderungen zu betrachten sind.

Die Räume im Südosten Marokkos gehören zu den am dünnsten besiedelten des Landes. Das gilt vor allem für das engere Ag. Hier befinden sich mit den beiden wichtigen Brunnenstandorten Hassi el Ahmar (vgl. Abb. 1) und Matarka nur zwei Siedlungen, in denen wenige Familien — immer noch fast ausschließlich in Zelten wohnend — seßhaft geworden sind. Sie überwachen die Brunnen und betreiben einen bescheidenen Handel mit Salz, Zucker und Tee. El Ateuf, eine an der Grenze der mediterranen Wälder der Gaada von Debdou zu den offenen Trockensteppen gelegene, gegenwärtig schnell wachsende Siedlung, muß in ihrer „Vorposten"-Rolle zu den festen Siedlungen der Randlandschaften gerechnet werden. Die restliche Bevölkerung ist wegen ihrer Wanderung nur schwer zu erfassen. Deshalb ist es schwer, sie bestimmten Räumen zuzuordnen. Dennoch geben die in den Tabellen 1 und 2 genannten Zahlen und der eigene

Tabelle 1: Bevölkerungszahlen ausgewählter Siedlungen (Annexe) und ihres Verwaltungsbereichs in Südost-Marokko.
(Nach Unterlagen der „Directions des Statistiques", Rabat 1971, und Atlas du Maroc, Planche 37, Notices explicatives, Rabat 1963)

	Größe des Verwaltungs- bereichs (km²)	Bevölkerung 1960		Bevölkerung 1971	
		Annex	Umland	Annex	Umland
Outat el Haj	3 908,1	?	11 847	1 800	13 572
Missour	1 981,2	?	11 159	1 635	12 253
Mahirija	821,2	?	6 675	?	9 112
el Ateuf	1 747,5	?	4 022	?	6 124
Debdou	756,2	3 564	5 783	2 644	10 051
Berguent	2 752,5	2 607	10 590	3 356	8 578
Tendrara	12 598,3	1 563	14 517	?	16 232

Anmerkung: Fragezeichen (?) sind dort aufgeführt, wo im betreffenden Jahr die Bevölkerung des Annex nicht gesondert ausgewiesen worden ist. Sie ist dann in der entsprechenden Zahl für die Umland-Bevölkerung enthalten.

Überblick ausreichende Anhaltspunkte. Für das engere Ag darf eine Zahl von etwa 10 000 Bewohnern angenommen werden. Das stimmt größenordnungsmäßig auch mit den Angaben von DESPOIS und RAYNAL (1967)

Tabelle 2: Die Bevölkerungsentwicklung in Guercif, Missour und Midelt von 1930 bis 1971.
(Nach RAYNAL 1949 und Unterlagen der „Direction des Statistiques", Rabat 1971)

	1930	1947	1960	1971
Guercif				
Gesamtbevölkerung	800	3 455	5 579	8 109
Ausländer, vor allem Franzosen	?	360	?	} 174
Algerier	200	780	?	
Juden	180	460	?	?
Missour				
Gesamtbevölkerung	?	1 600	?	1 635
Ausländer/Franzosen	300	50	?	} 7
Algerier	150	250	?	
Juden	300	600	?	?
Midelt				
Gesamtbevölkerung		4 350	6 504	15 879
Ausländer/Franzosen	500	750	?	} 105
Algerier	200	200	?	
Juden	500	1 700	?	?

Anmerkung: Die neueren Statistiken enthalten keine differenzierten Angaben zur Zahl der Ausländer und der Juden. Beide haben stark abgenommen und nehmen weiter ab. So werden für die gesamte Provinz Taza, zu der Guercif gehört, für 1971 nur noch 52 marokkanische Juden angegeben.

Die Algerier wurden in der Kolonialzeit, in der sie in Ostmarokko oft nur für wenige Jahre in der Landwirtschaft oder im Bergbau tätig waren, in der Bevölkerungsstatistik gesondert aufgeführt.

überein. Beide Autoren geben die Zahl der Nomaden für ganz Südostmarokko mit 20 000 an. Wegen der Wanderungen zwischen Sommer- und Winterweiden liegt sie in den Wintermonaten unter diesem Wert, im Frühjahr wahrscheinlich darüber.

Was aber im Vergleich mit anderen Trockensteppengebieten mit nomadisierender Bevölkerung erstaunlich ist und für die ostmarokkanischen Hochplateaus hervorgehoben werden muß, ist eine deutliche Zunahme gerade auch der Nomaden in jüngerer Vergangenheit. Wir werden auf diese Zunahme und ihre Erklärung noch eingehen.

Die Bevölkerungsdichte der Randlandschaften übertrifft die des Ag um ein Vielfaches. Es mag genügen, nur die unmittelbar angrenzenden Räume zu betrachten, zu denen die Bevölkerung der Hochplateaus die engsten Beziehungen unterhält. Hier liegen größere Siedlungen, die auch administrative Zentren für das Ag und seine Bewohner sind. Von den beiden Siedlungsbändern des mittleren Moulouyatales — eines am Austritt der Täler aus dem Mittleren Atlas auf die ins Becken überleitenden Fußflächen, ein zweites am Fluß selbst gelegen — sind dies Outat el Haj und Missour. Im Norden besitzen das in der Ebene (Tafrata) unterhalb der Steilstufe gelegene Mahirija, Debdou am Stufenfuß und el Ateuf auf der Hochfläche vergleichbare Funktionen. Die Bevölkerungsdichte liegt in diesen beiden Räumen bei etwa 10—20 Einw./qkm [54]. Im Osten liegen auf den Hochebenen selbst — aber außerhalb des Ag — an der wichtigen Verkehrslinie von Oujda nach Figuig die Verwaltungszentren und wichtigen Marktorte Berguent (Ain Beni Mathar) und Tendrara.

Über Bevölkerungsveränderungen, insbesondere auch über endgültige Abwanderung oder saisonales Wandern in den hier genannten Randbereichen, hat RAYNAL 1949 ausführlich berichtet. In dem dort betrachteten Zeitraum der dreißiger und vierziger Jahre gehörten die Nomaden der Hochplateaus kaum zu den Bevölkerungsteilen, welche durch die von den Protektoratsherren in der Landwirtschaft und im Bergbau geschaffenen Arbeitsplätze angelockt wurden.

Seit den fünfziger Jahren erleben gerade die Randlandschaften wieder charakteristische Bevölkerungsbewegungen. Der Anteil der jüdischen Bevölkerung [55] in vielen, auch kleineren Siedlungen Ostmarokkos hat überall abgenommen und beschränkt sich heute auf wenige Familien. Hiermit waren Veränderungen im örtlichen Handel verbunden, die auch die Bevölkerung der Hochplateaus noch heute spürt und beklagt. Wanderungen zu den bedeutenderen Bergbauzentren, den Kohlelagerstätten von Jerada, zur Bleigewinnung in Sidi Bou Beker und Mibladen/Aouli oder zum Abbau manganhaltiger Erze in Bou Arfa, betrafen in erster Linie Bevölkerungsteile der Randlandschaften; dasselbe gilt für die saisonalen Wanderungen in die westmarokkanischen Agrarlandschaften oder die Triffaebene an der Mittelmeerküste. Erstere wie letztere sind heute rückläufig. Einerseits konnte sich der Erzbergbau auf veraltetem technologischem Stand ohne neue Investitionen nicht ausdehnen. Andererseits haben auch die letzten „colons" das Land inzwischen verlassen. Die Situation auf dem Arbeitsmarkt ist infolge der neuen Klein- und Großbesitzer oder auch der Genos-

---

54) Gesamtbevölkerung nach Atlas de Maroc, Rabat 1963, Planche 31 a/31 b.

55) Vgl. hierzu Tabelle 2. Als in den dreißiger Jahren überwiegend von marokkanischen Juden besiedelter Ort ist auch Debdou zu nennen, dessen einst großer Wochenmarkt zugunsten von Taourirt erheblich an Bedeutung verlor.

senschaften noch undurchsichtig [56]. Schließlich ist es für die Bewohner Ostmarokkos wegen der mit der Abseitslage verbundenen Nachteile der Kommunikation nahezu unmöglich, eine Genehmigung zur Arbeitsaufnahme im Ausland zu bekommen. Im Vergleich zu den vergangenen Jahrzehnten hat die Bevölkerungsmobilität abgenommen. Die nomadische Bevölkerung war von diesen Wanderungen nie stärker betroffen.

Festzuhalten bleibt so zunächst eine relative Bevölkerungsstabilität in bezug auf Wanderungen zum Zweck zusätzlichen Erwerbs bei gleichzeitig merklicher Bevölkerungszunahme in den festen Siedlungen der Randlandschaften wie auch bei den Nomaden des engeren Ag. Der wachsende Bevölkerungsdruck auf den Hochplateaus wird in Trockenjahren bereits nachhaltig spürbar.

Wenden wir uns nun den wichtigsten Bevölkerungsgruppen zu. Die bereits bei den Bevölkerungszahlen erfolgte Aufschlüsselung (vgl. Tabelle 2) ließ für die vergangenen Jahrzehnte eine aus verschiedenen Gruppen zusammengesetzte Bevölkerung Ostmarokkos erkennen.

In der französischen Protektoratszeit war nicht nur in den großen Städten und in den Siedlungen der wichtigen Agrarlandschaften der Anteil an *Ausländern*, vornehmlich natürlich von Franzosen, sehr hoch; auch in den nicht sonderlich attraktiven, oben genannten Siedlungen der Randlandschaften der Hochplateaus wohnten aus verschiedenen Gründen (Administration, Militär, Bergbau, landwirtschaftliche Unternehmen) zahlreiche *französische Familien*. Hinzu kam ein beträchtlicher Prozentsatz *algerischer Wanderarbeiter*, die überwiegend einfachste Arbeiten verrichteten, und die erwähnten *marokkanischen Juden*, die fast den gesamten Handel, zum Teil auch das Handwerk, beherrschen. Mancherorts stellten die marokkanischen Mohammedaner nicht einmal die Hälfte der Einwohner (z. B. in Missour). In Midelt, bedeutend als Bergbauzentrum und Sommerfrische, gehörten 1947 nach RAYNAL (1949) von insgesamt 4 350 Einwohnern nur 1 700 zu den *marokkanischen Mohammedanern*, ebenfalls 1 700 waren Juden, 750 Franzosen, der Rest von 200 Algerier.

Diese drei letztgenannten Bevölkerungsgruppen spielen heute keine Rolle mehr. Die gegenwärtig in den Siedlungen lebende Bevölkerung gehört mit Ausnahme weniger, in der Verwaltung, im Schul- oder Gesundheitswesen tätiger Familien zu den arabischen und berberischen Stämmen, die seit Jahrhunderten das weitere Umland und auch die Hochebenen be-

---

56) Im Frühjahr 1974 mußten viele aus dem Moulouyatal stammende Wanderarbeiter aus der Triffaebene — ihrem angestammten Ziel — unverrichteter Dinge zurückkehren.

wohnen. Die wichtigsten dieser Stämme, soweit sie auch das engere Ag betreffen, sollen hier vorgestellt werden. Drei noch heute überwiegend *nomadisierende Stämme* stellten schon in der französischen Protektoratszeit und stellen auch gegenwärtig den Hauptanteil der marokkanischen Bevölkerungsgruppe, die durch die Religion des Islam geeint wird: die arabischen *Beni Guil*[57], die arabischen *Oulad el Haj* und die berberischen *Ait Serhrouchen*. Erstere betrachten den Osten der ostmarokkanischen Hochplateaus als ihr Stammesgebiet. Sie sind vor allem im Annex von Tendrara statistisch erfaßt, unterhalten aber auch enge Beziehungen zu den Ebenen im Norden, wo ihre Winterweiden liegen, ebenso auch zur Oasensiedlung Figuig, in denen einige Reiche Haus- und Landbesitz verpachtet haben. Outat el Haj im Moulouyatal ist selbstgewählter Verwaltungshauptort der Oulad el Haj, von denen einige Sippen schon seit langem in den Flußoasen seßhaft geworden sind. Der größte Teil von ihnen lebt aber auf den westlichen Hochplateaus (Dahra, Rekkam) und weicht nur im Winter in das mittlere Moulouyatal oder in die Tafrata im Norden aus. Die berberischen Ait Serhrouchen erreichen mit ihren Herden im Sommer nur den Süden und Südwesten des engeren Ag; Schwerpunkt ihres Stammesgebietes sind die Ausläufer des östlichen Hohen Atlas mit Talsinnt als Hauptverwaltungszentrum. Im Winter ziehen sie in die ebenen Hochtäler der Moulouya und des Oued Guir.

Während in den festen Siedlungen der Randlandschaften die hier seßhaft gewordenen Mitglieder der genannten Stämme zusammen mit den übrigen Einwohnern schon eine berbero-arabische Mischbevölkerung bilden und keine oder nur noch lose Verbindungen zu den nomadisierenden Stammesteilen unterhalten, besitzen letztere enge, die neuen administrativen Gliederungen und Verpflichtungen weitgehend ignorierende Bindungen an Sippe und Stamm.

B. Die Lebensformen der Bevölkerung der südostmarokkanischen Landschaften

Bevölkerungszahlen und ihre Veränderungen, Angaben zu den Bevölkerungsgruppen und ihrer Mobilität sind grundlegende Daten in anthropogeographischen Untersuchungen. Zum besseren Verständnis der sozialgeographischen Strukturen kann aber in den Landschaften Südostmarokkos, in denen sich Seßhafte, Nomaden und vielfältige Übergangsformen zwi-

---

57) Die Beni Guil dürfen nicht mit den Beni Mguild des Mittleren Atlas verwechselt werden, über welche NACHTIGALL 1966 und 1967 berichtet hat.

schen beiden auf engem Raum begegnen, erst eine Betrachtung führen, in deren Mittelpunkt die Lebensformen stehen.

Die Bevölkerung des engeren Ag gehört auch heute noch fast ausschließlich zu den Vollnomaden. Ihre Beziehungen zu den administrativen und wirtschaftlichen Zentren und Subzentren der Randlandschaften sind jedoch so eng, daß auch deren überwiegend seßhafte Bevölkerung hier in die Behandlung mit einbezogen wird.

1. Die seßhafte Bevölkerung der Randlandschaften der ostmarokkanischen Hochplateaus

Im folgenden wird versucht, die wichtigsten und meist gemeinsamen Grundzüge der Bevölkerungszusammensetzung und der Lebens- und Wirtschaftsgewohnheiten herauszuarbeiten. Dabei werden solche Gesichtspunkte betont, die für die Bewohner der Hochplateaus selbst von Bedeutung sind. Vergleichend werden dabei gegebenenfalls die Annexe Outat el Haj, Mahirija und Tendrara betrachtet.

Es gibt keine offiziellen Unterlagen über *Berufs- und Standesgliederungen* für die auch in Tabelle 1 aufgeführten wichtigsten Siedlungen [58], so daß wir uns auf quantitative Angaben beschränken müssen.

Eine kleinere, aber wichtige Gruppe der Bevölkerung wird landesüblich mit dem Begriff der *"Funktionäre"* zusammengefaßt. Dahinter verbergen sich zum einen der Kaid (vergleichbar dem Bürgermeister) und alle ihm zugeordneten Verwaltungsbeamten und -angestellten, die Angehörigen der Polizeidienststelle sowie — in den größeren Orten — Post- und Forstbeamte, Lehrer, Ärzte bzw. ärztliches Hilfspersonal. Allen ist gemeinsam, daß sie aus den verschiedensten marokkanischen Räumen stammen können, nur nicht aus der Landschaft oder gar Siedlung, in welcher sie jetzt, von übergeordneten Dienststellen auf unbestimmte Zeit versetzt, ihren Dienst versehen [59]. Sie bewohnen in der Regel bessere Häuser, oft staatliche Plantypen, die oft abseits von der Hauptsiedlung in einem Komplex zusammengefaßt sind.

Die politischen Hintergründe für diesen „gesteuerten" Einsatz sind klar, die mit ihnen neu auftretenden Schwierigkeiten auch mit der seß-

---

58) Offizielle Befragungen durften nicht durchgeführt werden, inoffiziell vorliegendes Material ist zu wenig aufgeschlüsselt und kaum zuverlässig. Die hier genannten Daten beruhen auf eigenen Auskünften und Beobachtungen.

59) In ganz Marokko werden heute bewußt ausschließlich ortsfremde Kaids (etwa mit Bürgermeistern zu vergleichen) und auch andere Funktionäre eingesetzt.

haften Bevölkerung oft spürbar. Die Nomaden aber setzen wenig Vertrauen in eine örtliche Obrigkeit, die nicht wenigstens lose verwandtschaftliche Beziehungen zum Stamm besitzt. Sie können die Funktionäre jedoch nicht ignorieren, weil nur über sie wichtige Genehmigungen [60] zu erhalten sind.

Zu einer zweiten Gruppe gehören alle in irgendeiner Weise mit dem *Handel* verbundenen Personen. In allen fraglichen Siedlungen werden ausschließlich Güter des täglichen und mittelfristigen Bedarfs von 5 bis 10 meist kleinen Gemischtwarenhändlern angeboten. Selbst das Angebot von Lebensmitteln und Stoffen, Kleidung, Schuhen ist nicht streng getrennt. Nach französischem Muster wurde mitunter ein kleiner „marché" angelegt, in dem Metzger und Obsthändler nur an den Wochenmarkttagen alle Stände besetzen. Zwei oder drei Cafés und Garküchen haben auch nur an diesen Souk-Tagen nennenswerte Umsätze. Zeitungen gibt es nicht, Benzin nicht immer. Die meisten Händler sind Einheimische, die diese Funktion erst nach der Abwanderung der Juden übernahmen. Sie wohnen in den wenigen zweigeschossigen Häusern im Zentrum der Siedlungen, deren dort regelmäßiger Grundriß auf französische Einflüsse während der Protektoratszeit zurückgeht (z. B. ehemaliger Militärposten).

Das *Handwerk* spielt keine große Rolle. Die wenigen Schneider, Schuster, Schmiede und Kesselflicker — viele von ihnen sind algerischer Herkunft — sind unbedingt auf Aufträge der Soukbesucher, also auch der Nomaden der Hochplateaus, angewiesen.

Während die bisher besprochenen Gruppen der Funktionäre, Händler und Handwerker in den Annexen Outat el Haj, Mahirija und Tendrara zur seßhaften Bevölkerung gehören, muß die übrige Bevölkerung der festen Siedlungen gesondert betrachtet werden, da sich hier Differenzierungen ergeben.

Tendrara liegt mit Jahresniederschlagsmitteln um 200 mm und einer nicht sehr ergiebigen Quelle (60 l/sec leicht brackigen Wassers) in einem Raum, wo der Regenfeldbau nur ausnahmsweise möglich ist und das zur Verfügung stehende Quellwasser bedeutendere Bewässerungswirtschaft nicht erlaubt. So ist dieser Ort kaum mehr als Verwaltungs- und Marktzentrum. Viele Häuser stehen fast immer leer und dienen ihren Besitzern nur in wenigen Winterwochen oder an Markttagen als Unterkunft. Diese Besitzer leben bereits überwiegend von ihren Herden, sind zum Teil aber auch in der Halfawirtschaft engagiert oder arbeiten als Tagelöhner im Straßenbau oder bei der Eisenbahn.

---

60) Zum Beispiel Fahr- und Transporterlaubnis, Jagd- bzw. Waffenschein, Paß usw.

Mahirija, im Zentrum der Tafrata gelegen, ist als Verwaltungszentrum und Marktort eine Art Mittelpunktsiedlung mehrerer kleiner Weiler und Dörfer (douar), deren Bauern (fellah) hauptsächlich vom Regenfeldbau leben. Den am Steilanstieg zur Gaada von Debdou gelegenen Gemeindeteilen steht außerdem noch aus Karstquellen Wasser zur Bewässerung zur Verfügung. Daneben wird die Möglichkeit der Waldweide trotz gesetzlicher Einschränkungen quasi gewohnheitsrechtlich genutzt. Ebenfalls auf alten Traditionen beruhend gestaltet sich das Zusammenleben dieser seßhaften Fellachen in den wenigen Wintermonaten, wenn die nomadisierenden Beni Guil und Oulad el Haj hier ihre Zelte aufschlagen.

Der weitaus größte Teil der Bevölkerung von *Outat el Haj* lebt von der Bewässerungswirtschaft. Am Übergang des Ostabfalls des Mittleren Atlas zu den Glacis- und Terrassenflächen des Moulouyabeckens liegt eine Reihe von Bergfußoasen, denen Schmelzwässer bis in den Frühsommer zur Verfügung stehen. Andere Dörfer besitzen ausreichende Karstquellen. Die meisten Siedlungen liegen jedoch an der Moulouya selbst und benutzen das Flußwasser zur Bewässerung.

Das Siedlungsbild ähnelt den Kasbahs im Süden Marokkos; auch hier fehlt die Palmenkulisse nicht ganz. Die Datteln reifen aber selten. Andere Anbaufrüchte treten in den Vordergrund: Aprikosen, Feigen, Oliven, Nüsse, Hirse, Mais und verschiedene Leguminosen bringen hohe Erträge. Das gilt auch für die Luzerne, die allmählich an Bedeutung gewinnt, weil sich einzelne Familien doch schon Rinder halten. Häufiger wird die Bewässerungswirtschaft mit extensiver Viehzucht auf den unbewässerten und auch für den Regenfeldbau ungeeigneten höheren Terrassenflächen gekoppelt. Nur ausnahmsweise verbinden die „ksouriens" dieser Siedlungen verwandtschaftliche Beziehungen mit dem nomadisierenden Stamm der Oulad el Haj [61]. Selten sind auch direkte Tauschhandelsgeschäfte, etwa Herdentiere gegen Getreide. Persönliche und geschäftliche Begegnungen beschränken sich in der Regel auf den Souk.

Der hier betrachtete Raum Ostmarokkos gehört im westlichen Teil zur Provinz Taza, im östlichen zur Provinz Oujda. Die Beziehungen der Gemeinden der Randlandschaften und der Bevölkerung der Hochplateaus zu diesen Provinzhauptstädten sind lose. Auf administrativem Weg sind die Sitze der „cercles" (etwa den Kreisbehörden zu vergleichen) dazwischen geschaltet. Für Outat el Haj und Mahirija ist dies Guercif, für

---

61) Wenige reichere Scheichs der Oulad el Haj haben zwar Land- und Hausbesitz in den Ksaren des Moulouyabeckens; dieser wird aber von Pächtern bewirtschaftet.

Tendrara Figuig. Selbst die Kaids verkehren fast ausschließlich mit den dortigen Dienststellen, ein Besuch der Provinzhauptstadt ist die Ausnahme. Umgekehrt reichen aus diesen Verwaltungs- und Wirtschaftszentren höherer Ordnung kaum Impulse hierher. Eine mangelhafte Verkehrserschließung erschwert das auch. An beiden Provinzen haben aber auch Räume Anteil, die wegen ihrer höheren Wirtschaftskraft eher das Interesse der Provinzbehörden finden.

1974 wurde beschlossen, im Südosten eine neue Provinz aus Gebieten der Provinzen Oujda und Ksar es Souk auszugliedern, mit dem Hauptverwaltungssitz Bou Arfa. Hieran knüpfen sich viele Hoffnungen der seßhaften Bevölkerung. Die Nomaden begegnen Nachrichten dieser Art mit Mißtrauen. Positiv im Hinblick auf neue Arbeitsplätze und eine bessere infrastrukturelle Erschließung darf dieser Beschluß aber schon jetzt gewertet werden.

Wenden wir uns nun noch den *Wochenmärkten* zu. Schon bei der Behandlung der einzelnen Gruppen der seßhaften Bevölkerung klang ihre Bedeutung für diesen Bevölkerungsteil an. Der Souk ist aber auch für die nomadisierende Bevölkerung lebenswichtig. Hier begegnen sich nicht nur Seßhafte und Nomaden. Hervorgehoben werden muß, daß gerade für letztere der Souk praktisch den Besuch in der Stadt ersetzt. Nur wenige reichere Nomaden haben die finanziellen Mittel, um in die Stadt, etwa die Provinzhauptstädte Taza und Oujda, zu reisen und dort einzukaufen. Selbst die bedeutenderen Wochenmärkte in Guercif und Taourirt werden nur ein- bis zweimal jährlich von wenigen männlichen Familienmitgliedern besucht.

So ist der Souk im nächstgelegenen Annex, der allerdings höchstens zweimal im Monat und auch nur von den Männern aufgesucht wird, der entscheidende, für viele ausschließliche Handelsplatz [62]. Die Bindungen der nomadischen Bevölkerung an den Souk müssen allein aus diesem Grund schon als wesentlich enger angesehen werden als etwa die an die eingesetzten Behörden.

Zunächst verkaufen die Nomaden ihre Waren auf diesen Wochenmärkten. Diese Waren bestehen überwiegend aus lebenden Tieren — Schafen, Ziegen, Lämmern, im Südosten auch mitunter Kamelen — und aus Wolle. Häute spielen keine Rolle, da man selbst nur selten Tiere schlachtet, ebensowenig Milch und Milchprodukte. Letztere werden allenfalls in geringen Mengen in Tauschgeschäften mit den Fellachen eingebracht.

---

[62] Die Souks von Tendrara und Outat el Haj besitzen Einzugsbereiche, die sich bis zu 100 km auf die Hochplateaus erstrecken.

Die Beni Guil verkaufen pro Souktag in Berguent, Tendrara und Figuig zusammen rund 6 000 Stück Vieh, davon etwa 60 % Schafe [63]. Durchschnittlich werden pro Markttag in Talsinnt von den Ait Serhrouchen rund 2 000 Stück, in Outat el Haj von den Oulad el Haj 1 100 abgesetzt. Händler aus fast allen großen marokkanischen Städten, besonders aus Oujda und Fes, kaufen die hier angebotenen Tiere auf.

Da Heimgewerbe, etwa das Knüpfen von Teppichen oder auch das Sammeln von Kräutern über den eigenen Bedarf hinaus nicht ausgeübt werden, bleiben die geschilderten Verkäufe die einzige Einnahmequelle für die Nomaden. Das erlöste Geld wird schnell wieder umgesetzt, sei es zur Tilgung von Schulden bei einzelnen Soukhändlern, sei es zum Kauf eines außergewöhnlichen Gegenstandes des langfristigen Bedarfs.

Die Händler der im Einzugsgebiet der Hochplateaus liegenden Wochenmärkte haben ihre Waren auf die finanzschwache Kundschaft ausgerichtet, d. h. es werden in der Regel nur schlechteste Qualitäten angeboten. Das gilt insbesondere für Artikel des mittel- bis langfristigen Bedarfs, sowohl für primitives Schuhwerk und billigste Stoffe als auch für technische Geräte, wie batteriebetriebene Transistorradios und -plattenspieler, Taschenlampen, Geschirr u. v. a. m. Dennoch können sich viele Nomaden nicht einmal diese Artikel leisten.

In erster Linie müssen hier nämlich Nahrungsmittel gekauft werden: unbedingt Zucker, Salz, Tee und Brotgetreide, wenn möglich auch Obst und Gemüse, eventuell und selten auch einmal billiges Fleisch oder Fisch. Schließlich können die Dienste des Schneiders, des Kesselflickers und des Schmieds in Anspruch genommen werden. Auch die Möglichkeit ärztlicher Hilfe besteht an Souktagen, theoretisch jedenfalls und durch Verordnungen geregelt. Die Ärzte kommen aber nur selten, da sie wissen, daß ihr Rat von den meisten Kranken weder befolgt noch bezahlt werden kann.

2. *Die Lebensformen der nomadisierenden Bevölkerung der ostmarokkanischen Hochplateaus*

Die Bewohner der ostmarokkanischen Trockensteppen werden hier als *Nomaden* angesprochen. Es sind häufig Kriterien zusammengestellt worden, nach welchen die nomadische Lebensform von anderen, insbesondere

---

63) Diese und die folgenden Zahlen werden bereits im Atlas du Maroc, Planche 40 c, Notices explicatives, Rabat 1955, genannt und wurden auch für die Gegenwart in ihrer Größenordnung bestätigt. Selbstverständlich gibt es jahreszeitliche Schwankungen und auch Unterschiede im Angebot von Jahr zu Jahr.

Übergangsformen zur seßhaften Lebensweise, unterschieden werden kann. SCHOLZ (1974) zeigte jüngst, daß dabei keine Übereinstimmung erzielt worden ist, weder für den Begriff und Inhalt des Vollnomadismus noch für die Vielzahl der Übergangsformen. Wir folgen seinem Vorschlag, die Begriffe „Nomadismus" und „Nomade" als übergreifende Rahmentermini „im Sinne einer mobilen und auf Viehzucht basierenden Lebens- und Wirtschaftsweise" anzusehen, welche dadurch näher zu charakterisieren ist, „daß die beteiligten Gruppen — Stamm, Teilstamm, Großfamilie, Familie, Haushalt — mit ihrem Produktionsmittel Vieh — Schafe, Ziegen, Kamele, vereinzelt Rinder oder Pferde — und unter Benutzung bodenvager Behausungen auf Grund der physisch-ökonomischen und/oder sozio-politischen Verhältnisse eines Raumes episodisch oder periodisch Wanderungen von Produktionsstätte zu Produktionsstätte zur Existenzsicherung durchführen" (SCHOLZ 1974, S. 49).

In diesen Rahmen passen auch die von BOESCH (1951) und RATHJENS (1969) enger und knapp formulierten Kriterien: ganzjähriges Wohnen in transportablen Behausungen, geregeltes Wandern mit der gesamten Familie, ausschließliche Viehzucht als klimabedingte Wirtschaftsform.

An diesen engeren Kriterien wird die Bevölkerung der Hochebenen im folgenden gemessen, wobei von den bereits genannten arabisierten Stammesgemeinschaften der Beni Guil und der Oulad el Haj die Rede sein wird [64]. Besonders zu betonen sind hier Gesichtspunkte, die auch Bestandteil einer umfassenden biogeographischen Analyse sein müssen, welche die Formen der Anpassung an den Raum hervorhebt. Auch die gegenwärtigen Wirtschaftsformen und -möglichkeiten sollen erörtert werden, damit klar zu erkennen ist, wo und wie eine sinnvolle Entwicklung in den ostmarokkanischen Hochplateaus betrieben werden kann. Zunächst sollen hier Aspekte wie *Behausung*, *Kleidung* und *Ernährung* näher behandelt werden.

Die Beni Guil und Oulad el Haj wohnen in *Zelten* leicht variierender Größe (etwa 50 bis 100 qm), aber durchweg gleicher Konstruktion (vgl. hierzu Abb. 6). Ein zentraler Hauptmast und seitliche Holzstützen tragen die Zeltplanen, die aus einer Höhe von fast 3 m bis dicht an den Boden hinunter gezogen werden. Lücken zwischen Bodenoberfläche und Plane werden mit Hilfe von Steinen und Halfagras abgedichtet. Allerdings werden dort Öffnungen für eine ungehinderte Luftzirkulation gelassen, die an den besonders heißen Stunden des Tages den Aufenthalt erträglich gestal-

---

64) Zu 6 Großfamilien dieser Stämme wurde in den Jahren 1973/74 regelmäßiger Kontakt unterhalten. Insgesamt beruhen die folgenden Mitteilungen auf Beobachtungen und Befragungen von ca. 50 Familien.

tet. Die in braunen Farbtönen gestreiften Zeltplanen bestehen überwiegend aus Halfagras, mitunter aus Ziegen- und Kamelhaar. Bei den seltenen Regenfällen schließen sich die lockeren Gewebe, die einen Hitzestau vermeiden helfen, schnell. In der kalten Jahreszeit, besonders in den Winternächten mit Temperaturminima um − 10 Grad C, bieten diese Zelte aber nur unzureichenden Schutz. Bewußt meiden die Nomaden bei der Wahl der Zeltplätze deshalb Lagen, in denen mit Ansammlung oder Abfluß von Kaltluft zu rechnen ist, andererseits auch solche Orte, die den immerwährenden Winden ungeschützt ausgesetzt sind.

Das Innere der denkbar einfach mit Halfamatten, schmucklosen Wollteppichen und wenigen Kissen ausgestatteten Zelte wird durch eine Wand unterteilt, die aus Säcken errichtet wird. Sie trennt die Frauen- von der Männerabteilung. An erstere, die Gästen in der Regel verschlossen bleibt, ist ein kleines Zelt mit der offenen Feuerstelle angeschlossen.

Sechs bis acht Personen leben durchschnittlich in einer *Zeltgemeinschaft* (chaima), eine patriarchalische Familie, die aus dem Familienoberhaupt und seiner Frau, den kleineren Kindern und eventuell noch bloß geduldeten, einzeln lebenden Mitgliedern der älteren Generation besteht. Zeltgruppen, die auch „douar" heißen, werden fast ausschließlich auf verwandtschaftlicher Basis gebildet, wobei durchaus auch solche Bindungen der Frauen eine Rolle spielen. Diese Zeltgruppen besitzen gegenwärtig den offensichtlich stärksten sozialen Zusammenhalt. Verehrt und anerkannt wird aber auch der mehreren Zeltgruppen vorstehende Scheich. Er ist richterliche Instanz und opinion-leader, gleichzeitig Verbindungsmann zu den eingesetzten Kaids. Darüber hinaus bestimmt er weitgehend das Wanderungsverhalten des ihm unterstehenden douars.

Die *Kleidung* der Nomaden ist bis auf das Schuhwerk noch sehr traditionell: luftige Pluderhosen und Unterhemden, darüber die bis zum Boden reichende Jellaba, im Winter auch ein dicker wollener Burnus. Der auf vielerlei Art gebundene Turban fehlt nie. Sandalen aus alten Autoreifen, seltener aus Plastik, herrschen als Schuhe vor; sie werden auch im kalten Winter benutzt. Die Frauen tragen mehrere bunte Kleider aus billigsten Stoffen und ein Kopftuch; viele laufen barfuß. Auch die den Körper vollständig bedeckende Kleidung und die nie fehlende Kopfbedeckung ist in den heißen Sommermonaten sehr angemessen. Im Winter aber erfordern Zelt und Kleidung eine ungewöhnliche Abhärtung.

Einfach und ohne große Abwechslung ist auch die *Ernährung*. Normalerweise bleiben die Speisen der drei Tagesmahlzeiten auf dünnes Fladenbrot (chobbs) mit etwas Butter aus Schafs- oder Ziegenmilch und auf

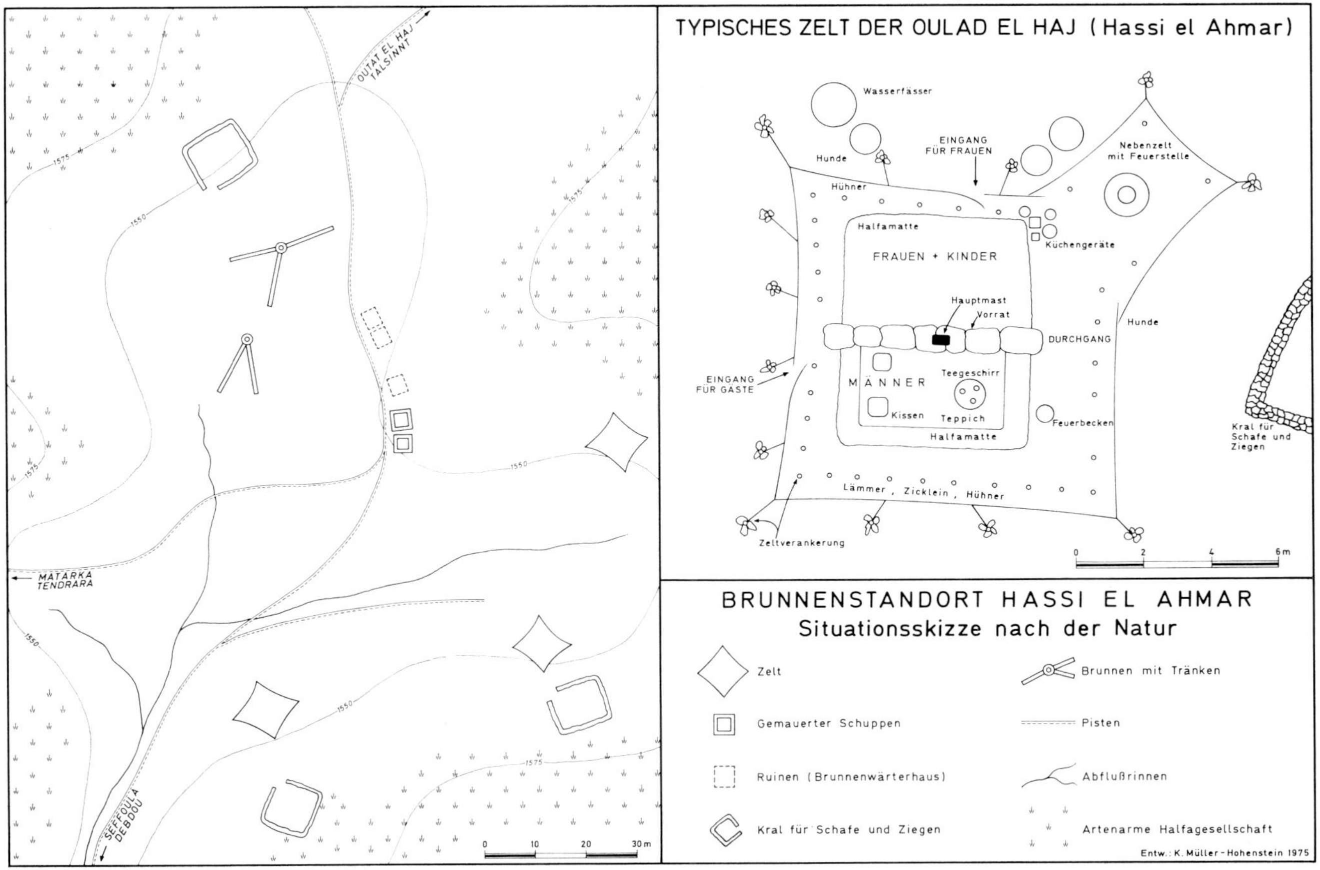
TYPISCHES ZELT DER OULAD EL HAJ (Hassi el Ahmar)
Wasserfässer
EINGANG FÜR FRAUEN
Nebenzelt mit Feuerstelle
Hunde
Hühner
Halfamatte
FRAUEN + KINDER
Küchengeräte
Hauptmast
Vorrat
DURCHGANG
Hunde
EINGANG FÜR GÄSTE
MÄNNER
Teegeschirr
Kissen
Teppich
Halfamatte
Feuerbecken
Kral für Schafe und Ziegen
Lämmer, Zicklein, Hühner
Zeltverankerung
0 2 4 6m
BRUNNENSTANDORT HASSI EL AHMAR
Situationsskizze nach der Natur
Zelt
Brunnen mit Tränken
Gemauerter Schuppen
Pisten
Ruinen (Brunnenwärterhaus)
Abflußrinnen
Kral für Schafe und Ziegen
Artenarme Halfagesellschaft
Entw.: K. Müller-Hohenstein 1975
OUTAT EL HAJ TALSINNT
MATARKA TENDRARA
SEFFOULA DEBDOU
1575
1550
0 10 20 30m

Abb. 6

Hartweizenbrei (kuskus), der mit Wasser oder Milch zubereitet wird, beschränkt. Selten bereichert getrockneter Käse (klila), Trockenfleisch (kaddid) oder ein Ei (beit) die Mahlzeit, im Frühjahr auch frische Milch (chlib) und eine Art Yoghurt. Hiermit sind bereits über 90 % aller Mahlzeiten beschrieben. An der einseitigen Ernährung ändern auch die wenigen frischen Gemüse in einem Eintopf (tajine) nach Souktagen, ein gekochtes Huhn (dik) oder ganz selten an Festtagen oder bei höchstem Besuch auch einmal ein am Spieß gebratener Hammel (mechoui) grundsätzlich nichts. Größere Abwechslung bringt nur der alljährliche Fastenmonat (ramadan) mit kalorienreicherem Essen (mehr Gemüse, Obst, Fleisch). Mit dem Fasten zwischen Sonnenauf- und -untergang ist aber besonders dann eine außergewöhnliche körperliche Belastung verbunden, wenn der Ramadan in die heißen Sommermonate fällt. Hauptgetränk ist der stark gesüßte, aus grünem Tee, Pfefferminz oder auch anderen aromatischen Kräutern zubereitete Tee, der vor und nach allen Mahlzeiten gereicht wird. Daneben wird nur Wasser getrunken, dessen Qualität sehr unterschiedlich und oft durch einen hohen Gehalt an Salzen und schwer definierbaren Schwebstoffen fast ungenießbar ist.

Die in den Wintermonaten kaum ausreichende Behausung und Kleidung und die einseitige, meist auch zu knappe Ernährung erklären einen großen Teil der auftretenden *Krankheiten und Mangelerscheinungen* bei der Bevölkerung. Krankheiten des Verdauungstraktes sind an der Tagesordnung, hinzu kommen Beschwerden, die mit Rheuma und Erkältungen umschrieben werden können. Tuberkulose ist verbreitet, Wasser- und Hygienemangel führen besonders bei Frauen und Kindern zu Folgeerkrankungen. Sommerliche Temperaturextreme, die für Europäer kreislaufbelastend wirken können, scheinen für die Nomaden kaum nachteilig zu sein. Dagegen sind auch hier wie in vielen Trockengebieten Augenkrankheiten (Trachom) häufig [65].

Im Rahmen der folgenden wirtschaftsgeographischen Betrachtungen werden Stellung und Aufgaben des Mannes noch ausführlicher besprochen werden. *Aufgaben und Tagesablauf der Frauen* sollen hier geschildert werden.

Der Lebensbereich der Frau beschränkt sich fast ganz auf den engeren Umkreis der Zeltgruppe und das Zelt selbst. Sie fertigt die Zeltbahnen

---

65) Die eigene Reiseapotheke und die fehlende ärztliche Versorgung auf den Hochplateaus ließen gerade auf diesem Sektor umfassendere Beobachtungen zu. Bei der Behandlung Erkrankter wurde die von lange in Marokko lebenden Franzosen beschriebene Verknüpfung des „traditionalisme berbère et fatalisme islamique" besonders deutlich.

sowie die Matten und Teppiche im Zelt aus Halfagras oder tierischen Haaren und hält sie auch instand. Sie ist selbstverständlich für die Bereitung der Mahlzeiten mit Ausnahme des mechoui und des Tees zuständig, ebenso übernimmt sie ganz wesentlich die Erziehung der Kinder. Das Nähen der Kleidung dagegen fällt ihr nicht zu, überhaupt scheint ihr diesbezügliches Geschick nicht sehr groß zu sein, was auch die groben Zeltbahnen und Teppiche kaum widerlegen.

Von der Arbeit mit der Herde fällt ihr die Pflege der Jungtiere zu, die im Zelt bleiben, außerdem in der entsprechenden Jahreszeit das Melken.

Wichtigste und anstrengendste Arbeit sind die Versorgung der Familie mit Wasser und die Beschaffung des Brennmaterials. Wasser wird in allen möglichen Blechgefäßen mit Hilfe von Kamelen, Pferden und Eseln von oft weit entfernten Brunnenplätzen geholt. Gleichzeitig ist das die wohl einzige Möglichkeit, sich mit den Frauen anderer Familien zu treffen und zu unterhalten. Denn auf die Souks werden Frauen nicht mitgenommen, vom gesellschaftlichen Leben sind sie praktisch ausgeschlossen.

Schwierig gestaltet sich in der Regel die Beschaffung des Brennmaterials. Nur im Norden, in der Nähe der Gaadawälder, steht Holz zur Verfügung. Meist bleibt daher keine andere Möglichkeit als das „Roden" von verholzenden Zwergsträuchern. Nur reichere Familien können sich hin und wieder Holzkohle leisten; Gasflaschen sind noch fast unbekannt.

Die relativ schwere Arbeit und die erwähnten Krankheiten tragen zur heute noch niedrigen Lebenserwartung der Nomadenfrauen bei. Es gibt m. W. keine näheren Untersuchungen hierzu, auch ist das Alter der Frauen schwer zu schätzen, doch dürfte eine mittlere Lebenserwartung von 40 Jahren eher zu hoch gegriffen sein. Hauptverantwortlich dafür sind jedoch die hohen Geburtenzahlen. Fünf und mehr überlebende Kinder haben alle älteren Frauen. Viele jüngere sterben im Kindbett.

Geregeltes Wandern ist ein weiteres Kennzeichen nomadisierender Bevölkerung. Im Wanderrhythmus und -verhalten der Beni Guil und der Oulad el Haj gibt es grundsätzliche Übereinstimmungen. Sie sollen zunächst vorgestellt werden. Größere Differenzierungen ergeben sich durch die unterschiedliche Größe, Lage und natürliche Ausstattung der Stammes- und Weidegebiete, von denen anschließend zu berichten ist.

Für beide Stämme ist zunächst ein klimatisch bedingtes Wandern über längere Distanzen zwischen Winter- und Sommerweidegebieten charakteristisch, wobei je nach Nahrungsangebot für die Herden auch längere Frühjahrsetappen eingelegt werden. Der Zug in die endgültigen Sommerweidegebiete erfolgt erst nach dem Lammen; die Winterweidegebiete werden in Dürrejahren schon nach Erschöpfung der Wasser- und Nahrungsgrundlagen aufgesucht, sonst erst nach Eintritt anhaltender Fröste. Dabei werden etwa 300 km für eine Strecke zurückgelegt. Dürre- oder auch Feuchtjahre führen zu längeren oder kürzeren Wanderungen, aber nicht zu grundsätzlichen Änderungen.

Innerhalb der jahreszeitlich festliegenden Weidegebiete kommt es zu unterschiedlich häufigen, über kurze Entfernungen von 10 bis 30 km führenden Verlagerungen der Zeltplätze. Sie hängen vom Zustand der Pflanzendecke ab, insbesondere vom Vorhandensein oder Fehlen der Annuellen. Richtung und Entfernung dieser kleinräumigen Wanderbewegung werden wesentlich durch den Abstand der Wasserstellen voneinander und deren Ergiebigkeit bestimmt. Hierbei werden im regenreichen Frühjahr nur episodisch, kurzzeitig Wasser enthaltende Brunnen oder künstlich angelegte Becken (rdir) genutzt, damit die wasserreicheren, meist tieferen Brunnen möglichst lange in der sommerlichen Trockenzeit zur Verfügung stehen. Größe und Einzugsbereich der jeweils beweideten Areale ergeben sich aus der Notwendigkeit, wenigstens die Schafe alle 2 Tage zu tränken, sowie aus den täglichen Entfernungen von maximal 10 km, die sie beim Weidegang bei erwünschter Gewichtszunahme zurücklegen können.

Die großen, mehrtägigen Wanderungen mit Zelten, Herden und allem Hausrat werden heute von reicheren Familien mit Hilfe von Lastwagen bewerkstelligt, die die Tiere und einige Hirten einer Zeltgruppe transportieren, seltener auch die übrigen Familienmitglieder und die Zelte [66]. Diese ziehen nach wie vor mit Dromedaren in mehrtägiger Reise aus den Sommer- in die Winterweidegebiete. Die kleinräumigen Wanderungen innerhalb der Weidegebiete werden häufiger nur von einzelnen Familien und ausschließlich mit Hilfe der Tragtiere durchgeführt.

Für beide hier betrachteten Stämme sind die winterrauhen Hochplateaus Sommerweidegebiet. Die Beni Guil verbringen Frühjahr und Frühsommer in den östlichen Teilen der Hochebenen bis zur algerischen Grenze, ziehen im Sommer dann in die höheren Lagen der östlichsten Atlasausläufer, aber auch in die „Plaine de Tamlelt" und die Umgebung von Figuig. Den Winter verbringen sie im Becken von Berguent, einige douars ziehen bis in die Tafrata oder die Ebenen um Taourirt. Wenige Familien, die zwar überwiegend von den Herden — hauptsächlich Schafe, weniger Ziegen und im Gegensatz zu den Oulad el Haj auch noch einige Dromedare — leben, bestellen daneben kleine Parzellen im Regenfeldbau (bour) im Nordosten

---

66) Wagen und Chauffeur werden dafür von Fuhrunternehmern aus den Randsiedlungen gemietet.

der Hochplateaus, was ihre Wanderungen mit beeinflußt. Schließlich gibt es weitere Formen des Übergangs zum Halbnomadismus durch zeitweise Beschäftigung in der Halfaernte oder durch zusätzliche Einkünfte aus Bewässerungsland um Figuig oder Berguent. Letzteres beeinflußt die Wanderungen und das tägliche Leben jedoch nicht, da dieses Land verpachtet wird.

Die Oulad el Haj ziehen ebenfalls im Frühjahr und Sommer auf die Hochplateaus, ihre Weidegebiete sind aber auf den westlichen, überwiegend mit Halfagesellschaften bestockten Teil beschränkt und grenzen im Süden an die Sommerweiden der berberischen Ait Serhrouchen. Den Winter verbringen sie in der Tafrata und in der Umgebung von Guercif oder im mittleren Moulouyabecken. Landbesitz in den Oasen ist bei ihnen selten, dagegen haben auch hier einige Familien zusätzliche Einkünfte und damit verbundene Änderungen im Wanderungsverhalten durch die Arbeit in der Halfakampagne oder die Bestellung von bour-Flächen. Sowohl die Beni Guil als auch die Oulad el Haj ziehen frühestens im November, meist erst im Dezember in die Winterweidegebiete; die ersten kehren im März, die letzten Ende April auf die Hochebenen zurück. Die Besitzer größerer Herden haben dabei feste Weideplätze, deren Beweidung mit den dort lebenden Fellachen seit langem geregelt ist. Viele Besitzer kleinerer Herden, die ärmsten Familien also, müssen sich von Jahr zu Jahr die winterlichen Weidegründe von neuem erhandeln. Familien, denen dies nicht gelingt, bleiben mit ihren Herden auf den winterkalten Hochplateaus.

Im Frühjahr sind die Hochebenen des engeren Ag somit am dichtesten bevölkert, im Sommer bleiben besonders in den östlichen Teilen nur noch wenige Zeltgruppen an den ergiebigsten Brunnenplätzen und in den Oueds mit nahem Grundwasser. In den stürmischen kalten Wintermonaten ist das Steppenhochland fast entvölkert.

3. Die wirtschaftsgeographische Situation auf den ostmarokkanischen Hochplateaus

Im folgenden sollen nun Viehwirtschaft, Regenfeldbau und außerlandwirtschaftliche Erwerbsmöglichkeiten der Bevölkerung auf den ostmarokkanischen Hochplateaus skizziert werden.

Die Beni Guil und die Oulad el Haj gehören nach FERDINAND (1969) zu den „kleinwandernden" *Kleintiernomaden*, d. h. Schaf- und Ziegennomaden. Dromedare haben selbst nach älteren Überlieferungen in diesem Raum nie eine besondere Rolle gespielt, in den letzten Jahren ist ihre Zahl auf wenige 1 000 Stück zurückgegangen, wobei auch ein Funktionswandel stattfand: Zunehmend werden Dromedare als Woll- und Lederlieferanten sowie als Fleischtiere betrachtet; ihre Aufgaben als Transportmittel haben dagegen weitgehend die Lastkraftwagen übernommen. Rinderzucht ist auf den Hochplateaus aus klimatischen und Futtergründen nicht möglich. Esel sind auf ein, höchstens zwei Tiere pro Zeltgemeinschaft beschränkt, Maultiere und vor allem Pferde, wichtige äußere Zeichen von Reichtum und Einfluß, besitzen nur noch die Scheichs und reichere Familienoberhäupter.

Selbst bei den noch Dromedare haltenden Nomaden machen Schafe und Ziegen über 90 % des Tierbestandes aus. Ihre Zahlen können für das gesamte Ag nur größenordnungsmäßig angegeben werden, da offizielle Zählungen gegenwärtig nicht vorliegen. Außerdem beeinflussen Dürrejahre, insbesondere eine Folge von mehreren Trockenjahren hintereinander, sowohl die absolute Zahl als auch das Verhältnis der Schafe und Ziegen zueinander. Der Anteil an Schafen, der durchschnittlich in normalen Jahren etwa 60 bis 70 % des Tierbestandes beträgt, geht in Trockenjahren weitaus stärker zurück als der der genügsameren und trockenheitsresistenteren Ziegen, deren Produkte für das tägliche Leben der Nomaden aber auch unentbehrlich sind. Nach RAYNAL (1949) und FORICHON (1952) hatten z. B. die Oulad el Haj 1933 etwa 122 000 Schafe und Ziegen, nach der langen und großen Trockenheit von 1944 bis 1946 [67] schließlich im Jahr 1947 nur noch 28 000, 1951 aber bereits wieder rund 100 000. Jahreszeitliche Schwankungen ergeben sich durch die Jungtiere im Frühjahr und den erhöhten Verkauf im Herbst bei erschöpften Weidegründen. Im engeren Ag dürften die Herden der hier näher betrachteten Stämme heute etwa 400 000 Schafe und 250 000 Ziegen umfassen. Somit werden gegenwärtig in diesem Raum von 0,2 bis 0,3 % der gesamten marokkanischen Bevölkerung 4 bis 5 % aller Schafe und Ziegen des Landes gehalten.

Die Ziegenprodukte — Milch, Käse, Fleisch, Ziegenhaare und Ziegenleder — dienen vor allem dem eigenen Bedarf, die Schafprodukte dagegen — mit Ausnahme der Milch und der meisten Milchprodukte — werden überwiegend verkauft. Bei den hier gehaltenen, durch Seuchen kaum gefährdeten Schafrassen — den kleinen, besonders widerstandsfähigen Schafen der Berber in den Gebirgen, den „petits oranais" der Beni Guil und mehreren Kreuzungen (Harcha-Tounsinnt, Zoulay) — liegt das Schwergewicht auf der Fleisch- und weniger auf der Wollproduktion. Die in vielen Trockenge-

---

[67] Damals blieben die Niederschlagswerte um 50 % und mehr hinter den Jahresmitteln zurück. In ganz Marokko nahmen die Zahlen für Schafe und Ziegen um etwa die Hälfte auf 6,3 Mill. Schafe und 4,4 Mill. Ziegen (1946) ab gegenüber rund 13 bzw. 8 Mill. (1942).

bieten vertretenen Fettschwanzschafe fehlen aus klimatischen Gründen (zu winterkalt) hier ganz. Dennoch sind durch Kreuzungsversuche und Verbesserungen bei der Tierhaltung [68] erhebliche Produktionssteigerungen denkbar.

Der *Nomadismus* wird allgemein als die *einzig mögliche Wirtschaftsform* angesehen, die die jenseits der Trockengrenze des Regenfeldbaus vorhandene pflanzliche Primärproduktion nutzen kann, da nur bei ihm für die sehr extensiv zu betreibende Weidewirtschaft die nötige Mobilität gewährleistet ist (LEIDLMEIR 1965, WIRTH 1962, 1969 und VOLK 1969). Heute muß in gleichem Maße, wie in den Industriestaaten Probleme der „Grenzen des Wachstums" an Interesse gewinnen, in den agrarisch orientierten Räumen geprüft werden, ob ernährungswirtschaftliche Aufgaben besser gelöst werden können. Für die ostmarokkanischen Hochplateaus bedeutet dies die Sicherung und Bereitstellung von Fleisch und tierischen Eiweißen für einen beachtlichen Teil der marokkanischen Bevölkerung.

Das *Nahrungsangebot* für die Weidetiere wird durch zwei Faktoren bestimmt, einerseits durch die als Futter geeigneten *Pflanzen*, andererseits durch das *Wasser*. Abwechselnd kann der eine oder andere Faktor im Minimum auftreten. Wenden wir uns zunächst dem Futterangebot zu.

Wir beschränken uns dabei auf die Frühjahrs- und Sommerweidegebiete der Hochebenen des engeren Ag [69]. Innerhalb weniger Wochen wird hier nach der winterlichen Vegetationsruhe und den Frühjahrsniederschlägen der größte Teil der pflanzlichen Primärproduktion zur Verfügung gestellt. Dabei hängt der Anteil der Annuellen, unter denen sich mit zahlreichen Cruziferen und Papilionaceen die wertvollsten Futterpflanzen befinden [70], ganz entscheidend von der Menge und Verteilung der Frühjahrsniederschläge ab. Eine besonders gute Durchfeuchtung des Bodens gewährleisten kurzzeitige Schneedecken [71]. Die von den Weidetieren selbst noch in

---

68) So bleiben die Hammel z. B. ganzjährig bei den Herden, auch gibt es außer kleinen Stein- und Strauchgehegen (zeriba) zur Abwehr der Schakale keinen Schutz für die Tiere vor Witterungsextremen.

69) Es werden dabei Erkenntnisse mit einbezogen, die aufgrund der biogeographischen Studien des speziellen Teils gewonnen wurden.

70) Über den Nährwert vieler Arten wie auch über Nahrungspräferenzen der Weidetiere ist leider erst wenig bekannt.

71) Auch die Bevölkerung der Hochplateaus begrüßt gerade diesen „Stundenschnee" und zeigt hier wie auch bei anderen Fragen großes Verständnis für ökologische Zusammenhänge. Um so erstaunlicher ist manches nur als Raubbau zu bezeichnende Verhalten, z. B. bei der Überstockung von Weidegründen oder der Rodung der Zwergsträucher.

eingetrocknetem Zustand bevorzugten Therophyten sind in der Regel nach einem ersten Weidegang im Frühsommer erschöpft. Auch in feuchteren Jahren bleiben für viele Monate nur die perennierenden Kleinsträucher als Nahrungsgrundlage. Unter diesen spielt in den ostmarokkanischen Trockensteppen ein Wermutstrauch (*Artemisia herba-alba*, „chih") eine überragende Rolle. Bleiben ausreichende Frühjahrsregen und damit auch die Therophyten aus, sind diese Zwergsträucher (neben „chih" auch noch Thymus- und Helianthemumarten) einzige Nahrungsgrundlage, da das reichlich vertretene Halfagras (*Stipa tenacissima*, „alfa") von Ziegen kaum, von Schafen nur in Notfällen und nicht ohne gesundheitliche Schäden gefressen wird. Das bedeutet nicht nur eine mit fortschreitender Jahreszeit immer prekärer werdende Situation für die Weidewirtschaft, sondern beeinflußt auch die Entwicklung der Pflanzendecke in den kommenden Jahren negativ. Insbesondere die Ziegen neigen dann mehr als sonst dazu, die Pflanzen vollständig herauszureißen, wodurch nicht nur diese selbst verlorengehen, sondern auch erhöhte Deflation Platz greift. Der Schutz, den die Zwergsträucher Annuellen gewähren, besteht nicht mehr. Von den Weidetieren gemiedene, z. T. wohl auch toxische Pflanzenarten (z. B. *Pegamum harmala, Hordeum murinum, Astragalus fortanesii*) charakterisieren dann auf Jahre hinaus derart übernutzte Gebiete. Eine Regeneration erfolgt nur sehr langsam.

Während in der Umgebung der Brunnenstandorte die Futtergrundlagen schnell erschöpft und zum Minimumfaktor werden, setzt das Wasser in einigen Bereichen der Hochebenen für den Weidegang klare Grenzen. Zur Kennzeichnung der gegenwärtigen Möglichkeiten, Wasser für Mensch und Herden zu entnehmen, müssen die permanenten Wasserstellen von den nur periodisch oder episodisch zu nutzenden getrennt werden. Im engeren Ag gibt es keine perennierenden Flüsse. Gleiches gilt auch für ergiebigere Quellen. Die einzige erwähnenswerte Quelle mit relativ gleichmäßiger Schüttung (noch unter 10 l/sec) und guter Wasserqualität liegt in Matarka. An mehreren Stellen werden Grundwasserhorizonte in den kontinentalen Sedimenten des Mio-/Pliozäns durch 10 bis höchstens 20 m tiefe Brunnen (hassi) erschlossen. Hierher gehören die Brunnen von Hassi el Ahmar, Hassi Jedid und Hassi Jnim Rtem. Zwar schwankt bei ihnen das Wasserangebot im Verlauf des Jahres schon beträchtlich, sie trocknen aber nie aus; der Anteil löslicher Salze bleibt bei 0,5 g/l oder darunter. Etwas unsicherer liegen die Verhältnisse bei den höchstens 5 m tief reichenden Brunnen (oglat) in jungen kiesigen Beckenfüllungen und Flußterrassen wie auch in den wenigen, in den letzten Jahrzehnten künstlich angelegten Staubecken. Zu ersteren gehören z. B. die Brunnenfelder von Oglat Tisraine und Oglat Sidi Ali, zu letzteren z. B. die Staubecken des Plateaus von Seffoula und des Guelb Zerga. Meist nur kurzzeitig und selten das Frühjahr überdauernd, steht zusätzlich in den kleinen Depressionen der Hochflächen (daya) oder in von Natur aus oder künstlich abgeschnürten und ausgekolkten Ouedabschnitten (rdir) Wasser zur Verfügung.

Wasser- und Futterangebot erreichen also gleichzeitig ein Maximum. Ausreichende Tränkmöglichkeiten erlauben im Frühjahr eine Beweidung von nahezu 80 % aller Flächen der ostmarokkanischen Hochplateaus. Ab Mai/Juni müssen sich die Herden auf die Umgebung der perennierenden Brunnen beschränken, 30 bis nahezu 50 % der Weideflächen können dann nicht mehr beweidet werden, allenfalls nur noch von Dromedaren [72]. Die zunehmende Konzentration der Herden um die verbleibenden Tränken führt zur Überstockung und fast zur Form der Standweide. Leicht erklärt sich so auch hier eine schon von VOLK und WALTER (1954) für südafrikanisches Farmland festgestellte kreisförmige Vegetationszonierung um die Brunnenplätze. Von den normal belasteten Weidegründen bis zur nahezu pflanzenlosen Umgebung der Tränken indizieren hier folgende Arten die zunehmende Belastung: *Thymus ciliatus* und *Pithuranthos chloranthus* zusammen mit *Artemisia herba-alba* in einem äußeren Ring, *Atractylis serratuloides*, *Noaea mucronata* und *Astragalus fontanesii* in einem mittleren sowie *Pegamum harmala* und *Hordeum murinum* in einem inneren Ring.

Aus dieser Wasser und Futtergrundlagen umfassenden Betrachtung ergeben sich Konsequenzen und Forderungen. Besonders wichtig ist eine differenzierte Ermittlung der Belastbarkeit der Weidegründe. Es muß herausgefunden werden, wieviele Tiere auf einer bestimmten Fläche in feuchten wie in trockenen Jahren ihr Auskommen finden, ohne die Weidegrundlagen kurz- oder langfristig negativ zu beeinflussen. Hierbei sind Zahlen, wie sie z. B. PASKOFF (1956) mit 2 ha pro Tier angibt, nur sehr grobe Näherungswerte, die der erheblichen Differenzierung des Pflanzenkleids in den verschiedenen Räumen der Trockensteppen ebensowenig gerecht werden wie der aus klimatischen Gründen von Jahr zu Jahr schwankenden pflanzlichen Produktion. Nach eigenen, im speziellen Teil näher beschriebenen Beobachtungen sind zwischen 2—5 ha erforderlich. Gleichermaßen sind durch klimatische und hydrologische Studien Menge und Ver-

---

72) Es sind mir für das Gesamtgebiet nur zwei Ausnahmen bekannt, wo reiche Herdenbesitzer ihre Tiere in Räumen ohne direkte Wasserversorgung lassen und mit eigenen Tankwagen die nötigen Wassermengen herbeischaffen Das liegt z. T. an den fehlenden Pisten, vor allem aber an der Armut des weitaus größten Bevölkerungsteils, der einen Wassertransport mit Lkws nicht finanzieren kann.

breitung der erreichbaren Wasservorräte festzustellen. Für Kapazitätsberechnungen kann man davon ausgehen, daß Schafe pro Kopf 2 bis 3 l Wasser pro Tag benötigen.

Erst dann können praktische Maßnahmen, wie Rotationsversuche, Bestockungsbegrenzung, Anlage von Futterreserven, Neuerschließung von Brunnen, diskutiert und erprobt werden. Mit Sicherheit kann jetzt schon festgehalten werden, daß ohne Verständnis und Mitarbeit der betroffenen Bevölkerung, die leider vielen Argumenten ganz unzugänglich ist, solche Maßnahmen kaum mit Aussicht auf Erfolg durchgeführt werden können.

Betrachten wir die *Besitzverhältnisse*. Sie betreffen in erster Linie die Tiere, denn das Weideland ist überliefertes Stammesgebiet in Gemeinschaftsbesitz (arch)[73]. Die meisten Herden auf den ostmarokkanischen Hochplateaus umfassen etwa 100 Tiere. Diese Zahl beruht auf praktischen Erfahrungen, die besagen, daß ein Hirte mit 2 bis 3 Hunden für eine solche Herde ausreicht. Mit Besitzverhältnissen hat sie nur zufällig etwas zu tun, denn wenige Familien besitzen 100 oder mehr Tiere. Von zwei reichen Familien ist mir bekannt, daß sie 5000 bzw. 3000 Schafe ihr eigen nennen (neben Land- und Hausbesitz in Tendrara und Figuig, in einem Fall sogar in der Provinzhauptstadt Oujda)[74]. Sie selbst weiden nur eine oder zwei Herden, der Rest ist wiederum zu jeweils 100 Tieren Schäfern in ein- oder mehrjährigen Pachtverträgen anvertraut. Diese Schäfer, Mitglieder oder auch Oberhäupter anderer Familien, besitzen selbst nur wenige oder gar keine Tiere, leben also von ihren Hirtendiensten. Ihre Tätigkeit bringt ihnen monatlich pro Schaf etwa 1 Dirham ein, dazu einen Teil der Milch und Wolle, eventuell auch einmal ein Geschenk in Form von Kleidung oder Nahrungsmitteln des mehrfach im Monat kontrollierenden Besitzers. Der natürliche Zuwachs gehört in jedem Fall dem Eigentümer der Herde. Neben dieser Form der Pacht („azilah", auch „khamessat", obwohl der Schäfer, wie der Name eigentlich sagt, nicht einmal ein Fünftel der Produktion erhält) gibt es andere, geringfügig variierende. In jedem Fall trägt der Herdenbesitzer, der unter Umständen schon in der Stadt wohnt, bei einem Einkommen, welches pro Mutterschaf trotz der genannten Ab-

---

73) Über Wasserbesitz und -rechte konnte in der zur Verfügung stehenden Zeit nur wenig in Erfahrung gebracht werden. Jüngere Anlagen, Brunnen oder Staubecken, sind allen zugänglich. Alte Brunnen, auch die Quelle von Matarka, befinden sich im Besitz einer oder mehrerer Familien; die Wassernutzung ist dann mit Abgaben verbunden.

74) So heikle Themen wie Besitz- oder Pachtverhältnisse können nur schwer erörtert werden. Die folgenden Angaben sind gesichert; an einen statistischen Überblick ist aber nicht zu denken.

gaben jährlich immer noch bei ca. 50 Dirham liegt, nur bei großen Dürrekatastrophen oder Epidemien ein Risiko [75]. Einzelne Tierverluste durch Trockenheit, Futtermangel, Raub oder Krankheit gehen zu Lasten des Schäfers. Natürlich leben auch Familien auf den Hochebenen, die etwa 100 Schafe selbst besitzen, dazu einige Ziegen. Sie können in guten Jahren mit einem Einkommen von 60 bis 80 Dirham pro Muttertier rechnen. Wenn aber in schlechten Jahren die Nahrungsgrundlagen für die Herden kaum ausreichen, wenn eventuell mehr Tiere der Herde als vorgesehen verkauft werden müssen, steht die Existenz dieser Familien in Frage. Selbst in günstigen Jahren bleibt das Einkommen der meisten Familien so niedrig, daß die Nomaden hier im Vergleich mit den Verhältnissen in anderen Trockenräumen als außerordentlich arm bezeichnet werden müssen.

Schon der klimageographische Überblick über die ostmarokkanischen Trockensteppen ließ erkennen, daß in diesem Raum der *Grenzgürtel des Regenfeldbaus* liegt. Im Norden, wo in den an die Hartlaubformationen südlich anschließenden Bereichen mit durchschnittlich 400—500 mm Jahresniederschlag zu rechnen ist, ist Regenfeldbau immer möglich. In weiten Bereichen im Westen und im Zentrum des engeren Ag bringt er in normalen bis feuchten Jahren noch vertretbare Erträge. Im Osten, besonders im Südosten, ist er bei Niederschlagsjahresmitteln um 200 mm nicht mehr möglich. Heute liegen alle bewirtschafteten Parzellen in Bereichen, wo mit Niederschlägen von 300 mm und mehr zu rechnen ist, Werten also, die in der Literatur immer wieder als begrenzend genannt werden (JÄGER 1936, FALKNER 1938, KNAPP 1968). Speziell auf den Hochebenen wirken sich die Schneefälle begünstigend aus, die andauernden Winde aber als feuchtigkeitszehrend und damit nachteilig.

Bei der Nutzung der Niederschläge beschränkt man sich nicht auf die unmittelbar auf die Parzellen fallenden Wassermengen, sondern leitet mit Hilfe primitiver Kanäle von höher gelegenen Hangpartien abfließendes Wasser zusätzlich herbei. Das ist fast immer möglich, da die Parzellen in der Regel an Unterhängen oder auf Ouedterrassen außerhalb der mittleren Überschwemmungsbereiche liegen. Angebaut werden Wintergetreide, besonders Hartweizen und Gerste. Die Aussaat (20—25 kg Saatgut pro ha) erfolgt im Herbst nur dann, wenn die Herbstniederschläge als ausreichend befunden wurden. Sonst bleiben die Flächen ohne jede Bearbeitung brach liegen, oft für mehrere Jahre. Die Ernte erfolgt Ende Mai bis Anfang Juni; gedroschen wird auf freigelegten Krusten und Gesteinsplatten mit Hilfe

---

75) WIRTH (1969) gibt mit umgerechnet 30—50 DM Werte gleicher Größenordnung an.

von Eseln oder Dromedaren. Die Erträge erreichen auch unter günstigsten Bedingungen kaum 5 dz/ha.

Trotz der niedrigen und unsicheren Erträge versuchen vor allem solche Familien ihr Einkommen durch den Trockenfeldbau zu erhöhen, die nur wenige Tiere besitzen. Da die bour-Flächen im Gegensatz zum Weideland Privatbesitz (melk) sind, müssen sie diese häufig pachten, was mit Abgaben eines Teils der Ernte abgegolten wird. Müssen sie auch noch Saatgut und die Zugtiere zur Feldbestellung leihen, so bleibt ihnen nur wenig vom Ertrag. Besser gestellt sind Familien, die im Norden unter günstigeren natürlichen Voraussetzungen größere Flächen bestellen und gleichzeitig ihre kleinen Herden in den anschließenden Wäldern weiden lassen, was durch noch heute gültige Verordnungen von 1917 allen angrenzend lebenden Stämmen ohne Auflagen erlaubt ist. In diesem schmalen Grenzsaum sind auch schon einige Familien seßhaft geworden. So ist gerade in den beiden letzten Jahren 1973 und 1974 der Verwaltungs- und Marktort el Ateuf stark gewachsen. Außerdem sind im Umkreis dieser Siedlung auf der Gaada von Debdou mehrere einfache Steinhäuser errichtet worden, die dauernd oder für längere Zeit als Wohnstatt dienen [76].

Düngemittel und besseres Saatgut würden in diesem letztgenannten Raum zweifellos zu gewissen Ertragssteigerungen führen können. Sowohl aus ökologischen wie auch aus wirtschaftlichen Erwägungen ist aber der Regenfeldbau in der heutigen Form nicht zu befürworten. Bei den ständigen Winden sind die bour-Flächen erhöhter Deflation ausgesetzt. Den Weidetieren gehen die besten Weidegründe verloren, was allenfalls im nördlichen Grenzsaum zu vertreten ist. Dort aber wäre eine auf Futterbau und die Anlage von Reserven für Trockenjahre ausgerichtete Landwirtschaft die sinnvollste Ergänzung zum Nomadismus.

Die Skizzierung der Viehwirtschaft und des Regenfeldbaus ließ erkennen, daß in diesem Raum die Besitzverteilung sehr ungleich ist. Einigen sehr reichen Familien stehen viele gegenüber, die in Armut, Unsicherheit und Abhängigkeit buchstäblich um den Lebensunterhalt des nächsten Tages bangen müssen. Eine Mittelschicht scheint fast völlig zu fehlen [77].

---

76) Die Besitzverhältnisse sind hier allerdings weitgehend ungeklärt. Mehrere seßhaft gewordene oder halbnomadisch lebende Familien sind nur Pächter. Einige Parzellen werden auch von den Siedlungen an der Steilstufe (Debdou, Rchida) aus bewirtschaftet.

77) Es ist — wie bereits betont — außerordentlich schwer, einigermaßen sichere Auskünfte über Besitzverhältnisse bei der hier lebenden Bevölkerung zu erhalten. Sicherlich existiert eine gewisse „Mittelschicht", die sich aber hütet, das zu erkennen

Spätestens seit der französischen Protektoratszeit suchten deshalb Mitglieder ärmerer Familien alle sich bietenden *Möglichkeiten eines Nebenerwerbs*. Eine solche bestand in der saisonalen Anstellung bei den Gesellschaften, die das *Halfagras* der Trockensteppen für industrielle Zwecke nutzten. Ohne Kenntnisse oder Geräte waren dort die Arbeit und eine objektive Entlohnung (nach Menge pro Tag) möglich. Bei günstiger Weltmarktsituation — England und Frankreich nahmen in den fünfziger Jahren noch fast die gesamte Ernte der Maghrebländer in Höhe von nahezu 500 000 t ab — waren auf den ca. 2 Mill. ha umfassenden Halfaflächen Ostmarokkos einige hundert Saisonarbeiter tätig. Die Nachfrage ging aber schon vor Ende der Protektoratszeit und anschließend immer weiter zurück. Ostmarokko war hiervon besonders betroffen, da sich der französische Markt hinfort fast ausschließlich auf Algerien beschränkte. Somit ging auch das Angebot an Arbeitsplätzen zurück. Heute werden vom Staat Halfakonzessionen an marokkanische Gesellschaften vergeben (Sapralfa, Société de Rekkam). Sie haben qualifiziertere Arbeiter, wie Lkw-Fahrer aus den Städten, selbst mitgebracht und bieten bei gleichbleibend schlechter Marktlage nur wenige, schlecht bezahlte Arbeitsplätze, die sich meist schon die seßhafte oder halbnomadische Bevölkerung der Randlandschaften des engeren Ag sichert.

Ähnlich war und ist die Situation im *Bergbau*. Es boten sich Arbeitsmöglichkeiten in den Kohlegruben von Jerada sowie im Erzbergbau von Bou Arfa (Mangan) und Mibladen/Aouli (Blei). Noch um 1960 waren hier insgesamt ca. 9 000 Arbeiter beschäftigt, die zwar fast alle in Minensiedlungen seßhaft geworden waren, zum großen Teil aber zu den genannten Stämmen der nomadisierenden Bevölkerung der Hochplateaus gehörten. Viele der Förder- und Aufbereitungsanlagen sind heute technologisch veraltet; seit Jahrzehnten wird nicht mehr investiert. Die Förderung der schon von Natur aus kaum konkurrenzfähigen Lagerstätten nahm so in der jüngsten Vergangenheit ab. Es gingen also auch hier Arbeitsplätze verloren. Viele Arbeiter kehrten zu ihren Familien in die Zelte auf den Hochplateaus zurück [78].

Die Möglichkeiten, sich im Ausland als *Gastarbeiter* auf Zeit zu verdingen, sind für die hier lebende Bevölkerung gleich Null. Es bedarf enger

---

zu geben, da von behördlicher Seite dann Auflagen, vor allem aber von seiten der Stammesführer und Scheichs, die „Emporkömmlinge" nur ungern dulden, Repressalien befürchtet werden.

78) Das ist durchaus bemerkenswert, da es einer z. B. auch von WIRTH (1969) erwähnten Regel widerspricht, wonach der Prozeß der Seßhaftwerdung in der heutigen Zeit als irreversibel anzusehen ist.

Beziehungen zu den Arbeitgebern im Ausland und zu den marokkanischen Behörden, um einen Paß zu erhalten, der die Ausreise gestattet. Hinzu kommen sprachliche Schranken, denn nur ehemals im Bergbau Beschäftigte sprechen etwas Französisch.

Dabei würde heute auch der Sohn eines Scheichs oder Stammesführers, der schon einmal die Provinzhauptstadt besucht hat und nicht nur Lastkraftwagen und Transistorradios, sondern auch Luxuslimousinen und tragbare Fernsehgeräte kennt, sofort eine Arbeitsstelle im Ausland annehmen, ohne damit einen sozialen Abstieg zu verbinden, wie das sein Vater wahrscheinlich tut. Gerade die jüngere Generation der reichen Familien träumt heute von schnell verdientem Geld im Ausland und dem späteren Erwerb eines Cafés oder Hotels in der Stadt. Den Ärmeren fehlen solche Vorstellungen, weil die meisten von ihnen die Stadt noch nie gesehen haben.

4. Zur Frage des Nomadismus

Bei der Betrachtung der Lebensformen der Bevölkerung der ostmarokkanischen Hochplateaus waren einleitend eine Reihe von Kriterien genannt worden, die den Vollnomadismus kennzeichnen: dauerndes Wohnen in transportablen Behausungen, geregeltes Wandern, ausschließliche Viehzucht. Legen wir diese Maßstäbe an, so sind gegenwärtig wenigstens *zwei Drittel* der hier lebenden Bevölkerung als *Vollnomaden* zu bezeichnen. Zählen wir auch noch den Bevölkerungsanteil hinzu, der verpachteten Haus- und Landbesitz in den erwähnten Oasensiedlungen hat, so darf von etwa drei Vierteln der Bevölkerung ausgegangen werden. Allerdings sind in diesen 75 % zwei verschiedene Gruppen enthalten: die wirklich unabhängigen Herdenbesitzer und die — von ebenfalls nomadisierenden oder auch in der Stadt lebenden Besitzern — durch Pachtverträge abhängigen Hirtenfamilien.

Dem letzten Viertel der Bevölkerung muß eher der Status des *Teilnomaden* zuerkannt werden. Es handelt sich hierbei einerseits um Familien, von denen wenigstens ein erwachsenes Mitglied zeitweise als Saisonarbeiter in der Halfanutzung beschäftigt ist. Das bedeutet nicht nur einen außerlandwirtschaftlichen Zuerwerb, sondern zugleich auch ein diesem Umstand angepaßtes Wanderungsverhalten. Andererseits gehören hierher auch solche Familien, welche für einen Teil des Jahres in den nördlich gelegenen Regenfeldbaugebieten arbeiten oder sogar etwas Bewässerungswirtschaft betreiben und hierauf nicht nur ihren Wanderrhythmus einstellen, sondern auch vorübergehend in festen Häusern wohnen.

Obwohl also der größte Teil der Bevölkerung der ostmarokkanischen Trockensteppen zu den Vollnomaden zu rechnen ist, haben sich auch bei diesen jüngste Wandlungen vollzogen, ohne den Status des Vollnomadismus anzutasten. Auf den Rückgang der Dromedarhaltung wurde schon hingewiesen. Er läuft etwa parallel mit einer Zunahme von kleineren Lastkraftwagen. Diese ersetzen nun aber durchaus nicht nur die Dromedare als Transportmittel für Zelte und Hausrat. Sie erlauben zusätzlich einen Transport der Herden — was sich auf den Zuwachs der einzelnen Tiere sehr positiv auswirkt — und eventuell auch das Herbeischaffen von Wasser zu entlegenen Weideplätzen, die sonst nicht hätten genutzt werden können. Allerdings gehören die Lkws — bis auf die beiden oben erwähnten Fälle — Unternehmern in den randlichen Siedlungen.

Durch den natürlichen Bevölkerungszuwachs und durch die Rückwanderung einzelner Familienmitglieder aus manchen während der Protektoratszeit zur Verfügung stehenden Arbeitsplätzen nimmt die Zahl der Nomaden auch gegenwärtig noch zu. Die nahezu fehlende Auswanderung in die Randlandschaften und in die nächstgelegenen Städte ist vor allem auf die fehlenden Arbeitsmöglichkeiten zurückzuführen, weniger auf ein besonderes Traditions- oder Prestigebewußtsein. Letzteres mag für den Vater zwar noch gelten, dem Sohn aber sind „schließlich die Augen geöffnet für die Dürftigkeit seines eigenen Daseins" (LEIDLMAIR 1965, S. 92). Die Reize der modernen städtischen Welt haben den heute noch ganz patriarchalisch geführten Familienverband schon erschüttert.

Gefördert — wenn auch bisher ohne Erfolg — wird die Abwanderung seit wenigen Jahren von den marokkanischen Dienststellen, etwa durch Pläne für Bewässerungsprojekte im Korridor Guercif-Taza, durch infrastrukturelle Verbesserungen oder auch Reformen in der kommunalen Gliederung. Hinter dem Ziel der Seßhaftmachung verbirgt sich natürlich auch der Wunsch, die noch fast autonomen Stämme endlich besser kontrollieren zu können. Es wird jedoch kein Zwang ausgeübt.

Die Stabilität der nomadischen Lebensform in diesem so weit nach Norden vorgeschobenen Raum kann aber nicht nur durch die fehlenden Arbeitsmöglichkeiten oder durch die geschilderten natürlichen Voraussetzungen (keine Möglichkeit des Regenfeldbaus), die periphere Lage und die große Armut der meisten Bewohner erklärt werden. Vielmehr ist es trotz mancher inneren Wandlungen und äußeren Reize gerade auch das Fehlen von Funktionsverlusten, die in anderen, ähnlich strukturierten Räumen wirksam wurden [79]. Hier mußten weder im Fernverkehr noch im Handel Einbußen hingenommen werden, da die Nomaden der Hochplateaus diese Funktion nie besaßen. Dromedare sind immer nur für den eigenen Bedarf gehalten worden.

Die Zukunft der Nomaden in diesem Raum wird ganz wesentlich von den in den Randlandschaften und den benachbarten Städten zur Verfügung gestellten Arbeitsplätzen abhängen. Da aber diese Arbeitsplätze auch von anderen Bevölkerungsteilen dringend gesucht werden, wird der Nomadismus in seiner heutigen Form wohl noch länger bestehen bleiben. Das Problem einer Verbesserung der Lebens- und Wirtschaftsgrundlagen der nomadischen Bevölkerung der ostmarokkanischen Hochplateaus wird dadurch nur noch dringlicher.

---

79) Leider besitzt der Verf. keine persönlichen Vergleichsmöglichkeiten. Um so mehr ist er E. WIRTH, Erlangen, für wertvolle mündliche Hinweise gerade zu den hier diskutierten Fragen dankbar.

Zweiter Teil
Zur Biogeographie der ostmarokkanischen Hochplateaus

Im ersten Teil dieser Arbeit ist versucht worden, die Eignungsräume und die gegenwärtigen Probleme der Bevölkerung und ihrer Wirtschaft in den ostmarokkanischen Trockensteppenräumen und ihren angrenzenden mediterranen bzw. saharischen Landschaften zu skizzieren. Viele der herausgestellten Probleme sind ganz oder wenigstens teilweise mit überkommenen Vorstellungen und Bindungen der Bewohner an soziale, politische und religiöse Ordnungen verbunden. Damit entziehen sie sich im Rahmen unserer Fragestellung zwar weiterer Diskussion, dürfen aber bei einer abschließenden prognostischen Sicht nicht ausgeklammert werden. Behandelt werden im folgenden insbesondere solche Fragen, die mit Hilfe biogeographischer Erkenntnisse einer Lösung zugeführt werden können.

Wir kommen hier auf den einleitend definierten Begriff der biogeographischen Arbeit als partieller Ökosystemforschung zurück. Es wurde bereits ausgeführt, daß der sektorielle Arbeitsansatz gewählt wurde. Aufgabe des anschließenden methodologischen Kapitels wird es somit sein, diesen Ansatz zu erläutern. Es werden sodann die im einzelnen erfolgten Arbeitsschritte und -verfahren beschrieben. Abschließend sind die Ergebnisse diskutiert und zusammengefaßt, wobei die für die Praxis zu verwendenden Erkenntnisse hervorgehoben werden.

I. Allgemeine methodologische Einführung in den biogeographischen Teil der Arbeit

In der Biogeographie wird die biotische Ausstattung von Räumen untersucht. Areale von Pflanzen- und Tierarten sind zu bestimmen, die Genese und rezente Dynamik dieser Areale sind zu klären. Darüber hinaus müssen die Beziehungen von Pflanzen und Tieren untereinander und zu ihrer Umwelt erkannt werden, wobei ganz besonders die anthropogenen Einflüsse zu beachten sind. Dieser letztgenannte ökologische Ansatz wird im folgenden betont.

Bereits in der Einleitung wurde erläutert, daß die Struktur der ostmarokkanischen Trockensteppenökosysteme *partiell* betrachtet wird. Räumliche Anordnung und Interaktionen der sie aufbauenden Elemente werden diskutiert. Aus ebenfalls dort angeführten Argumenten war jedoch auch ein alle Systemelemente berücksichtigender partieller Arbeitsansatz unter den gegebenen Untersuchungsbedingungen von vornherein unmöglich. So mußten aus dem Kreis der Variablen solche für eine nähere Untersuchung ausgewählt werden, die einerseits als besonders aufschlußreich und gegebenenfalls als „steuernd" gelten durften, bei deren Bearbeitung aber andererseits in dem zur Verfügung stehenden Bearbeitungszeitraum auch auf End- oder wenigstens Teilergebnisse gehofft werden konnte. Dieser erneut eingeschränkte Arbeitsansatz wird hier als *sektoriell* bezeichnet.

Erst mit dieser Einschränkung wird es überhaupt möglich, bearbeitbare Fragen aus dem gesamten Ökosystemkomplex herauszulösen. Nur so können Prozesse untersucht werden, die die Anordnung und Verknüpfung ausgewählter Systemelemente oder Variabler im Raum herbeiführen, aufrecht erhalten oder eventuell stören.

Es muß beim heutigen Stand der landschaftsökologischen Forschung, der auf die räumliche Organisation und Interaktion der Systemelemente ausgerichteten Ökosystemforschung, noch darauf verzichtet werden, der gesamten Komplexität des Objekts gerecht zu werden und somit eine Ebene höchster Integration zu erreichen (LONG 1972). Allerdings muß betont werden, daß für die Bearbeitung der ausgewählten Fragen von allen — also auch fachfremden — Methoden und Arbeitstechniken Gebrauch zu machen ist, die geeignet sind, Zugang zum Verständnis eben der Struktur und Dynamik jener Systemelemente im Raum zu gewähren.

Das hier betrachtete Teilsystem umfaßt also den biotischen Faktorenkomplex sowie weitere ausgewählte Variable, insbesondere solche aus dem edaphischen Sektor. Nicht bearbeitete Systemelemente, z. B. aus dem klimatischen Bereich, werden in ihrer Größenordnung (soweit diese bekannt ist) übernommen bzw. bei Versuchen der Klärung von Systemzusammenhängen als Konstante aufgefaßt.

Ein Ergebnis des physisch-geographischen Teils innerhalb der landeskundlichen Darstellung war eine naturräumliche Gliederung des Ag in Einzellandschaften im Sinne von Naturräumlichen Haupteinheiten. Am Beginn der speziell biogeographisch ausgerichteten Geländearbeiten steht eine Inventur und Beschreibung des oben näher gekennzeichneten Teilsystems in diesen Einzellandschaften der ostmarokkanischen Hochplateaus.

In den folgenden Abschnitten werden zunächst detaillierter die vegetations- und tierkundlichen Arbeitsschritte diskutiert sowie die bearbeiteten Variablen aus den Bereichen Relief, Boden und Klima vorgestellt. Es werden dabei die tierkundlichen Untersuchungen besonders ausführlich besprochen, da derartige Ansätze in biogeographischen Arbeiten bisher selten sind. Hieran schließt sich eine Beschreibung der Standorte und „Musterflächen" (Perimeter) an, auf denen stellvertretend für die Einzellandschaften bzw. für typische, stets wiederkehrende Ökotopgefüge die Materialien und Daten zur Teilsystemanalyse gewonnen wurden.

A. Erläuterung der vegetationskundlichen Untersuchungen

Biogeographische Arbeiten basieren im wesentlichen auf der Analyse und Erklärung der Verbreitung von Pflanzenarten und Pflanzengesellschaften im Untersuchungsgebiet, also auf vegetationskundlichen Untersuchungen. Grundlage aller vegetationskundlichen Untersuchungen sind möglichst vollständige Aufnahmen aller Pflanzenarten und aller charakteristischen Pflanzengesellschaften.

In Trockenräumen wird die erwünschte vollständige Erfassung durch mehrere Umstände erschwert. Selbst bei einer ein volles Jahr andauernden Beobachtungszeit ist es z. B. kaum möglich, alle Therophyten zu sammeln, da diese selbst in feuchten Jahren oft nur für kurze Zeit in jenen Entwicklungsstadien angetroffen werden können, die ihre zweifelsfreie Bestimmung erlauben. In trockenen Jahren treiben einige Arten gar nicht aus. Aber auch perennierende Arten blühen und fruchten dann nicht immer und entziehen sich so bei der besonders bei Chamaephyten häufig zu beobachtenden Konvergenz näherer Bestimmung. Es muß deshalb davon ausgegangen werden, daß die im Beilagenheft aufgenommene „Artenliste I" der Blütenpflanzen der ostmarokkanischen Trockensteppen sowie der unmittelbar angrenzenden Räume unvollständig ist. Seltene Arten werden fehlen, einige gefundene Arten konnten noch nicht bestimmt werden, Kryptogamen blieben unberücksichtigt. Dennoch darf als sicher gelten, daß alle häufigeren, aspektbestimmenden Arten erfaßt wurden [80].

Die charakteristischen Pflanzengesellschaften wurden nach der pflanzensoziologischen Methode von BRAUN—BLANQUET (1964) aufgenommen, die selbst keiner weiteren Erläuterung bedarf.

Bei der Wahl der Aufnahmeflächen wurde zum einen davon ausgegangen, daß mindestens 3 schon physiognomisch deutlich voneinander zu unterscheidende Pflanzengesellschaften das Vegetationskleid des Ag zusammensetzen: Die *Stipa tenacissima*-Gesellschaften, die *Artemisia herba-alba*-Gesellschaften und die *Retama sphaerocarpa*-Gesellschaften. Diese Gesellschaften dürfen als Leitgesellschaften bezeichnet werden. Zum anderen wurde unterstellt, daß mögliche standörtliche und regionale Varianten in erster Linie auf unterschiedliche edaphische Voraussetzungen zurückzuführen sind, ebenso aber auf zwar kleinräumig kaum ins Gewicht fallenden, auf größere Entfernungen aber doch merklichen klimatischen

---

[80] Aufbau und Inhalt dieser Artenliste sowie aller weiteren der tierischen Biota werden im Beilagenheft jeweils einleitend erläutert, so daß hier darauf verzichtet werden kann.

Unterschieden beruhen. Deshalb wurden die genannten Gesellschaften an Standorten aufgenommen, die möglichst alle Substratvarianten umfassen und in möglichst allen Einzellandschaften vorkommen. Diese Kriterien waren nicht zuletzt für die unten noch näher erläuterte Auswahl der Perimeter wichtig.

Es muß aber jetzt schon ausdrücklich betont werden, daß die Gesamtzahl der auf Tafelbeilage 2 festgehaltenen Aufnahmen mit Sicherheit nicht ausreicht, um den ausgegliederten Pflanzengesellschaften und ihren standörtlichen und regionalen Varianten den Rang von Assoziationen oder Subassoziationen im Sinn der pflanzensoziologischen Systematik zuzuerkennen. Hierzu bedarf es noch weiterer Beobachtungen und Aufnahmen. Dagegen darf aber angenommen werden, daß die physiognomisch bemerkenswerten Gesellschaften durch besonders kennzeichnende Arten hinreichend charakterisiert wurden. Insgesamt dürfte das erarbeitete Material dazu ausreichen, den Versuch der Kennzeichnung des Ag durch Arealtypenspektren und Lebensformenspektren zu rechtfertigen sowie insbesondere edaphische Varianten durch charakteristische Arten zu bezeichnen, welche ihrerseits als Bioindikatoren aufgefaßt werden können.

In Abb. 31 (Beilagenheft, Nr. 10) sind für das engere Ag und die angrenzenden Landschaften Arealtypenspektren aller aufgenommenen Arten zusammen entworfen worden, desgleichen solche auch getrennt nach den drei wichtigsten, oben bereits genannten Pflanzengesellschaften. Schließlich wurde auch für das engere Ag selbst der Versuch arealtypologischer Differenzierungen in den Abb. 31—34 (Beilagenheft, Nr. 10—13) unternommen. Eine eingehende Erläuterung der nach FILZER (1963) entworfenen Diagramme ist diesen beigegeben. Wie schon die Arealtypenspektren, so basieren auch die in den Abb. 35—39 (Beilagenheft, Nr. 15—19) skizzierten Lebensformenspektren auf dem Material der pflanzensoziologischen Aufnahmen. Während bei ersteren aber die einfache Artenzahl Grundlage der Berechnungen und der graphischen Darstellung war, wurde bei den Lebensformenspektren für die einzelnen Pflanzengruppen die mittlere Gruppenmenge nach den betreffenden Vegetationsaufnahmen errechnet und zugrunde gelegt. Auch hier wird zunächst das engere Ag im Rahmen seiner angrenzenden Räume betrachtet, sodann werden Differenzierungen innerhalb des engeren Ag nachgewiesen. Die Darstellungsmethode dieser Figuren wird ebenfalls einleitend im Beilagenheft, Nr. 14, näher erklärt.

Während die hier besprochenen Arbeitsschritte im wesentlichen auf bewährte und allgemein bekannte Vorbilder in einschlägigen Handbüchern und Arbeitsanleitungen zurückgehen (z. B. BRAUN-BLANQUET 1964, REICHELT/WILMANNS 1973) und deshalb kaum ausführlicherer Erläuterungen bedürfen, müssen die beiden folgenden Teiluntersuchungen näher beschrieben werden. Sowohl Arbeiten zum jahreszeitlichen Rhythmus der Vegetationsentwicklung als auch solche zur Bestimmung der Primärproduktion oder auch nur der Phytomasse in ausgewählten Pflanzengesellschaften sind zwar wiederholt und seit langem unternommen worden. Dabei sind allerdings, wie die sehr unterschiedlichen Ansätze zeigen, noch keine allgemein anerkannten und befriedigenden Lösungen gefunden worden. Deshalb werden hier unsere Versuche, die in Anbetracht der zur Verfügung stehenden Zeit auch nur Kompromisse sein können, ausführlicher beschrieben.

In der Sukzessionsforschung, aber auch zur Erkundung des jahreszeitlichen Rhythmus der Entwicklung von Pflanzengesellschaften sind schon wiederholt Dauerquadrate angelegt, beobachtet und kartiert worden. Gerade im Hinblick auf eine weidewirtschaftliche Nutzung sind Aufnahmen dieser Art in Trockensteppen- und Halbwüstengesellschaften mit stark ausgeprägter Periodizität besonders aufschlußreich. Darüber hinaus geben diese Aufnahmen die jeweiligen Pflanzengesellschaften im Grundriß besonders anschaulich wieder.

Im engeren Ag wurden im Herbst 1973 in allen physiognomisch klar zu unterscheidenden Pflanzengesellschaften mehrere Dauerquadrate angelegt. Die einheitliche Größe von 2 mal 2 Meter erlaubte einerseits die exakte Aufnahme jeder einzelnen Pflanze, andererseits aber auch den Vergleich innerhalb verschiedener Gesellschaften. Vom September 1973 bis zum Juni 1974 wurden die Dauerquadrate in etwa monatlichen Abständen erneut skizziert und fotografiert. In den Abb. 20—24 sind von einigen dieser Dauerquadrate die wichtigsten Entwicklungsstadien wiedergegeben [81]. Es wurde dabei darauf geachtet, daß zwischenzeitliche Beweidung und andere anthropogene Beeinflussung mit hoher Wahrscheinlichkeit ausgeschlossen werden konnten. In den Bildern 11—15 sind einige Beispiele — z. T. ebenfalls in verschiedenen Entwicklungsstadien — auch im Bild festgehalten.

Es darf angenommen werden, daß in den fehlenden Monaten Juli und August mitten in der Trockenzeit keine größeren Veränderungen erfolgten. Allerdings muß ebenso damit gerechnet werden, daß der beobach-

---

[81] Diesen Abb. ist eine ausführliche Legende beigegeben, auf die hier verwiesen wird.

tete jahreszeitliche Wandel von Jahr zu Jahr gewissen Schwankungen unterliegt, die eng an die jeweilige Niederschlagsverteilung gebunden sind.

Diese letztgenannten Einschränkungen gelten ebenso für Versuche zur Bestimmung von Phytomasse und Primärproduktion, die abschließend noch zu erläutern sind. Erst eine Bearbeitung dieser Fragen kann zusammen mit den Erkenntnissen über die jahreszeitliche Dynamik der Pflanzengesellschaften zu den entscheidenden Daten führen, die Grundlage für jedes weidewirtschaftliche Management sind und die genau oder wenigstens annähernd erkennen lassen, welche Futtermengen den Weidetieren in welchen Zeiträumen zur Verfügung stehen. Als einzige direkte Methode zur Ermittlung der pflanzlichen Primärproduktion wie auch der Phytomasse überhaupt bietet sich die Erntemethode an [82]. Bei perennierenden, verholzenden Arten ist auf diese Weise die Produktionsbestimmung allerdings außerordentlich schwierig, wenn nicht unmöglich, da der Zuwachs einzelner Jahre kaum voneinander zu trennen ist. Bei Annuellen ist selbstverständlich der Erntezeitpunkt von großer Bedeutung. Die Ermittlung der gesamten Jahresproduktion wird aber auch dadurch erschwert, daß nicht alle Therophyten gleichzeitig erscheinen und bei günstigen Niederschlagsverhältnissen sogar eine kürzere herbstliche und eine längere Frühjahrs-Vegetationsperiode unterschieden und erfaßt werden müssen.

Um aber wenigstens Vorstellungen von der Größenordnung der pflanzlichen Produktion und Masse in den verschiedenen Vegetationsgesellschaften zu erhalten, wurden an den wichtigsten, im Überblicksprofil der „Ökotypen der ostmarokkanischen Hochplateaus" enthaltenen Standorte erste Untersuchungsschritte unternommen (vgl. Tafelbeilage 4).

Auf 2 mal 2 Meter großen Testflächen in homogenen Pflanzenbeständen wurden im April/Mai 1974, also nach Abschluß der wichtigsten Wachstumsphase, am Anfang der Trockenzeit jeweils 4 nur ¼ m² große Flächen getrennt nach perennierenden und annuellen Arten abgeerntet. Es wurden dabei nur die oberirdischen Anteile der Pflanzen berücksichtigt. Die zu diesem Zeitpunkt entnommene Phytomasse, bei 105° C getrocknet und in gr/m² ausgedrückt, ergibt erste Anhaltspunkte sowohl zur Primärproduktion der weidewirtschaftlich so wichtigen Therophyten als auch zur gesamten Phytomasse.

---

82) LIETH (1966) diskutiert auch mehrere indirekte Methoden (Gasaustausch, Bodenatmung, Chlorophyllgehalt), die genauere Ergebnisse versprechen, die aber allein wegen des apparativen Aufwands hier nicht in Betracht kamen.

B. Erläuterung der tierkundlichen Untersuchungen

Ein Ziel biogeographischer Untersuchungen ist die Erfassung der einen gegebenen Raum besonders kennzeichnenden Lebewesen. Im allgemeinen geschieht dies durch einzelne Pflanzen, Pflanzenfamilien oder charakteristische Pflanzengesellschaften. In gleichem Maß ist auch eine Kennzeichnung von Räumen durch tierische Biota, einzelne Tiere, Tiergruppen oder besonders typische und häufig wiederkehrende Vergesellschaftungen von Tieren möglich [83].

Zweck tiergeographischer und tiersoziologischer Untersuchungen ist natürlich nicht nur die vollständigere Erfassung der Lebewesen in einem Raum. Das Verbreitungsmuster von Tieren wird — wie das von Pflanzen — auch von abiotischen Faktoren bestimmt. Schon im landeskundlichen Teil konnten beispielsweise Arealgrenzen einzelner Vogelarten mit klimatischen Daten, insbesondere Niederschlagswerten, erklärt werden. Es wurde darüber hinaus angedeutet, daß besonders unter den unmittelbar auf oder im Boden lebenden Wirbellosen Substratpräferenzen nachgewiesen werden können.

Enge und aufschlußreiche Beziehungen dürfen zwischen Tieren als Konsumenten und Pflanzen als Primärproduzenten erwartet werden. Korrelationen zwischen Pflanzen- und Tierverbreitung, biozönotische Verknüpfungen, müssen nicht ausschließlich auf den Nahrungsgewohnheiten beruhen, wenn auch diese Beziehungen mit im Vordergrund stehen. Durchgeführt wurden unsere Untersuchungen, um zu klären, ob im engeren Ag einzelne Tiere oder mit tiersoziologischen Methoden gefundene Tiergruppen oder -vergesellschaftungen die aufgrund vegetationskundlicher Ergebnisse erkennbare räumliche Gliederung stützen oder modifizieren, gegebenenfalls auch verfeinern.

Selbstverständlich müssen die tierkundlichen Untersuchungen ebenso wie die geschilderten vegetationskundlichen Arbeitsschritte vergleichbare Möglichkeiten der Reproduktion und Quantifizierung besitzen. Ohne relativ hohe Arten- und Individuenzahlen sind Verallgemeinerungen und das Erkennen von Regelhaftigkeiten kaum möglich. Auch die Einarbeitung in mehrere, systematisch weit voneinander entfernte Gruppen ist bei dem gegenwärtigen Kenntnisstand über die nordafrikanische Trockensteppen-

---

83) Tierkundliche Untersuchungen sind in geographischen Arbeiten selten. Darüber hinaus sind gerade zoosoziologische Arbeitsmethoden erst in geringem Umfang erarbeitet und bekannt gemacht worden. Hieraus erklärt sich der relativ lange Exkurs zu den tierkundlichen Arbeitsschritten.

fauna kaum möglich. Unter diesen Voraussetzungen und angesichts des zur Verfügung stehenden Beobachtungszeitraums mußten sich die Analysen von vornherein auf wenige, aber besonders charakteristische Tiergruppen in den Trockensteppenbiotopen beschränken.

Für einen groben Überblick wurden die wichtigsten hier vertretenen Gruppen der bodenlebenden Arthropoden ausgewählt. Für die weiterführenden tiersoziologischen Untersuchungen boten sich die Coleoptera an [84]. Sie besitzen eine Reihe praktischer Vorteile (Fang, Konservierung, Bestimmung, aber auch große Artenzahl und viele verschiedene Lebensformtypen) und haben sich bei ähnlichen Untersuchungen in anderen Räumen wiederholt durch ihre festen Bindungen an bestimmte Habitate und damit durch einen hohen diagnostischen Wert ausgezeichnet. Gerade die Kenntnis der Käfer- und überhaupt der Arthropodenfauna ist auch schon deshalb nützlich, weil sich in den einzelnen Gruppen potentielle Schädlinge für möglicherweise einzuführende Nutzpflanzen befinden können.

Die den späteren Auswertungen zugrunde liegenden Tiere wurden in Zeitfängen und in Fallen gefangen. Vor- und Nachteile von Fallenfängen sind in der einschlägigen Literatur mehrfach diskutiert worden (z. B. bei THIELE 1968, ANT 1969, KARAFIAT 1970 und TIETZE 1973). In den von BARBER (1931) erstmals benutzten und beschriebenen Fallen — die in der Folgezeit mehrfach modifiziert wurden — lassen sich relativ frei von subjektiven Einflüssen zu allen Tages- und Jahreszeiten Individuen der am Boden lebenden Kleintierfauna fangen. Es muß aber sogleich einschränkend angeführt werden, daß die Fangergebnisse ganz entscheidend von der Aktivität der einzelnen Tierarten beeinflußt werden. Es kann somit nur eine Aktivitätsdichte, eine apparente Abundanz, nicht jedoch die reale Populationsdichte erfaßt werden. Außerdem ist damit zu rechnen, daß bestimmte Arten nicht gefangen werden, weil sie entweder zu selten sind oder aus anderen Gründen die Fallen meiden. Schließlich sind Fänge in allen Jahreszeiten nötig, um einerseits den Rhythmus des Auftretens einzelner Arten kennenzulernen, andererseits kein zu lückenhaftes Bild zu erhalten. Auf Tafelbeilage 3 wird erkennbar, wie unterschiedlich die Fangergebnisse im Laufe eines Jahres an einem Fundort sein können. Gesicherte Aussagen lassen sich ohnehin erst nach mehrjähriger Untersuchungsdauer bei ausreichendem Material machen.

---

84) Die im Beobachtungszeitraum im engeren Ag und in den Randlandschaften festgestellten Säugetiere, Vögel, Reptilien sind neben den näher untersuchten Käfern ebenfalls in Artenlisten aufgeführt, und diese sind im Beilagenheft beigegeben worden.

Da schon nach ersten Fallentests zu erkennen war, daß die Individuen- und Artenzahl der in Fallen gefangenen Käfer allein nähere Aussagen stark beschränkte, außerdem auch wiederholt aufgestellte Fallen verloren gingen, wurden die Fallenfänge durch Zeitfänge ergänzt. Hierbei wurden nur Käfer berücksichtigt. Es gelten hier allerdings nicht nur die schon für die Fallen-fang-Methode angeführten Vorbehalte. Leider ist die subjektive Beeinflussung der Fangergebnisse noch größer. Kleinere, unauffälligere Arten (wie z. B. viele Curculionidae) werden leicht übersehen, große, auffällige (die meisten Tenebrionidae) treten stärker, als es ihren wirklichen Anteilen entspricht, hervor. Von größter Bedeutung ist schließlich die für den Fang gewählte Tageszeit, da einige Arten offensichtlich in den frühen Morgen- und späten Abendstunden besonders aktiv sind, andere dagegen in der Mittagszeit und wieder andere wahrscheinlich nachts.

Natürlich wurde sowohl bei den Fallen- als auch bei den Zeitfängen möglichst einheitlich vorgegangen, um weitere Fehler auszuschließen. Als Fallen dienten Literflaschen aus Glas mit einer kreisförmigen Öffnung mit 6 cm Durchmesser. Diese Flaschen wurden so eingegraben, daß ihre Öffnung mit der Bodenoberfläche eine Ebene bildete. Als Tötungs- und Konservierungsmittel benutzten wir eine mit etwas Waschpulver versetzte vierprozentige Formalinlösung, mit welcher die Flaschen jeweils zur Hälfte gefüllt waren. Schutz gegen zu schnelles Austrocknen oder gegen vom Wind herbeigeführtes Feinmaterial gewährten einige locker über den Flaschenöffnungen aufgeschichtete Gesteinsbrocken, meist flache Kalkscherben.

Es wurden immer 5 Fallen zusammen in einer homogenen Vegetationsgesellschaft so aufgestellt, daß sie die Eckpunkte und das Zentrum eines Quadrats von ca. 10 m Seitenlänge bildeten. In den Nebkets mußten sie in einer Reihe angeordnet werden, etwa im Abstand von 6 bis 8 Metern. Einmal monatlich wurden die Fallen kontrolliert und die gefangenen Tiere entnommen.

Bei den Zeitfängen wurden auf ebenfalls homogenen Testflächen jeweils 20 Minuten lang alle entdeckten Käfer gesammelt. Die Größe der Testflächen lag bei etwa einem halben Hektar. Locker aufliegende Gesteinsbrocken wurden dabei umgedreht und die dort Schutz suchenden Tiere mit gesammelt, größere Grashorste und Zwergsträucher besonders sorgfältig abgesucht.

Da einerseits die Ergebnisse der gleichzeitig betriebenen pflanzensoziologischen Untersuchungen noch nicht vorlagen, andererseits aber durch die tiersoziologischen Arbeiten vor allem Zusammenhänge mit der Vegetation geklärt werden sollten, wurden Fallen- und Zeitfänge in möglichst vergleichbaren Ausbildungen der drei physiognomisch klar zu trennenden und wichtigsten Trockensteppengesellschaften der Hochplateaus unternommen: den *Stipa tenacissima*-Gesellschaften auf sandig-steinigen Substraten, den *Artemisia herba-alba*-Gesellschaften auf lehmig-sandigen Substraten und den *Retama sphaerocarpa*-Gesellschaften auf den feinsandigen Nebkets.

Auf die beschriebene Weise konnten bei insgesamt 78 Zeitfängen und 42 mal jeweils 5 aufgestellten Fallen ca. 4000 Käfer gefangen werden [85]. Über 90 % davon wurden bestimmt und kamen in die folgende Auswertung. Es kann nicht genug betont werden, daß sowohl die Zahl der gefangenen Tiere als auch der Beobachtungszeitraum von nur einem Jahr verallgemeinernde Schlußfolgerungen nur unter vielen Vorbehalten zulassen. Dennoch wurde dieser Versuch unternommen, um einmal gewisse Grundvorstellungen von der hier lebenden Arthropodenfauna und insbesondere der Coleoptera zu erhalten, um so dann aber auch mit der gebotenen Vorsicht die Ergebnisse in biozönotischer und biogeographischer Sicht zu interpretieren. Selbstverständlich würden wünschenswerte länger andauernde und umfangreichere Arbeiten zu Korrekturen und Ergänzungen der Interpretationsversuche führen.

Die Auswertung der Fallenfänge konnte wegen der relativ geringen Arten- und Individuenzahl der gefangenen Tiere nur auf einfachste Weise durch Auszählung und Gruppenbildung erfolgen. Berücksichtigt wurden folgende Gruppen der bodenlebenden Arthropoden: Coleopteroidea (Käfer), Apterygota (Urinsekten), Hemipteroidea (Ameisen, Wanzen), Arachnomorpha (Spinnen, Milben, Skorpione), Neuropteroidea (Zweiflügler, Schmetterlinge), Orthopteroidea (Heuschrecken, Ohrwürmer), Blattoidea (Schaben, Fangschrecken, Termiten), Myriopoda (Hundertfüßler, Tausendfüßler), Isopoda (Asseln). Die Ergebnisse werden in den Abb. 40—43 (Beilagenheft, Nr. 21—24) veranschaulicht.

Das Material der Zeitfänge, ausschließlich Käfer, wurde zunächst auch nur standortweise ausgezählt und für die Arealtypenspektren in den Abb. 44—46 (Beilagenheft, Nr. 26—28) zu Arealgruppen zusammengefaßt [86].

---

85) In den Perimeterbeschreibungen wird aufgeführt, wo und welche Arbeitsschritte im jeweiligen Untersuchungsgebiet zu welcher Zeit durchgeführt wurden.

86) Vgl. hierzu die näheren Erläuterungen im Beilagenheft, Nr. 25. Die Gruppen- und Artenlisten aller Fallen- und Zeitfänge liegen im Original beim Verfasser. Sie konnten wegen des zu großen Umfangs nicht mit in die Publikation aufgenommen werden. Beigegeben ist aber eine systematisch geordnete Liste aller im engeren Ag und in den Randlandschaften gefundenen Käferarten.

Darüber hinaus wurde aber eine Bearbeitung in Anlehnung an die pflanzensoziologische Methode versucht. Nur so war es möglich, charakteristische Käfergesellschaften den ausgewählten Pflanzengesellschaften in verschiedenen Bereichen des engeren Ag zuzuordnen. Versuche solcher Zuordnung von Pflanzen- und Tiergesellschaften, die mit soziologischen Arbeitsmethoden am gleichen Standort erfaßt wurden, sind durchaus schon unternommen worden, allerdings noch nicht in den nordafrikanischen Trockensteppengebieten. Bei den Käfer-Zeitfängen wurde mit den Begriffen der Abundanz (hier apparente Abundanz im Sinne einer Aktivitätsdichte [87]) und Stetigkeit gearbeitet, wie dies ähnlich ANT (1969) bei einer malakologischen Gliederung nordwestdeutscher Buchenwaldgesellschaften tat. Dabei bedienten wir uns folgender Skala:

+ = 1 Ex. pro Art und Zeitfang
1 = 2—5 Ex. pro Art und Zeitfang
2 = 6—10 Ex. pro Art und Zeitfang
3 = 11—20 Ex. pro Art und Zeitfang
4 = 21—50 Ex. pro Art und Zeitfang
5 = über 50 Ex. pro Art und Zeitfang

Die Stetigkeit bezieht sich nicht auf das mehr oder weniger häufige Auftreten der Art in mehreren *gleichzeitig* bearbeiteten Probeflächen. Vielmehr bezieht sie sich auf das Auftreten in mehreren Fängen, die in monatlichen Abständen *nacheinander* auf derselben Probefläche durchgeführt wurden. Hierdurch erhielten zwar Arten, die durchaus wichtig und charakteristisch für eine bestimmte Pflanzengesellschaft sein können, jedoch nur kurzzeitig im Jahr als Imagines auftreten, einen nur niedrigen Stetigkeitsgrad. Dafür konnten aber zufällig auftretende Arten und Irrgäste weitgehend ausgeklammert werden.

Für die Stetigkeit gilt die folgende Skala:

1 = nur in einer Aufnahme (einem Fang) vorhanden
2 = in 25 % aller Aufnahmen vorhanden
3 = in 50 % aller Aufnahmen vorhanden
4 = in 75 % aller Aufnahmen vorhanden
5 = in über 75 % aller Aufnahmen vorhanden

---

[87] Auch bei Zeitfängen erhält man aus den oben angeführten Gründen keine Werte der realen Abundanz. Hierzu bedürfte es sehr zeitraubender Quadrataufnahmen, die jedoch in relativ arten- und individuenarmen Populationen, wie im engeren Ag, kaum durchzuführen sind.

Die Tabellen der Tafelbeilage 3 dienen also in erster Linie dazu, die Zahl einzelner Arten und die Häufigkeit ihres Auftretens in den einzelnen Pflanzengesellschaften möglichst übersichtlich darzustellen. Dabei fanden nur solche Arten Berücksichtigung, die entweder wenigstens zweimal am selben Standort gefunden wurden oder einmal in hoher Abundanz (ab 3 Individuen). Größter Wert wurde auf die Stetigkeit gelegt, nicht zuletzt auch, um Fehler beim Fangen — z. B. durch unterschiedliche Tages- oder Jahreszeit — nach Möglichkeit klein zu halten.

Eine Wertung von Charakter- bzw. Differentialarten muß wegen des zu geringen Materials noch unterbleiben. Dennoch wurde versucht, die Teiltabelle so anzuordnen, daß sich Blöcke von Arten ergeben, die diagnostisch wichtig sind, weil sie bestimmte Pflanzengesellschaften offensichtlich kennzeichnen oder auch weil sie nur regional begrenzt innerhalb des Ag vorkommen.

C. Erläuterung der Untersuchungen aus den Bereichen „Relief", „Boden" und „Klima"

In den Ökosystemen der Trockengebiete nimmt der Wasserhaushalt eine zentrale Stellung ein. Dennoch besitzen wir heute aus diesen Räumen — abgesehen von wenigen Ausnahmen — kaum Unterlagen, die quantitativ abgesicherte Vorstellungen vom Wasserhaushalt und seinen einzelnen Teilbereichen erlauben. Das liegt einerseits an den fehlenden grundlegenden Daten zu den Niederschlags-, Verdunstungs- und Abflußverhältnissen. Für das engere Ag wurde die mangelhafte Datenlage schon im klimatologischen Kapitel des landeskundlichen Teils erläutert. Andererseits sind aber auch genauere Vorstellungen wegen der hohen Niederschlagsvariabilität nur sehr schwer zu erarbeiten.

Aus biogeographischer Sicht interessieren besonders die Feuchtigkeitsmengen, die an den einzelnen Standorten der Vegetation im Jahresablauf zur Verfügung stehen. Dieses pflanzenverfügbare Wasser hängt von den Niederschlags- und Verdunstungswerten, also Variablen aus dem klimatischen Bereich, und ganz erheblich von solchen aus dem edaphischen Bereich ab. Dabei ist die Korngrößenzusammensetzung der Böden oder der bodenäquivalenten Substrate von großem Einfluß. Bei den rezenten Bodenbildungen wirkt sich gerade in Trockengebieten angesichts der nur schütteren, jedenfalls nicht geschlossenen Pflanzendecke das Relief als „steuernd" im Sinn einer Korngrößensortierung in den oberflächennahen

Bereichen der Substrate aus. Nur wenige Dezimeter betragende Höhenunterschiede und nur um wenige Grad geneigte Flächen sind für das Abflußverhalten und damit den Materialtransport und die Materialumlagerung von entscheidender Bedeutung.

Es darf also davon ausgegangen werden, daß der Reliefformenschatz und die Bodenart zusammen mit dem Wasserangebot ganz wesentlich die Differenzierung von Ökotopen herbeiführen, die durch bestimmte Vegetationsgesellschaften bereits zu erkennen ist. Hieraus ergeben sich eine Reihe von Untersuchungsmöglichkeiten, die — unter vielen, unten näher erläuterten Vorbehalten — auch innerhalb eines relativ kurzen Beobachtungszeitraumes nähere Aufschlüsse zu den angeschnittenen Fragen erwarten lassen. Diese Untersuchungsschritte sind hier näher vorzustellen.

1. Die Hangneigung als Parameter aus dem Bereich des Reliefformenschatzes

In den stärker reliefierten Räumen der ostmarokkanischen Hochplateaus ist der Grad der Hangneigung für die rezente Dynamik der oberflächennahen Substratumlagerung von großer Bedeutung. Nach eingehenden Beobachtungen im gesamten Ag wurden eine Reihe von Hangneigungsgruppen ausgeschieden. Sie umfassen Hangneigungsbereiche, denen unterschiedliches Verhalten gegenüber Abtragungs- und Aufschüttungsvorgängen unterstellt wurde. Die späteren bodenkundlichen Analysen bestätigten in etwa die getroffene Auswahl der insgesamt vier Gruppen (unter 1 Grad, 1—2 Grad, 2—7 Grad, über 7 Grad). In den Perimeterkarten Abb. 7—19 sind diese Hangneigungsgruppen als flächendeckende Raster aufgenommen. Hier wie auch im Überblicksprofil der Ökotop-Typen der ostmarokkanischen Hochplateaus lassen sich deutliche Parallelen zwischen den Arealen bestimmter Pflanzengesellschaften und denen der Hangneigungsgruppen erkennen.

Leider fehlen aber auch gerade zum Fragenkomplex der rezenten Substratumlagerung noch quantitative Unterlagen, so z. B. zum schubweisen Materialtransport in den Überschwemmungsbereichen der großen Oueds (zones d'épandage). Diese Überschwemmungsbereiche liegen meist nur um wenige Dezimeter tiefer als die anschließenden Terrassen- oder Fußflächen und sind wegen ihrer ganz andersartigen Dynamik auf den genannten Karten ebenfalls gesondert ausgewiesen worden. Hier können nur wiederholte Messungen während und nach größeren Niederschlagsereignissen nähere Ergebnisse bringen. Auch der Anteil der Substrate, welcher durch Windeinwirkung umgelagert wird, ist bisher noch nicht erfaßt worden. So sind besonders im Bereich der rezenten Morpho- und Bodendynamik noch weitere Untersuchungen nötig.

Neben den Hangneigungsgruppen sind in den Perimeterkarten einige weitere morphographische Signaturen enthalten, die den Reliefformenschatz veranschaulichen helfen. Hiermit sind jedoch keine genetischen Deutungen verknüpft.

2. Die bodenkundlichen Untersuchungsschritte

Aus dem edaphischen Bereich kommt der Korngrößenzusammensetzung der Substrate im Hinblick auf den Wasserhaushalt entscheidende Bedeutung zu. Selbstverständlich sind direkte Messungen der Bodenfeuchte in regelmäßigen Abständen innerhalb eines Jahres und über mehrere Jahre hinaus besonders wertvoll. Sie erst lassen zusammen mit den Niederschlagswerten und den Werten der Korngrößenfraktionen regelhafte Vorstellungen über die Menge des pflanzenverfügbaren Wassers zu. So wurde auch die Bodenfeuchte an mehreren Standorten im Beobachtungszeitraum ermittelt; doch müssen diese innerhalb nur eines Jahres gewonnenen Werte mit besonderer Vorsicht interpretiert werden.

Wenden wir uns zunächst den Untersuchungen der Bodenart zu. An allen näher untersuchten Standorten wurden die Bodenproben einheitlich in Tiefen von 2, 10, 25, 50 und 75 cm entnommen, soweit dies die Gründigkeit der Substrate zuließ. In diese Proben wurde der Grobbodenanteil bis zu einem Durchmesser von 20 mm (Kies) mit einbezogen, gröbere Bestandteile (Steine) blieben bei den Analysen unberücksichtigt, sind aber z. B. in grober Abschätzung bei der allgemeinen Bodencharakteristik im Überblicksprofil der Ökotop-Typen angegeben. Die Korngrößenbestimmung wurde mit Hilfe der Naßsiebung von jeweils 100 g Substrat mit nachfolgender Trocknung der einzelnen Fraktionen bei 105 Grad C vorgenommen. Es wurden 5 Fraktionen unterschieden (20,0—2,0, 2,0—0,6, 0,6—0,2, 0,2—0,06, kleiner als 0,06, jeweils in mm). Die Ergebnisse der Analysen sind graphisch in dem oben genannten Überblicksprofil (Tafelbeilage 4) festgehalten worden.

Die Bestimmung des Bodenfeuchtegehalts wurde an denselben Standorten für dieselben Substrattiefen vorgenommen. Allerdings wurden diese Probeentnahmen von Oktober 1973 bis Juni 1974 in etwa monatlichen

Abständen wiederholt, um so einen Eindruck vom zeitlichen Gang der Bodenfeuchte zu gewinnen. Die Proben (jeweils ca. 100g) wurden ebenfalls bei 105 Grad C getrocknet; der Gewichtsverlust wurde sodann in Prozent vom Gesamtgewicht des feuchten Bodens als Feuchtegehalt ausgedrückt. Im Überblicksprofil (Tafelbeilage 4) sind die Bodenfeuchteverhältnisse für die Monate Oktober (Ende der Trockenzeit), Januar (nach den Herbstniederschlägen), April (nach den Frühjahrsniederschlägen) und Juni (ca. einen Monat nach Beginn der Trockenzeit) graphisch dargestellt.

Zur allgemeinen Charakteristik der Böden bzw. der diesen entsprechenden Substrate wurden weitere Daten erhoben und im Überblicksprofil mitgeteilt. Die Bodengründigkeit — hierunter wird das Lockermaterial bis zu verfestigten Krustenbildungen oder bis zum Anstehenden verstanden — geht bereits aus den oben genannten Diagrammen und aus den schematischen Ökotopskizzen hervor. Im selben Zeitraum und in monatlichen Abständen wurde an naturfeuchten Substraten mit Hilfe von Glaselektrode und destilliertem Wasser der pH-Wert der Böden bestimmt. Die dabei festgestellten Schwankungen waren jedoch geringfügig, so daß nur Mittelwerte für die bereits genannten Bodentiefen in den ausgewählten Ökotopen angegeben werden.

An den im Oktober 1973 entnommenen Proben wurde die organische Substanz des Bodens durch Glühen ermittelt. Jeweils 5 g Feinboden wurden über dem Bunsenbrenner bis zur Rotglut erhitzt, der Gewichtsverlust nach der Abkühlung im Exsiccator festgestellt und in Prozent vom Gesamtgewicht errechnet. Die Ergebnisse sind ebenfalls im Überblicksprofil enthalten.

Schließlich gehen in die stichwortartige Charakterisierung der Böden in diesem Profil der abgeschätzte Steingehalt und die mit Hilfe der Farbtafeln von Munsell an lufttrockenen Substraten festgestellten Bodenfarben mit ein.

Es wurde also keine vollständige Bodenanalyse angestrebt, insbesondere konnten bodengenetische Fragen — sie sind im Zusammenhang mit den hier im Mittelpunkt stehenden Fragen bis auf die rezenten Prozesse ohne Belang — nicht erörtert werden. Es mußte somit auch der ohnehin problematische Versuch einer Zuordnung zu bestimmten Bodentypen unterbleiben.

3. Zur Untersuchung von Variablen aus dem klimatischen Bereich

Die Erhebung und Zusammenstellung von Daten aus dem klimatischen Bereich innerhalb kurzer Zeiträume wird immer Wünsche offen lassen. Bei der Skizzierung des Klimas der ostmarokkanischen Hochplateaus und dem Versuch einer räumlichen Differenzierung nach klimatischen Gesichtspunkten im landeskundlichen Teil wurde die insgesamt noch unbefriedigende Materiallage schon erläutert.

Im engeren Ag liegt keine Beobachtungsstation; die Werte der Stationen in den angrenzenden Räumen dürfen nur mit Vorsicht zur näheren Kennzeichnung herangezogen werden. Insbesondere bei Fragen zum Wasserhaushalt, etwa zur Gegenüberstellung von Niederschlagswerten und den ermittelten Werten der Bodenfeuchte, sind die Niederschlagswerte von Stationen in den Nachbarräumen fast unbrauchbar. Hier muß zukünftig mit einem eigenen, relativ engmaschigen Netz von Totalisatoren gearbeitet werden, das für die laufenden Untersuchungen noch nicht zur Verfügung stand.

So bot sich nur eine etwas eingehendere thermische Kennzeichnung an, ohne Berücksichtigung der räumlichen Unterschiede innerhalb des Ag. Im Beobachtungszeitraum wurden im Perimeter 15, in relativ windgeschützter Lage, Temperatur-Tagesgänge für Strahlungstage in etwa monatlichen Abständen aufgezeichnet. Eine graphische Darstellung der Ergebnisse für die Monate Februar, April, Mai, Juni, Oktober und Dezember bieten die Abb. 25—30 (Beilagenheft, Nr. 3--8). Die Temperaturen wurden in 200 und 50 cm über dem Boden, auf der Bodenoberfläche selbst und in 1, 20 und 50 cm im Boden gemessen, die Thermometer nach einem Aspirationspsychrometer (Aßmann) geeicht. Die ermittelten Werte werden im Zusammenhang mit den Fragen der Vegetationsentwicklung interpretiert.

D. Beschreibung der untersuchten „Perimeter" und Standorte

Die in den vorangegangenen Abschnitten skizzierten Arbeitsschritte wurden an bestimmten, besonders weit verbreiteten Ökotopen vorgenommen, die in ausgewählten Musterflächen, den „Perimetern"[88], liegen.

Bei der Auswahl dieser Perimeter mußten mehrere Gesichtspunkte berücksichtigt werden. Zunächst wurde ihre Lage so gewählt, daß die typischen Ökotope und Ökotopgefüge erfaßt werden konnten, die Perimeter

---

88) Wir folgen mit dieser Bezeichnung dem französischen Sprachgebrauch.

somit stellvertretend für alle größeren Teilbereiche des Ag stehen. Einige wurden auch bewußt in Grenzbereiche unterschiedlicher Ökotopgefüge gelegt, um so deutlicher begrenzende Variable erkennen und erfassen zu können. Es wurde darauf geachtet, unterschiedlich anthropogen beeinflußte Räume mit in die Wahl einzubeziehen. Schließlich mußte auch die Zugänglichkeit der Perimeter mit berücksichtigt werden. Das vorliegende Karten- und Luftbildmaterial war zusammen mit den Eindrücken der ersten Geländefahrten wesentliche Grundlage der Auswahl.

Die ausgewählten Perimeter sind kartographisch in den Abbildungen 7—19 dargestellt. In den Karten sind wichtige Elemente des Reliefformenschatzes (Abflußrinnen, Stufen- und Terrassenkanten, Depressionen, Spülbereiche u. a. m.) erfaßt. Die für die rezente Bodendynamik mit entscheidende Hangneigung ist flächendeckend in 4 Klassen berücksichtigt. Über dieses morphographische Grundmuster wurden in Farben auf pflanzensoziologischer Grundlage und mit Hilfe bodenkundlicher Analysen ermittelte Vegetations-Boden-Komplexe eingetragen. Weitere Einzelheiten sind der gemeinsamen Legende dieser Karten zu entnehmen.

Eine nähere Kennzeichnung der Perimeter schließt sich in stichwortartigen Kurzbeschreibungen an. Hierin werden Auswahlkriterien, Lage, Klima, Reliefformenschatz und Böden knapp skizziert sowie die Arbeitsschritte bezeichnet, die im einzelnen durchgeführt wurden.

Perimeter 1: Jebel el Gaada (Abb. 7, Bild 2)

Ausschnitt aus den Rumpfflächen der Gaada von Debdou im Nordwesten des engeren Ag, stellvertretend für das typische Muster von halfabedeckten Kuppen und in sie eingesenkten flachen Mulden mit Zwergstrauchgesellschaften.

Der Perimeter liegt 10 km südwestlich des jungen Marktzentrums el Ateuf (3°07' w. L., 33°43' n. Br.) in ca. 1 350 m ü. NN in einem besonders winterkalten, schneereichen und im — mit Jahresniederschlagsmittelwerten über 400 mm — feuchtesten Bereich der Hochplateaus im Ag. Für diesen Raum dürften in etwa die Temperaturwerte von Midelt sowie die Niederschlagsverteilung von Oujda (vgl. die Klimadiagramme Abb. 2) gelten.

Der Perimeterausschnitt zeigt den charakteristischen Wechsel von flachen Kuppen und Rücken aus jurassischen Kalken und Dolomiten mit in der Regel nur um wenige Zehner Meter eingesenkten kleinen Becken und Talmulden mit altquartären Terrassenflächen und schmalen, inselartig um die größeren Abflußrinnen verbreiteten Überschwemmungsflächen. Die kaum zerschnittenen, stärker geneigten und stark steinigen Abhänge werden stellenweise durch herauspräparierte felsige Hangleisten gegliedert. In flachen Hanglagen und den meist ohne merklichen Gefällsknick in sie übergehenden verkrusteten Terrassenflächen herrschen sandig-steinige Substrate vor. Örtlich oft vegetationslos sind die besonders lehmig-tonigen rezenten Bildungen auf den Spülflächen, sehr dicht bewachsen dagegen zwar nur dünne, aber lockere, sandige Auflagen. Die Abflußrinnen sind schmal, wenige Dezimeter tief und häufig geröllerfüllt.

Der gesamte Perimeter wird überdurchschnittlich anthropogen beeinflußt. Die Halfabestände der höher gelegenen Bereiche sind regelmäßig in Halfanutzungskampagnen mit einbezogen worden. Auf den Terrassenflächen liegen Parzellen, die alljährlich im Regenfeldbau genutzt werden, wobei mit Hilfe primitiver Kanäle (seghia) Zuschußwasser von den umliegenden Hängen herbeigeleitet wird. Die Zwergstrauchgesellschaften im Überschwemmungsbereich der kleinen Oueds werden stark beweidet.

Aus diesem Perimeter stammen die pflanzensoziologischen Aufnahmen 8, 9, 10 sowie 21, 22, 23, 24 aus verschiedenen *Stipa tenacissima*-Gesellschaften, außerdem die Aufnahmen 2 und 3 der *Artemisia herba-alba*-Gesellschaften. Erstere sind Grundlage des in Abb. 32 skizzierten Arealtypenspektrums. Auf steinig-sandigem Substrat in ebener Terrassenlage wurde ein Dauerquadrat beobachtet, dessen wichtigste Entwicklungsstadien in Abb. 21 dargestellt sind.

Die vier Gruppenspektren der bodenlebenden Arthropodenfauna in Abb. 40 beruhen auf Fallenfängen von Febr./Mai 1974. In Abb. 43 sind zum Vergleich Gruppenspektren aus den Halfagesellschaften und von einem Trockenfeld aus Fängen in April/Mai 1973 gegenübergestellt. Acht Käfer-Zeitfänge sind die Basis des in Abb. 45 abgebildeten Arealtypenspektrums. Die letztgenannten Abbildungen sind im Beilagenheft unter Nr. 21, 24 und 27 enthalten.

Perimeter 2: Iniene Rtem (Abb. 8)

Ausschnitt aus dem Nordwesten des engeren Ag als Beispiel für die weitgespannten altquartären Flächen mit zwergstrauchreicher Vegetation zwischen den sie nur geringfügig überragenden Dolomit- und Kalkrücken der Rumpfflächen der Dahra.

Der Perimeter liegt 12 km südlich von el Ateuf (3°02' w. L., 33°42' n. Br.) im selben großklimatischen Bereich wie Perimeter 1 (vgl. Klimadiagramme von Midelt und Oujda, Abb. 2). Hervorzuheben ist, daß dieser Raum völlig ungeschützt allen Windeinwirkungen ausgesetzt ist.

Der fast völlig ebene Perimeter in einer durchschnittlichen Höhenlage von 1 310 m ü. NN wird durch nord-südlich gerichtete parallele Abflußsysteme gegliedert. Die Hauptrinnen, auf welche von beiden Seiten kurze Kerben zuführen, sind meist weniger als 1 m eingetieft und selten über 2 m breit. Sie liegen in den von etwas höheren altquartären Terrassen umgebenen und gegen diese nur selten scharf abgesetzten Spülflächen. In diesen Überschwemmungsbereichen sind in Ouednähe zahlreiche Zwergsträucher auf kleinen Bulten freigespült. Die lehmigen, teilweise stark verdichteten Bodensedimente in diesen Bereichen unterscheiden sich erheblich von den flachgründigen sandig-steinigen Bildungen auf den höheren, meist verkrusteten Flächen. Sie gehen im Osten des Perimeterausschnitts mit wachsender Hangneigung, aber ohne deutliche Grenze, in die Jurakalkhügel über.

Der gesamte Perimeter wird außerordentlich stark beweidet. Bei jedem Aufenthalt wurden hier Zelte und Herden beobachtet. Außerdem werden einige Parzellen im Regenfeldbau bestellt, wobei die Nähe der die Hochplateaus querenden Hauptpiste hier sogar den Einsatz von Traktor und Scheibenpflug ermöglicht.

Aus diesem Perimeter stammen die pflanzensoziologischen Aufnahmen 4, 5, 6 sowie 24 und 25 aus zwergstrauchreichen *Artemisia herba-alba*-Gesellschaften auf den Terrassen und in Ouednähe. Sie sind Grundlage der entsprechenden Arealtypenspektren in den Abb. 33 und 34. Im steinigen Milieu der höher gelegenen Terrassen wurde ein Dauerquadrat beobachtet, dessen wichtigste Stadien in Abb. 22 dargestellt sind.

Auf Fallenfängen im April/Mai 1974 basiert das Gruppenspektrum der bodenlebenden Arthropodenfauna in Abb. 41. Sieben Mal wurden Käfer-Zeitfänge unternommen. Teilergebnis dieser Fänge ist das in Abb. 46 abgebildete Arealtypenspektrum.

Perimeter 5: Oued Nosli (Abb. 9, Bild 1)

Ausschnitt aus dem nördlichen Übergangsbereich zwischen den Rumpfflächen im Westen und den jungen Aufschüttungsebenen im Osten des engeren Ag.

Der Perimeter liegt etwa 18 km ostsüdöstlich von el Ateuf (2° 51' w. L., 33° 45' n. Br.) im winterkalten und relativ schneereichen Norden der

Hochplateaus. Im wesentlichen dürften die Klimadaten von Midelt (vgl. Klimadiagramm Abb. 2) mit etwas höheren Niederschlagsmittelwerten auch hier zutreffen.

Niedrige Hügelgruppen aus grobgebankten, stark drusigen jurassischen Kalken (Lias) durchragen im Perimeterbereich die altquartären, oberflächlich oft verkrusteten Ablagerungen. Die Hügel erreichen Höhen von etwa 1 275 m ü. NN und liegen damit nur 30 bis 40 m über dem bedeutendsten Vorfluter im Nordosten, dem Oued Nosli. Auf stark steinigen Substraten der stellenweise durch felsige Hangleisten gegliederten Hügelhänge und auf den mit einem deutlichen Gefällsknick anschließenden Fußflächen sind Halfagrasgesellschaften verbreitet. Auf den die Oueds umrahmenden Spülflächen wechseln je nach mehr lehmigem bzw. eher sandigem Substratcharakter fast vegetationslose Bereiche mit solchen, die dicht mit Wermut- und anderen Zwergstrauchgesellschaften bedeckt sind. Der bis zu 2 m eingetiefte und 2 bis 5 m breite Oued Nosli wird beiderseits von *Retama sphaerocarpa*-Gesellschaften auf feinsandigen Aufschüttungen (Nebkets) begleitet. Bild 1 gibt einen Überblick des Perimeters über die zentral gelegene Hügelgruppe nach Südosten.

Der nahe der — die Hochplateaus querenden — Hauptpiste gelegene Perimeter wird stark beweidet. Die Halfagrasflächen werden in die jeweiligen Nutzungskampagnen mit einbezogen. Im Frühjahr machen mehrere Nomadenfamilien kurzfristig hier Station, um in der Nähe liegende Parzellen im Regenfeldbau zu nutzen.

In diesem Perimeter wurden *Stipa tenacissima*- (Aufnahme 11), *Artemisia herba-alba*- (1, 22, 23) und *Retama sphaerocarpa*-Gesellschaften (1) pflanzensoziologisch aufgenommen. Diese Aufnahmen dienten auch der Erstellung der betreffenden Arealtypenspektren in den Abb. 32 bis 34 (Beilagenheft, Nr. 11—13).

Das Gruppenspektrum der bodenlebenden Arthropodenfauna beruht auf Fängen in 5 Fallen im April/Mai 1974 im vegetationsarmen Spülflächenmilieu. Sechs Käfer-Zeitfänge in den Halfagrasgesellschaften sind Grundlage des Arealtypenspektrums in Abb. 45 (Beilagenheft, Nr. 27).

Perimeter 7: En Nefouikha (Abb. 10, Bilder 5 und 6)

Ausschnitt aus den fast völlig ebenen Bereichen im Osten der ostmarokkanischen Hochplateaus als Beispiel für das kleinräumige Muster von rezenten und subrezenten Abflußrinnen und den sie trennenden, wenig höheren Terrassenflächen verschiedenen Alters.

Der Perimeter liegt 36 km südöstlich von el Ateuf (2° 42′ w. L., 33° 37′ n. Br.) im sommerheißen östlichen Bereich der Hochebenen, für den die Klimawerte von Berguent (vgl. Abb. 2) gültig sein dürften. Hervorzuheben ist auch — wie schon der Perimeter- und Landschaftsname sagt —, daß der gesamte Raum Windeinwirkungen ganz ungeschützt ausgesetzt ist.

Das räumliche Muster des fast ebenen Perimeterbereichs in einer Höhenlage von rund 1 160 m wird durch Abfluß- und Flächensysteme unterschiedlichen Alters bestimmt. Breite, ältere (pluvialzeitliche?) Abflußsysteme, die im wesentlichen mit den Überschwemmungsbereichen der rezenten, schmalen und maximal nur um 2 m eingetieften Abflußrinnen übereinstimmen, liegen nur wenige Dezimeter unter meist verkrusteten, kiesigsteinigen Terrassenflächen mit nur sehr flachgründigen Bodenbildungen und schütterer Vegetationsdecke. Die geringe, nach Nordosten gerichtete Abdachung mit weniger als 5 ‰ führt häufiger zu Anastomosen oder auch zu blind endenden seitlichen Armen der größeren Oueds. Die Überschwemmungsflächen sind dort, wo zwar tiefgründige, aber sehr feinkörnige und oft verdichtete Bodensedimente vorherrschen, fast vegetationslos. In Bereichen, wo nur eine dünne, aber sandige Auflage durch den meist schubweisen Abfluß des Wassers nach Niederschlagsereignissen bei nachlassender Transportkraft zurückblieb, haben sich dichte Zwergstrauchgesellschaften entwickelt. Somit ergeben sich drei typische und gut zu unterscheidende Vegetations-Boden-Komplexe. Bild 5 soll einen Eindruck von diesen Verhältnissen vermitteln.

Da keiner der bedeutenderen Oueds mit ausreichenden Brunnen (oglat), wie z. B. der Oued Betoum oder der Oued Sidi Ali (vgl. Perimeter 17), in der Nähe liegt, wird dieser Bereich trotz überdurchschnittlich guter Weidegrundlagen (vgl. Bild 8) nur unterdurchschnittlich beweidet. Im gesamten Perimeter fehlen sowohl Zeltplätze als auch Spuren ackerbaulicher Nutzung.

Aus diesem Perimeter stammen die pflanzensoziologischen Aufnahmen 7 und 8 sowie 19 und 20 aus *Artemisia herba-alba*-Gesellschaften auf den höheren Terrassen bzw. den rezenten Spülflächen. Sie sind Grundlage des in Abb. 33 abgebildeten Arealtypenspektrums (Beilagenheft, Nr. 12).

In diesem Bereich wurden fünfmal Käfer-Zeitfänge durchgeführt. Auf den Ergebnissen dieser Fänge beruht das entsprechende Arealtypenspektrum in Abb. 46 (Beilagenheft, Nr. 28).

Perimeter 11: Chebka Tisraine (Abb. 11)

Ausschnitt aus dem relativ hochgelegenen Südwesten des Ag, stellvertretend für die dort in die halfabedeckten Hochflächen eingesenkten kleinen Mulden und Becken mit Wermut- und Espartogras-Gesellschaften.

Der Perimeter (3° 05′ w. L., 33° 05′ n. Br.) liegt etwa 10 km südöstlich von Hassi el Ahmar, im feuchtesten und winterkältesten Bereich der südlichen Hochplateaus, schutzlos jeglicher Windeinwirkung ausgesetzt (Klimadiagramm von Midelt, Abb. 2 und 3).

Im Zentrum des etwa 1 550 m hochgelegenen Perimeters liegt ein nach Südosten geöffnetes Becken mit einer rezenten, sandig-lehmigen Füllung. Randlich schließen sich zunächst wenig höher gelegene verkrustete und schwach geneigte altquartäre Flächen an mit flachgründigen und stark steinig-kiesigen Substraten. Von Westen reicht ein das Beckentiefste um 20 bis 30 m überragender Riedelrücken in den Perimeter, der als Rest einer verkrusteten Villafranchienfläche gedeutet wird. Das edaphische Milieu ist hier steinig bis felsig. Die wenig eingetieften, stellenweise auch aussetzenden Rinnen der flachen Hänge sammeln sich im Beckenzentrum in einer ausgeprägteren Abflußrinne, die dieses Gebiet nach Südosten entwässert.

Das gesamte Gebiet wird durchschnittlich beweidet. An den Abhängen des Riedelrückens befinden sich Spuren von Zeltplätzen und ein größerer Steinkral. Im Beckeninneren sind ebenfalls Umrisse ehemaliger bour-Parzellen zu erkennen. Im Beobachtungszeitraum wurden jedoch keine Zelte errichtet bzw. Parzellen bestellt.

Aus diesem Perimeter stammen die pflanzensoziologischen Aufnahmen 10, 11, 14, 15 und 21 der *Artemisia herba-alba*-Gesellschaften, die im Beckeninneren auf den sandig-lehmigen Spülflächen und auf den etwas höheren Terrassen aufgenommen wurden (vgl. das Arealtypenspektrum in Abb. 33). Das hier aufgenommene Dauerquadrat (Abb. 24, Bilder 13—15) liegt ebenfalls im Beckeninneren im Grenzbereich von *Artemisia herba-alba-* und *Lygeum spartum*-Gesellschaften.

In den Wermutgesellschaften wurden insgesamt siebenmal Käfer-Zeitfänge durchgeführt (vgl. das Arealtypenspektrum Abb. 46). Hier standen im April/Mai 1974 auch fünf Fallen, deren Fangergebnis in einem Gruppenspektrum in Abb. 41 festgehalten wurde.

Perimeter 12: Garet Dik (Abb. 12, Bilder 3 und 4)

Ausschnitt aus den höchstgelegenen Bereichen im Südwesten des Ag, stellvertretend für die die Rumpfflächen der Dahra überragenden Schichtstufen und Schichtkämme.

Der Perimeter (3° 07′ w. L., 33° 09′ n. Br.) liegt rund 5 km nordöstlich von Hassi el Ahmar. In dem sehr winterkalten Bereich dürfen durchschnittlich 400 mm Jahresniederschlag erwartet werden. Nur das unmittelbar nördlich der Stufen gelegene Vorland ist gegen heiße sommerliche Stürme aus dem Süden geschützt (Klimadiagramm von Midelt, Abb. 2 und 3).

Im Süden des Perimeters werden auf den fast ebenen und felsigen Stufenflächen Höhen um 1580 m erreicht. An die 2 bis 5 m senkrecht abfallenden felsigen Stufenkanten grenzen steile, schuttübersäte und mehrfach durch Hangleisten gegliederte Stufenhänge an, die in einem merklichen Knick gegen die anschließenden verkrusteten altquartären Fußflächen abgesetzt sind. Nur örtlich werden am Stufenhang unter dem Schutt der hangenden Kreidekalke (Cenoman/Turon) bunte Mergel im Liegenden sichtbar. Mehrere kubikmetergroße Kreidekalkblöcke am Stufenfuß lassen auf eine rezente Stufenrückverlagerung schließen. Ein Auslieger im Perimeterzentrum unterstreicht die starke Zerlappung der Stufenfront. Auch er liegt rund 80 m über dem Vorfluter, zu dem wenig eingetiefte Rinnen von der Stufenstirn führen. Um die größeren Rinnen haben sich schmale Spülflächen in sandig-lehmigen Substraten ausgebildet. Die Bodenbildungen der Fußflächen sind sandig bis stark steinig und durchweg flachgründig.

Der Perimeter wird durchschnittlich beweidet, auf den jüngsten Terrassenflächen sind noch ehemalige Parzellenumrisse zu erkennen. Im Beobachtungszeitraum wurden aber im gesamten Bereich weder Zelte errichtet noch Ackerbau betrieben.

Die pflanzensoziologischen Aufnahmen 4, 14, 17, 18 und 25 der *Stipa tenacissima*-Gesellschaften wurden hier im felsigen Milieu der Stufenkante, auf den steinigen Hängen bzw. den Fußflächen aufgenommen. Mit ihrer Hilfe wurde auch das Arealtypenspektrum in Abb. 32 entworfen. Das hier beobachtete Dauerquadrat liegt in einer steinigen Halfagesellschaft am Stufenhang (Abb. 21).

In den Halfagesellschaften wurden sechs Mal Käfer-Zeitfänge durchgeführt (vgl. Arealtypenspektrum Abb. 45). Das Gruppenspektrum in Abb. 43 beruht auf den Fangergebnissen von 5 Fallen, die im April/Mai 1974 in der Nähe des Dauerquadrates aufgestellt waren (Beilagenheft, Nr. 27 und 24).

Perimeter 13: Guelb Zerga (Abb. 13)

Ausschnitt aus den westlichen Rumpfflächen der ostmarokkanischen Hochplateaus mit einem der hier häufigeren Vulkanstiele in fast lückenlosen Halfagesellschaften.

Der Perimeter liegt ca. 22 km nördlich von Hassi el Ahmar (3° 12' w. L., 33° 19' n. Br.) in einem Bereich der Hochebenen, der klimatisch in etwa mit den Werten von Midelt (Klimadiagramme Abb. 2 und 3) gekennzeichnet werden kann. Bei durchschnittlichen Höhenlagen von etwa 1 380 m ist es hier im Vergleich zu Perimeter 11 aber etwas trockener und wintermilder.

Im Zentrum des Perimeters erreicht die zugerundete, durch kurze Hangkerben gegliederte Basaltkuppe des Guelb Zerga mit 1 438 m zwar die größte Höhe, doch sind die Kalk- und Dolomitrücken der näheren Umgebung fast ebenso hoch. Das olivinreiche, doleritartige Gestein verwittert zu grobem, scharfkantigem Schutt, der die Hänge der Kuppe in geschlossenen Lagen bedeckt. Die Böden sind sehr stark steinig und flachgründig. Am Hangfuß mischen sich Kalkscherben mit dem vulkanischen Schutt. Die nähere Umgebung des Guelb Zerga, insbesondere der Süden des Perimeters, ist Teil der sanftgewellten Rumpffläche der Dahra. Im Norden wird der kaum eingetiefte größte Vorfluter von einer schmalen Spülfläche begleitet, die auf lehmigem, stark verdichtetem Substrat ausgebildet ist.

Die jüngsten Terrassenflächen im Norden werden sehr stark beweidet. Hier ziehen täglich Herden zum nordöstlich außerhalb des Perimeters vor einigen Jahren angelegten Staubecken. Sonst bleibt der anthropogene Einfluß unterdurchschnittlich. Es gibt im gesamten Perimeter weder Spuren von Zeltplätzen noch von Ackerbau.

In diesem Perimeter wurden auf den steinigen Hängen die pflanzensoziologischen Aufnahmen 15 und 16 der *Stipa tenacissima*-Gesellschaften gemacht, aus diesen wiederum das betreffende Arealtypenspektrum in Abb. 32 erstellt. In vergleichbarer Hanglage wurde ebenfalls ein Dauerquadrat beobachtet, dessen Entwicklung in Abb. 20 dargestellt ist.

Vier Käfer-Zeitfänge in den steinigen Halfagesellschaften sind Grundlage eines Arealtypenspektrums, welches in Abb. 45 skizziert ist (Beilagenheft, Nr. 27).

Perimeter 14: Dmia (Abb. 14)

Ausschnitt aus dem Wasserscheidenbereich der Rumpfflächen im Westen der Hochplateaus mit den hier charakteristischen flach eingesenkten, abflußlosen Hohlformen.

Der Perimeter liegt rund 28 km nördlich Hassi el Ahmar und 6 km nordöstlich des Guelb Zerga (3° 10′ w. L., 33° 22′ n. Br.). Auch hier gelten weitgehend die Klimawerte von Midelt (Abb. 2 und 3). Hervorzuheben ist die völlig ungeschützte Lage gegenüber Winden aus allen Richtungen und eine etwas größere Trockenheit.

In die fast ebenen ca. 1 400 m hochgelegenen verkrusteten Flächen des Altquartärs sind eine Reihe meist rundlicher, wenige 100 m Durchmesser erreichende Depressionen um nur 3 bis 5 m eingetieft. Nur stellenweise markiert eine deutliche Kante diese Eintiefung. Klarer werden die Hohlformen durch den Vegetationswechsel von Halfagesellschaften auf steinigen, flachgründigen Substraten der höher gelegenen Flächen zu den mit Wermut- und Espartograsgesellschaften bedeckten feinsandigen bis tonigen, sehr tiefgründigen Bodensedimenten im Innern hervorgehoben. Durch zahlreiche strahlenförmig angeordnete Rinnen wird den Depressionen bei Niederschlagsereignissen Wasser und Feinmaterial von den Flächen der näheren Umgebung zugeführt. Ersteres bleibt in kolkförmigen Vertiefungen im jeweiligen Beckenzentrum oft für mehrere Tage oder sogar Wochen stehen.

Die Pflanzengesellschaften der Depressionen werden fast ausschließlich stark beweidet. Im Frühjahr und Sommer wurden mehrere Zeltgruppen in Perimeternähe beobachtet. Regenfeldbau wird hier nicht betrieben.

Aus diesem Perimeter stammen die Aufnahmen 12 und 13 der *Artemisia herba-alba-/Lygeum spartum*-Gesellschaften im Innern der kleinen Becken (vgl. auch Arealtypenspektrum Abb. 33). Zwei Dauerquadrate wurden hier beobachtet, das erste (D_1, Abb. 24) in einer *Lygeum spartum*-Gesellschaft, das zweite (D_2, Abb. 22) in einer *Artemisia herba-alba*-Gesellschaft.

Die Gruppenspektren der bodenlebenden Arthropoden in Abb. 42 (Beilagenheft, Nr. 23) basieren auf Fängen in je 5 Fallen im März/April und April/Mai 1974. Im Beckeninnern wurden sieben Mal Käfer-Zeitfänge durchgeführt (vgl. Arealtypenspektrum Abb. 46, im Beilagenheft, Nr. 28).

Perimeter 15: Chaif Oulad Raho (Abb. 15, Bild 3)

Ausschnitt aus den jurassischen Schichtstufen- und Bruchschollenlandschaften in den am stärksten reliefierten Bereichen des engeren Ag, im Süden mit Halfagesellschaften und Retama-Nebkets an den größeren Oueds.

Der Perimeter liegt 15 km südwestlich von Matarka (2° 50' w. L., 33° 11' n. Br.) in einem Raum, der klimatisch etwa durch Mittelwerte der Stationen Midelt und Bou Arfa (Abb. 2) gekennzeichnet werden kann. Dabei sind hier die Windeinwirkungen außergewöhnlich gering. In diesem Perimeter konnten mehrere Temperaturmeßreihen an Strahlungstagen durchgeführt werden, deren Ergebnisse die Abb. 25—30 (Beilagenheft, Nr. 3—8) zeigen. Im Südosten des Perimeters sind die Jurakalke an einer Bruchlinie auf über 1600 m ü. NN herausgehoben. Stark nach Südosten gekippte Schollen bilden eine Reihe von übereinander angeordneten Stufen und Hangleisten, die mehr oder weniger deutlich aus der schuttbedeckten, nach Nordwesten gerichteten Abdachung herausragen. Das unterste Stockwerk wie auch die niedrigeren Kämme im Norden des Perimeters werden aus Kreidekalken aufgebaut. Größere, bis zu 3 m eingetiefte und stellenweise 10 m breite Oueds mit häufig verkrusteter Schottersohle fließen subsequent in einer Höhenlage von etwa 1325 m zu den Kämmen und Stufen bzw. durchbrechen den nördlichen Schichtkamm in einem engen, von schmalen Terrassen begleiteten Tal. Die Oueds werden beiderseits von sandigen Aufschüttungen (Nebkets) gesäumt, die den älteren Terrassenflächen oder auch den rezenten Spülflächen aufsitzen. Der übrige Raum wird ebenfalls von verkrusteten altquartären Flächen eingenommen, die mit einem merklichen Gefällsknick an die höheren Kämme grenzen. Abgesehen von den feinsandigen Substraten der Nebkets und dem überwiegend lehmigen, stark verdichteten Material der Spülflächen herrschen flachgründige, steinige bis schuttreiche Bodenbildungen vor. Bild 3 zeigt eine Gesamtansicht des südlichen Perimeterteils von Nordwesten.

Mit Ausnahme der näheren Umgebung des nördlichen Oueds wird der gesamte brunnenferne Perimeter unterdurchschnittlich beweidet. Es gibt hier weder Zeltplätze noch ackerbaulich genutzte Parzellen.

In diesem Perimeter wurden pflanzensoziologische Aufnahmen in den Nebkets mit *Retama sphaerocarpa* (Aufnahmen 4, 5, 6) sowie in *Stipa tenacissima*-Gesellschaften auf steinigen Substraten durchgeführt (Bild 7). Sie sind Grundlage der Arealtypenspektren in den Abb. 32 und 34 (Beilagenheft, Nr. 11 und 13).

Fünf Käfer-Zeitfänge im Halfamilieu sind Basis für das Arealtypenspektrum in Abb. 45. Jeweils fünf Fallen von Februar bis Mai 1974 in den Halfagesellschaften boten Material für 4 Gruppenspektren der bodenlebenden Arthropoden in Abb. 40. Desgleichen beruhen die entsprechenden Gruppenspektren aus den Retama-Nebkets in Abb. 42 auf Fallenfängen im April/Mai 1974.

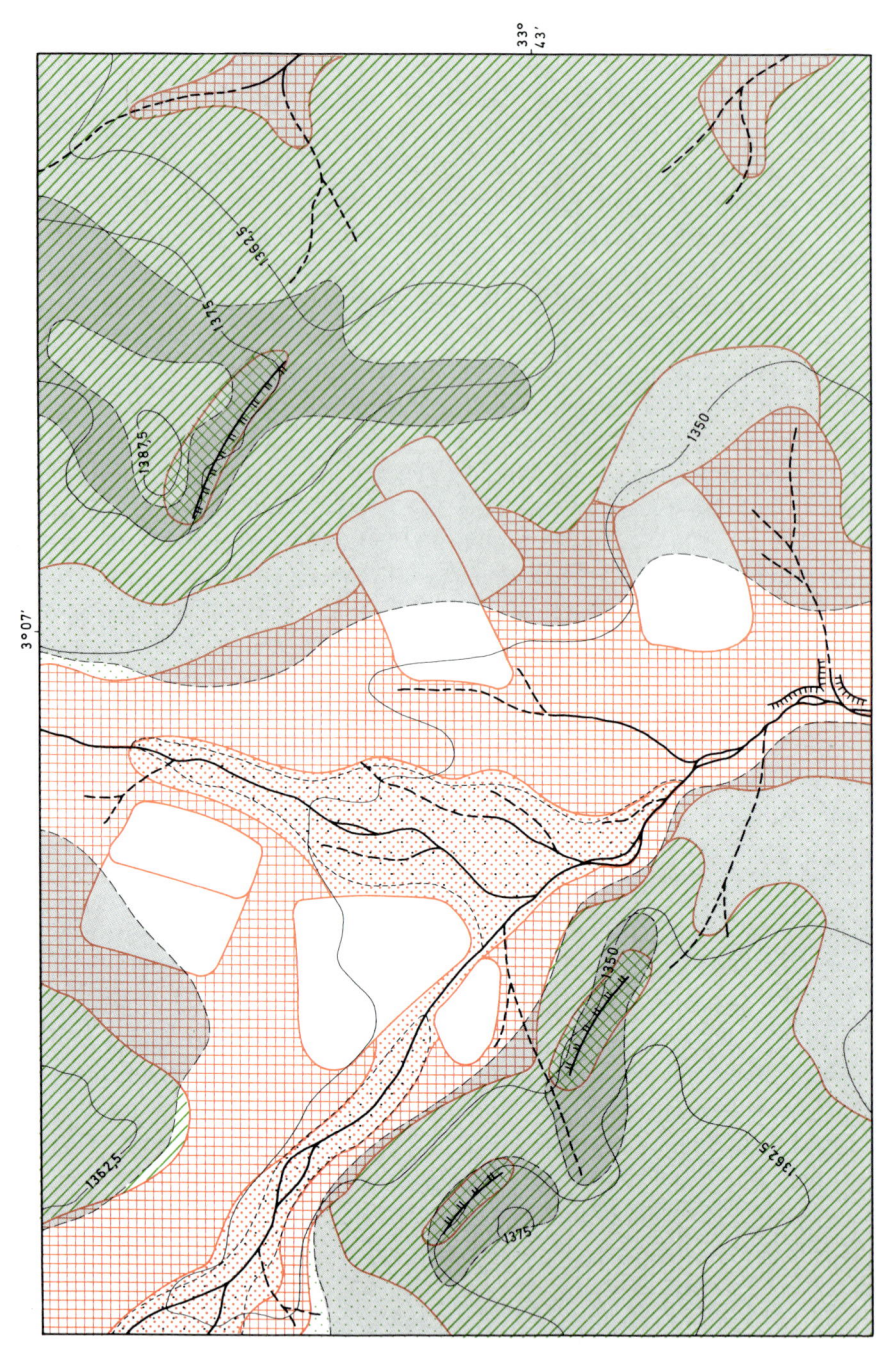

Abb. 7. Perimeter 1: Jebel el Gaada
Legende hinter Seite 128

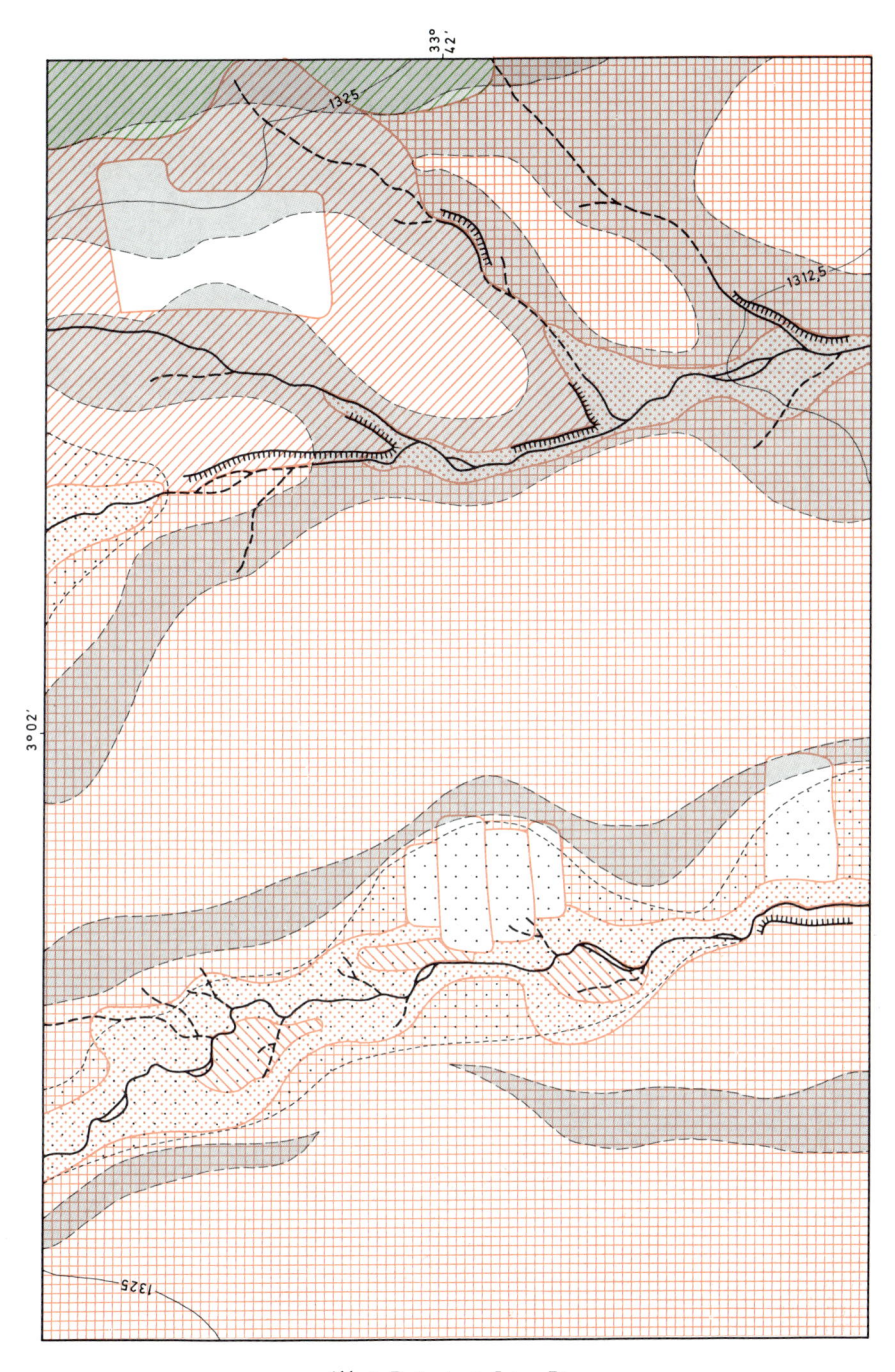

Abb. 8. Perimeter 2: Iniene Rtem
Legende hinter Seite 128

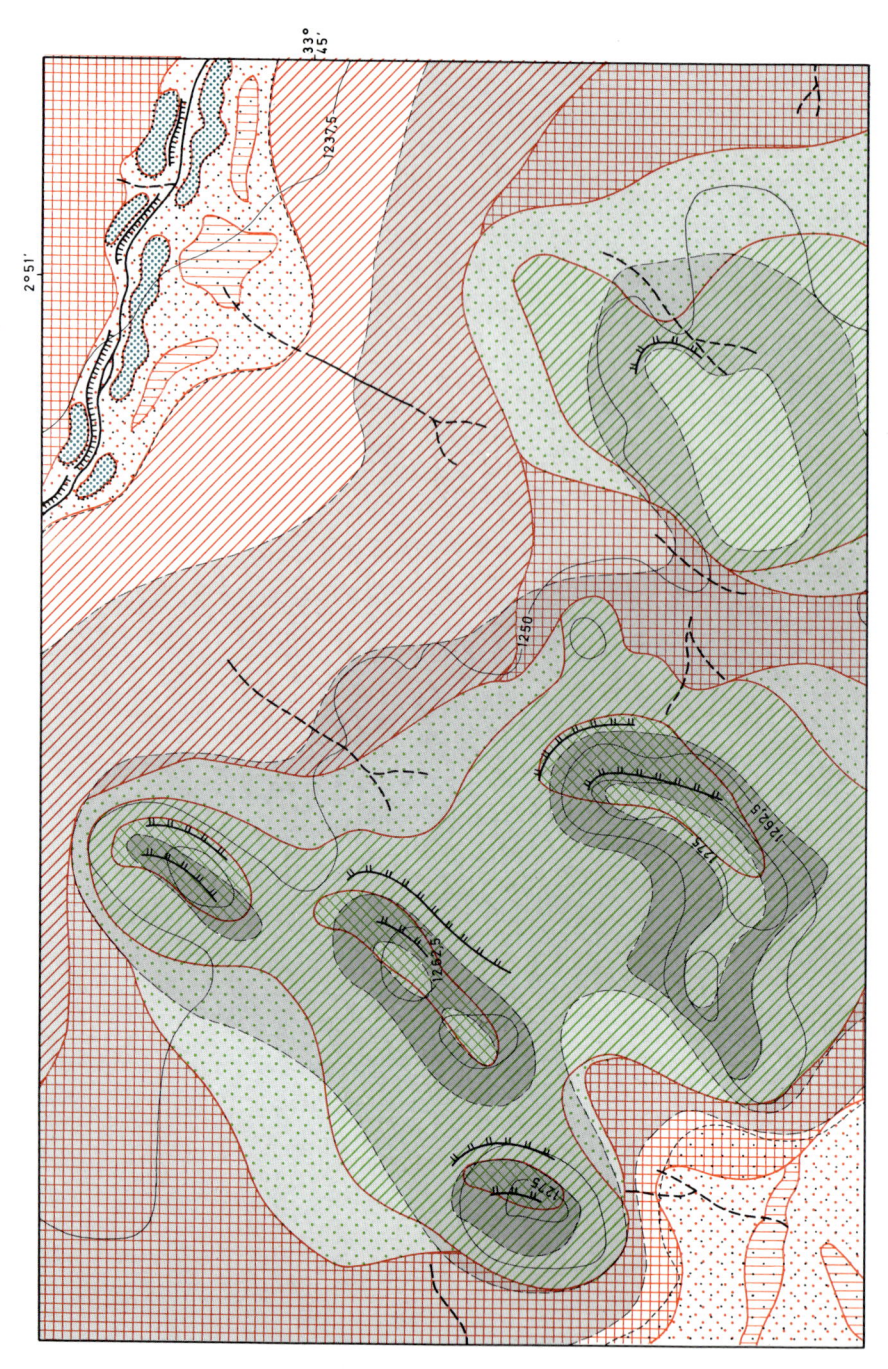

Abb. 9. Perimeter 5: Oued Nosli
Legende hinter Seite 128

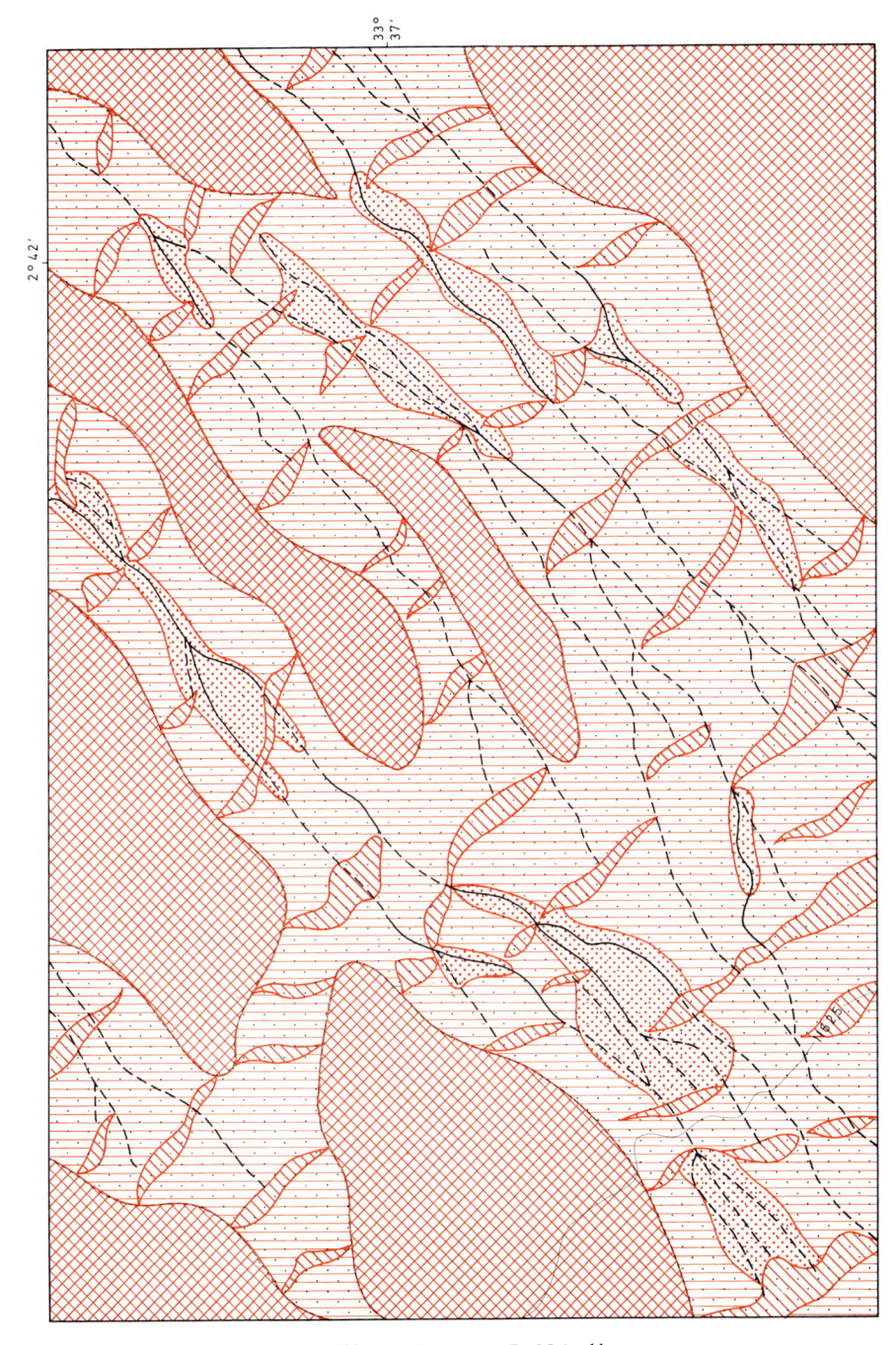

Abb. 10. Perimeter 7: En Nefouikha
Legende hinter Seite 128

Abb. 11. Perimeter 11: Chebka Tisraine
Legende hinter Seite 128

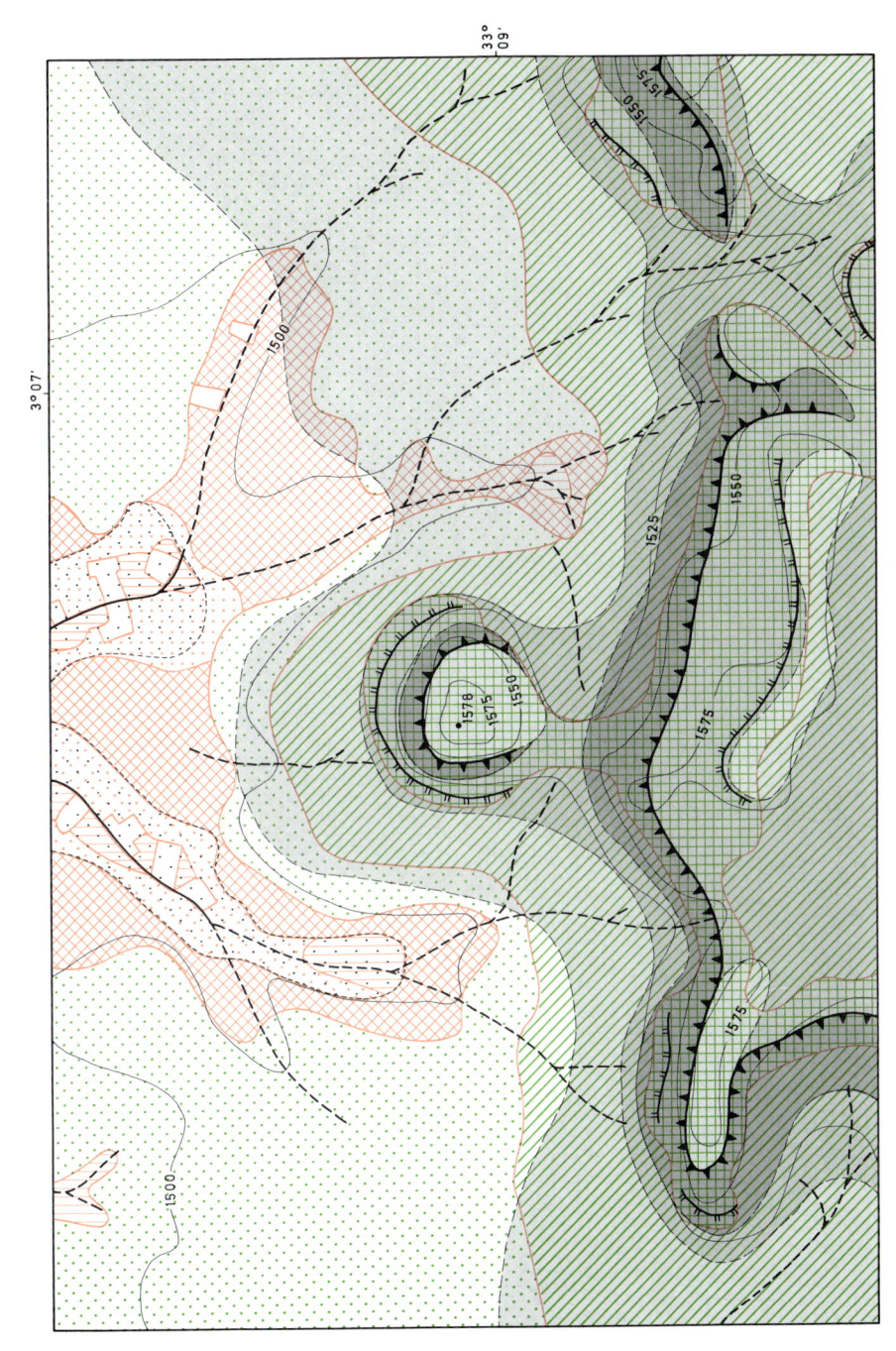

Abb. 12. Perimeter 12: Garet Dik
Legende hinter Seite 128

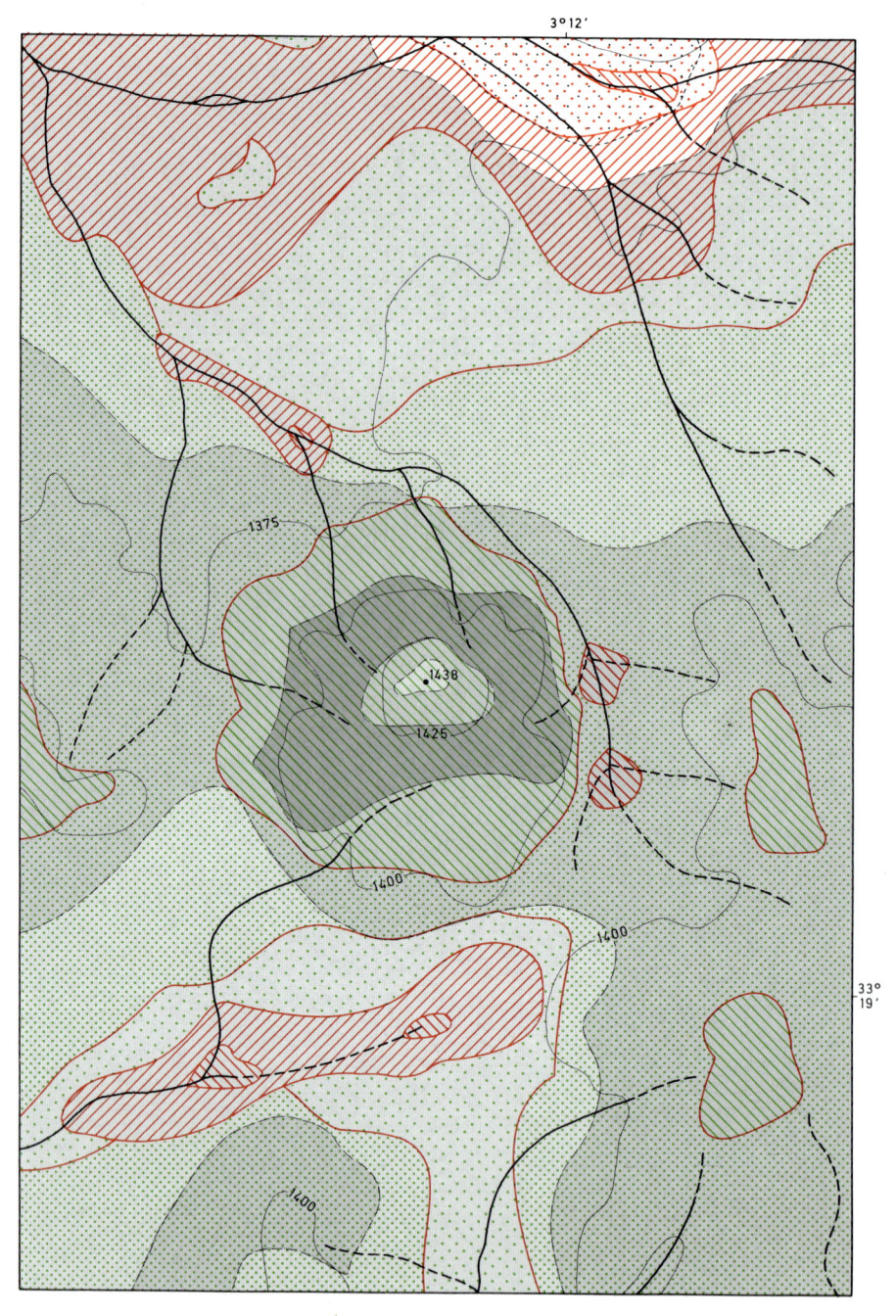

Abb. 13. Perimeter 13: Guelb Zerga
Legende hinter Seite 128

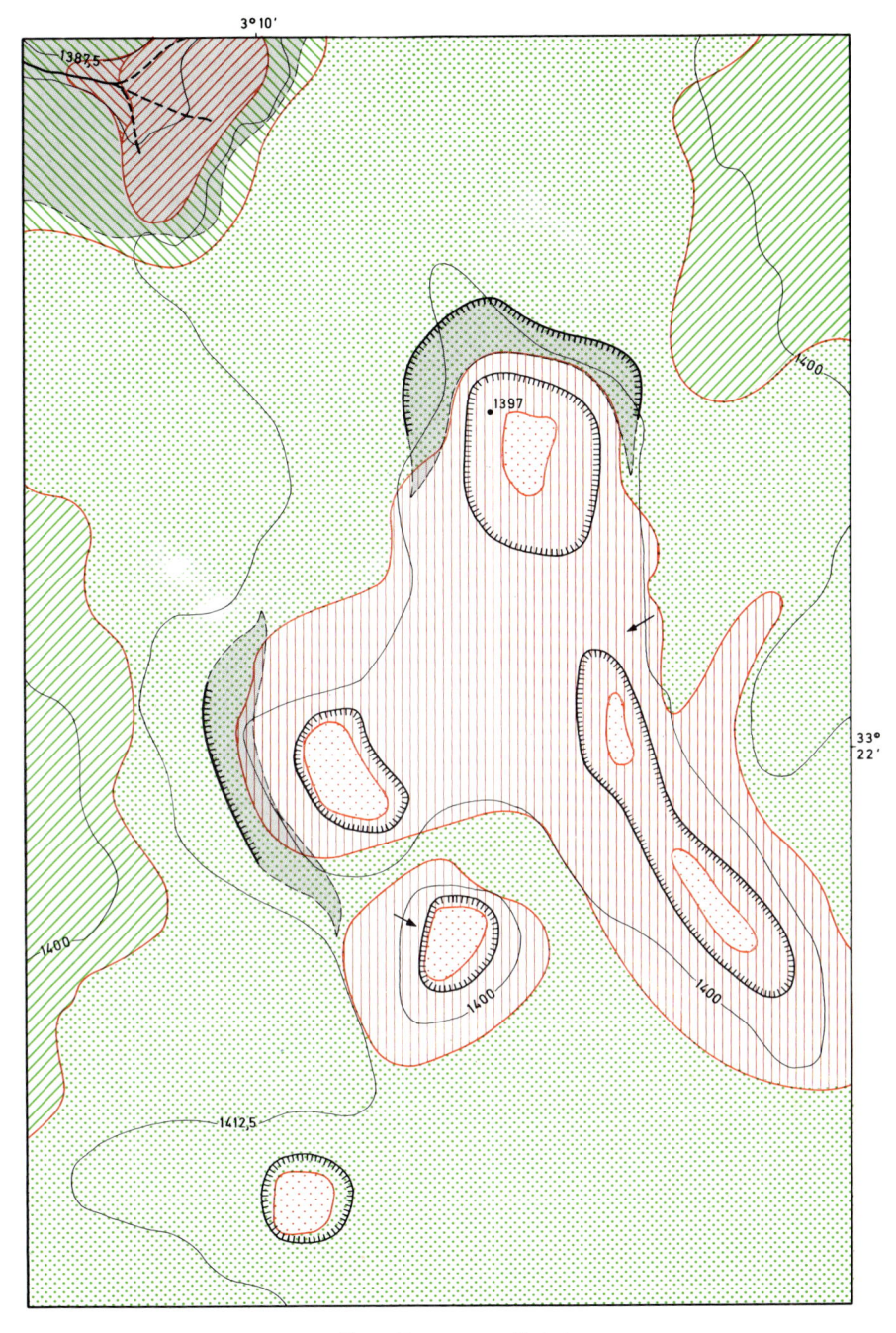

Abb. 14. Perimeter 14: Dmia
Legende hinter Seite 128

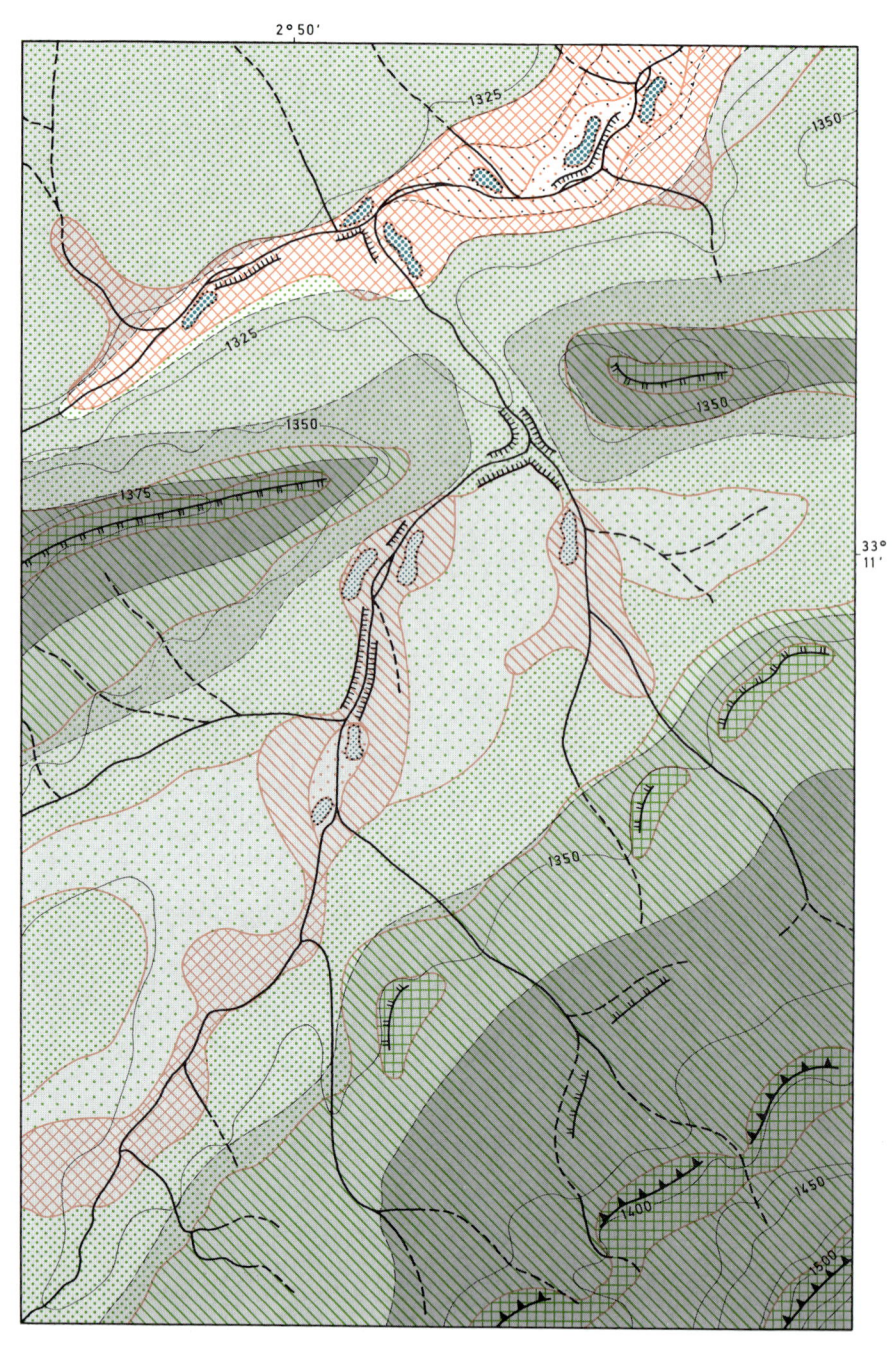

Abb. 15. Perimeter 15: Chaif Oulad Raho
Legende hinter Seite 128

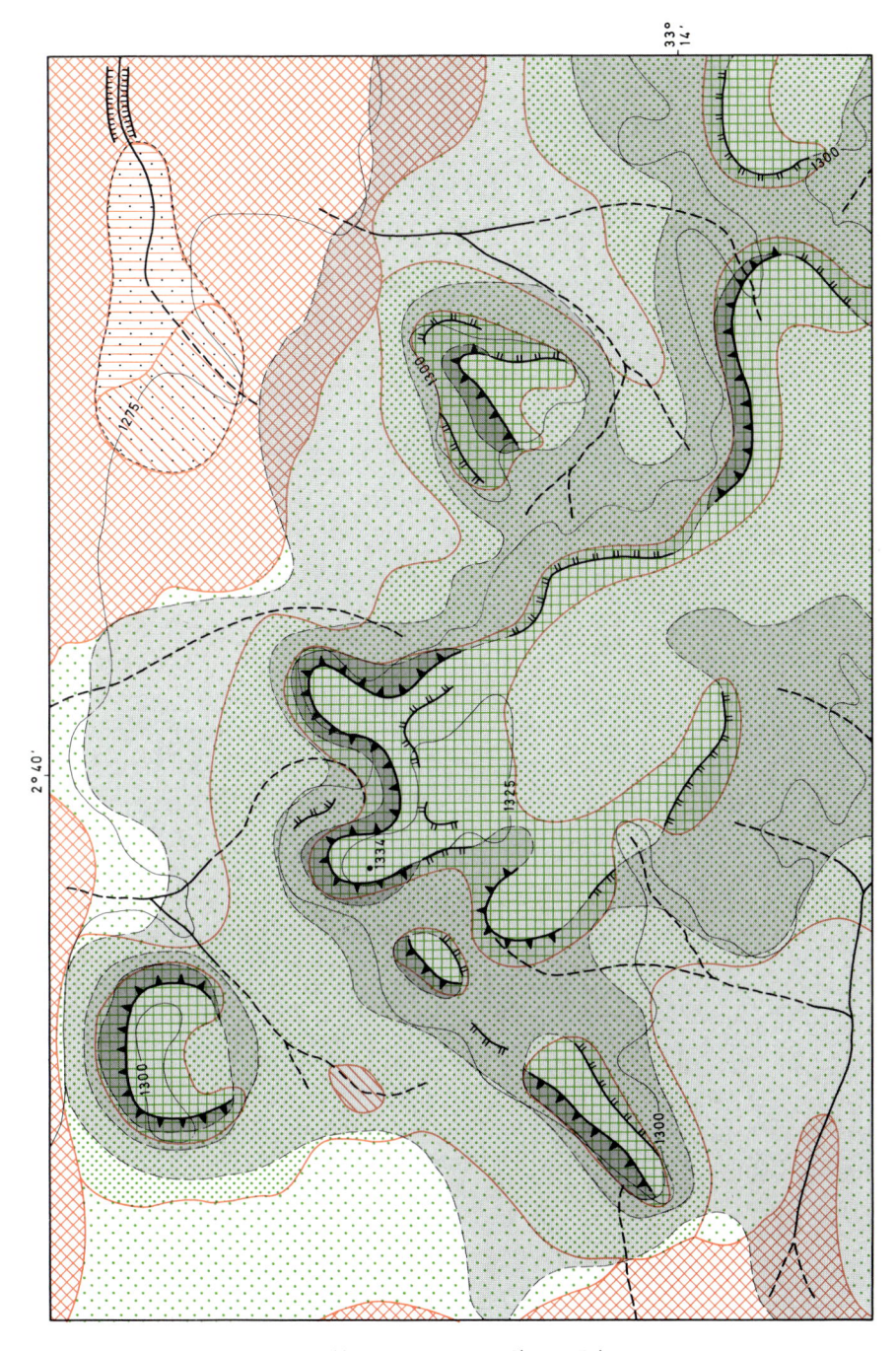

Abb. 16. Perimeter 16: Chaif er Rih
Legende hinter Seite 128

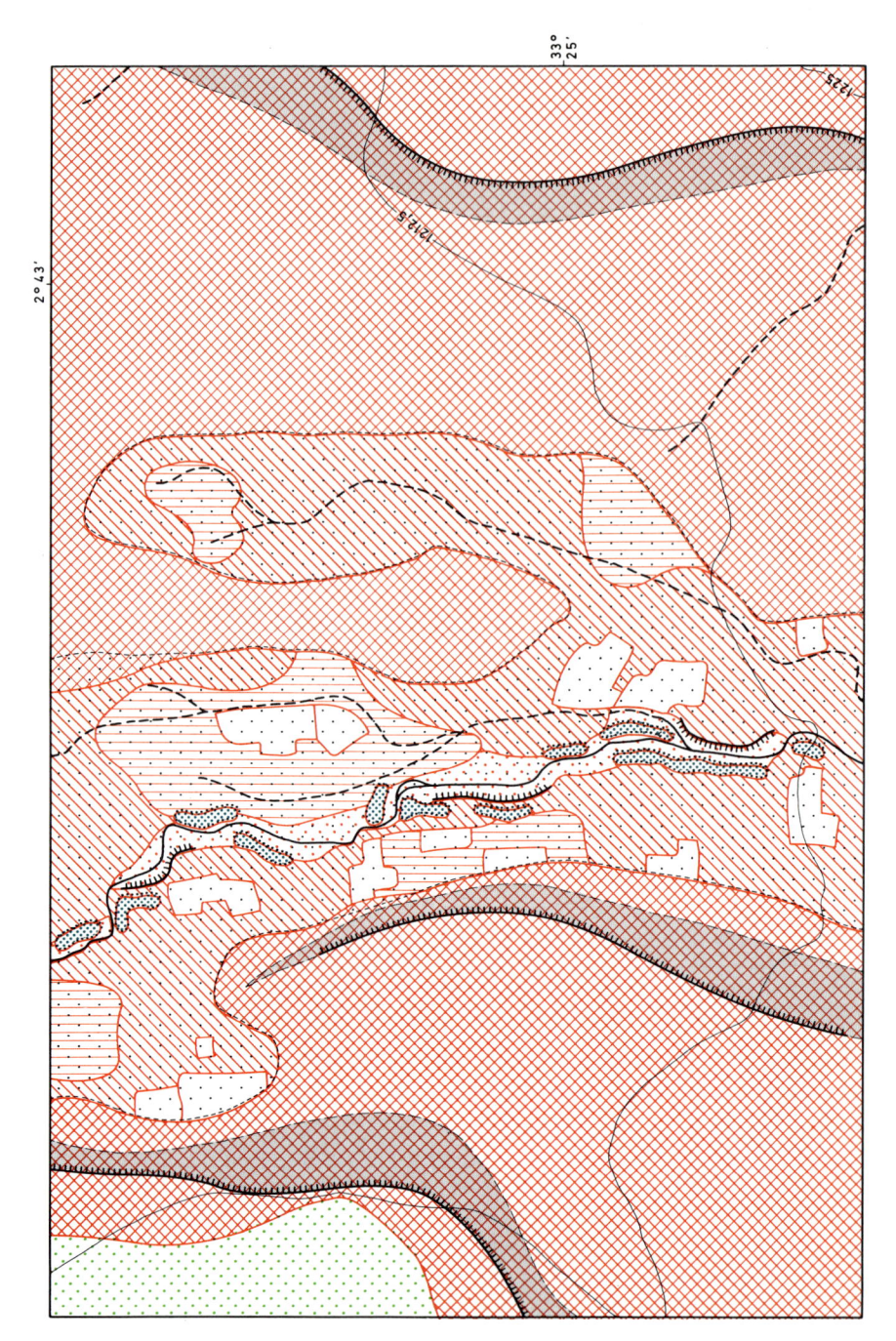

Abb. 17. Perimeter 17: Guelb Mbarek
Legende hinter Seite 128

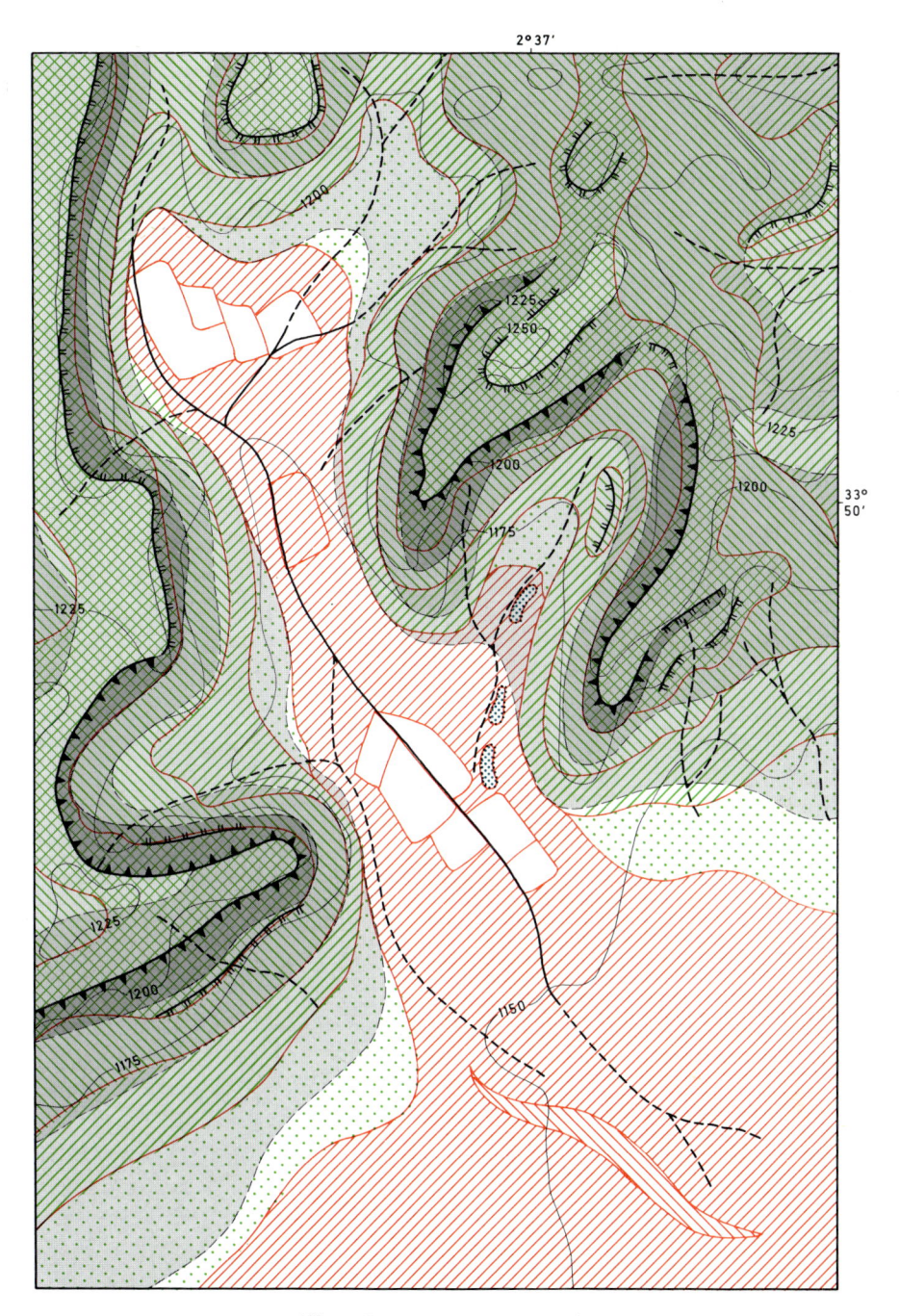

Abb. 18. Perimeter 18: Teniet Kenadsa
Legende hinter Seite 128

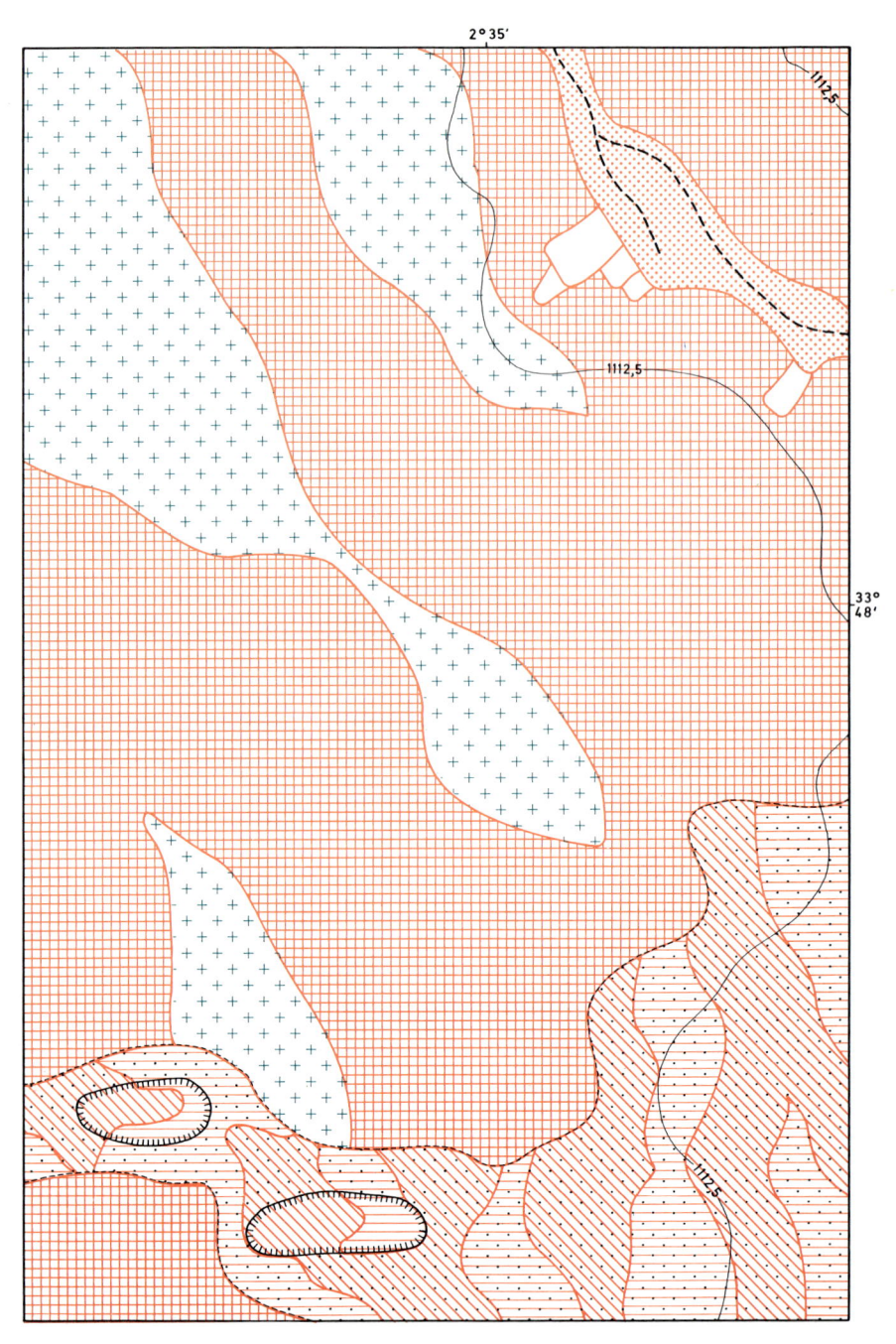

Abb. 19. Perimeter 19: Chebka Remlia
Legende hinter Seite 128

Perimeter 16: Chaif er Rih (Abb. 16)

Ausschnitt aus den die östlichen Ebenen der ostmarokkanischen Hochplateaus überragenden Schichtkammlandschaften mit ihren Vorlandebenen im Südosten des engeren Ag mit relativ lückigen Halfagras- und Zwergstrauchgesellschaften.

Der Perimeter liegt ca. 5 km südöstlich Matarka (2° 40' w. L., 33° 14' n. Br.). Dieser sehr sommerheiße Bereich erhält im Jahresmittel nur wenig über 200 mm Niederschlag. Das Klimadiagramm von Bou Arfa (Abb. 2) dürfte auch für diesen Raum gültig sein.

Im Süden des Perimeters erreicht die stark zerlappte Kreidekalkstufe (Cenoman/Turon) Höhen um 1330 m ü. NN und liegt damit 50 bis 60 m über dem wenig eingetieften Vorfluter im Stufenvorland. Ein Zeugenberg im Nordwesten unterstreicht die Zerschneidung der Stufen, die durch mehrfach herauspräparierte Hangleisten gegliedert werden. Auch größere schutterfüllte Talkerben der Hänge verlieren sich wieder auf den verkrusteten Fußflächen. Große Kalksteinblöcke auf den schuttübersäten Stufenhängen und am Stufenfuß zeugen von rezenter Stufenrückverlagerung. Der gesamte Reliefformenschatz entspricht den schon für Perimeter 12 geschilderten Verhältnissen. Auch hier findet sich die gleiche catenaartige Anordnung im edaphischen Bereich vom rein felsigen Milieu der Stufenkante über stark steinige Bildungen am Stufenhang und sandig-steiniges Material auf den Vorlandebenen bis zu lehmig-sandigen Substraten im Spülbereich der größeren Oueds.

Trotz der Nähe zum Brunnenort Matarka wird der gesamte Perimeter bis auf die Spülflächen unterdurchschnittlich beweidet. Spuren von Zeltplätzen wurden gefunden, bour-Flächen fehlen ganz.

Aus dem felsigen Milieu der Stufenkante stammen die Aufnahmen 5, 6 und 7, vom Hangfuß die Aufnahmen 28 und 29 der *Stipa tenacissima*-Gesellschaften. Der Arealtyp ist in Abb. 32 dargestellt. An der Stufenkante wurde ein Dauerquadrat beobachtet, einzelne Aufnahmen davon sind in Abb. 20 skizziert.

Die Fangergebnisse der bodenlebenden Arthropodenfauna in fünf Fallen in den Halfagesellschaften der Vorlandebenen (April 1974) sind in einem Gruppenspektrum in Abb. 43 dargestellt. Dort wurden auch sieben Mal Käfer-Zeitfänge für das Arealtypenspektrum in Abb. 45 durchgeführt (Beilagenheft, Nr. 24 und 27).

Perimeter 17: Guelb Mbarek (Abb. 17, Bild 9)

Ausschnitt aus den östlichen Ebenen der ostmarokkanischen Hochplateaus, stellvertretend für den Lauf und die Umgebung eines der größeren Oueds in diesem Raum mit Nebket- und Zwergstrauch-Gesellschaften.

Der Perimeter liegt ca. 18 km nördlich von Matarka (2° 43' w. L., 33° 25' n. Br.) im sommerheißen und -trockenen, Winden gegenüber völlig ungeschützten Bereich der östlichen Ebenen (Klimadiagramme von Bou Arfa und Berguent, Abb. 2).

Der wenig reliefierte, sich sanft nach Norden abdachende Perimeterbereich liegt ca. 1 210 m hoch. Der zentral von Süden nach Norden führende Hauptoued (Oued Sidi Ali) besitzt ein bis zu 2 m in sandig-lehmige, geschichtete Alluvionen eingetieftes Bett wechselnder Breite, welches sich nach Norden mit abnehmendem Gefälle häufig in mehrere Zweige aufspaltet, die sich nicht immer wieder treffen, sondern von denen die kleineren auf den hier sehr breiten Spülflächen blind enden. Die zwischen 3 und 8 m breiten Ouedsohlen sind im Vergleich zu denen der höher gelegenen Rumpfflächen- und Schichtstufenlandschaften schotterarm. Auf den den Hauptoued beiderseits begleitenden feinsandigen Aufschüttungen (Nebkets) sind *Retama sphaerocarpa*-Gesellschaften verbreitet, welche sowohl die Ufer befestigen als auch vom Wind transportiertes Feinmaterial auffangen und anhäufen (vgl. Bild 9). Diese „Uferwälle" sitzen auf den breiten rezenten Spülflächen aus sehr feinkörnigen Bodensedimenten. Die Spülflächen selbst sind um wenige Meter in ältere, meist oberflächlich verkrustete Terrassen eingesenkt, die in wechselnder Entfernung vom Flußbett oft durch eine deutliche Kante markiert werden. Allerdings wird offenbar nur bei größeren Niederschlagsereignissen der gesamte Bereich zwischen den Terrassenkanten überspült.

Der Perimeter wird — wie grundsätzlich die Umgebung aller größeren Oueds — überdurchschnittlich stark anthropogen beansprucht. Das gilt sowohl für die Beweidung als auch für den Regenfeldbau. Mehrere Parzellen wurden nach herbstlichen Überflutungen im Spülflächenbereich bestellt. Im Beobachtungszeitraum wechselten häufiger Zeltgruppen auf den etwas höher gelegenen Terrassenflächen. Zwergsträucher und die Rutensträucher der Nebkets werden als Brennmaterial gesammelt.

In dem Perimeter wurden die pflanzensoziologischen Aufnahmen 2 und 3 der *Retama sphaerocarpa*-Gesellschaften sowie die Aufnahme 9 in einer stark degradierten zwergstrauchreichen *Artemisia herba-alba*-Gesellschaft aufgenommen. Auf diesen Aufnahmen beruhen die entsprechenden Arealtypenspektren in Abb. 33 bzw. 34 (Beilagenheft, Nr. 12 und 13).

Sechs Mal wurden im Spülflächenbereich Käfer-Zeitfänge durchgeführt. Sie sind Grundlage des in Abb. 46 (Beilagenheft, Nr. 28) dargestellten Arealtypenspektrums.

Perimeter 18: Teniet Kenadsa (Abb. 18)

Ausschnitt aus den Schicht- und Bruchstufenlandschaften im Nordosten des Ag mit halfabedeckten Kuppen und Rücken und überwiegend im Regenfeldbau genutzten Becken und Muldenlagen.

Der Perimeter liegt 38 km östlich el Ateuf und nördlich der Hauptpiste nach Berguent (2° 37′ w. L., 33° 50′ n. Br.) im winterkalten Norden der ostmarokkanischen Hochplateaus, für den bei merklich höheren Niederschlagsjahressummen um 300 mm hier die Klimawerte von Berguent (vgl. Abb. 2) gültig sind. Die tiefer eingesenkten Talmulden sind relativ windgeschützt.

Eine stark zerriedelte und in einzelne Kuppen aufgelöste, durch Bruchlinien vorgezeichnete Stufe mit schuttbedeckten oberen Hanglagen umrahmt den zentralen und südlichen Teil des Perimeters. Drusige, grobgebankte Liaskalke grenzen hier an von rezenten Schutt- und Schwemmfächern örtlich überdeckte altquartäre Flächen in rund 1 150 m ü. NN, die den gesamten östlichen Bereich des engeren Ag kennzeichnen. Sie werden von den mit Halfagras bedeckten Kuppen, Rücken und kleinen Plateaus um bis zu 100 m überragt. Die die Abhänge gliedernden, schutterfüllten Kerben und Abflußrinnen sammeln sich in einer größeren, aber kaum eingetieften Rinne, die sich noch innerhalb des Perimeters auf einem sehr flachen Schwemmfächer verliert. In der zentralen Ebene sind neben einer dieser Abflußrinnen Nebkets mit *Ziziphus lotus* erhalten.

Die Halfagrasgesellschaften werden nur mäßig beweidet. Die zwergstrauchreichen Pflanzengesellschaften in den Mulden und auf den niedrigen Terrassen sind jedoch fast vollständig durch Regenfeldbaukulturen ersetzt (Hirse, Weizen). Während der Saat- und Erntezeiten lassen sich einige Familien vorübergehend mit ihren Zelten hier nieder.

Aus diesem Perimeter stammen die pflanzensoziologischen Aufnahmen 1, 2, 3, 12, 13 und 19 aus felsigen, steinigen und sandigen Standorten der *Stipa tenacissima*-Gesellschaften, deren Arealtypenspektrum in Abb. 32 (Beilagenheft, Nr. 11) dargestellt ist.

Sechsmal wurden Käfer-Zeitfänge durchgeführt, das entsprechende Arealtypenspektrum wurde in Abb. 45 skizziert.

Perimeter 19: Chebka Remlia (Abb. 19)

Ausschnitt aus den fast völlig ebenen Bereichen im Nordosten der ostmarokkanischen Hochplateaus mit zwergstrauchreichen Pflanzengesellschaften auf höheren Terrassen und Schwemmfächern sowie rezenten Spülflächen und in kleinen Depressionen.

Der Perimeter liegt 42 km östlich von el Ateuf und südlich der Hauptpiste nach Berguent (2° 35′ w. L., 33° 48′ n. Br.). Mit Ausnahme der hier etwas höheren jährlichen Niederschlagssummen um 300 mm dürften die Klimawerte von Berguent (vgl. Abb. 2) gültig sein. Allerdings ist auch dieser Perimeter ungeschützt allen Windeinwirkungen ausgesetzt.

In dem fast ebenen, etwa 1120 m ü. NN liegenden und sich mit einem Gefälle von weniger als 5 ‰ nach Südosten zum Oued Betoum abdachenden Perimeterbereich beruhen — ähnlich wie schon für den Perimeter 7 beschrieben — deutlich voneinander zu unterscheidende Pflanzengesellschaften auf erheblichen Unterschieden der Substratzusammensetzung. Diese wiederum sind mit geringen, nur wenige Dezimeter betragenden Reliefunterschieden zu erklären. Auf den höchstgelegenen, sandig-steinigen und stellenweise mit kleinen kristallinen Kieseln (sie wurden aus dem nördlich gelegenen Mekkam herantransportiert) bedeckten Terrassenflächen und Schwemmfächern sind hier überwiegend zwergstrauchreiche *Anabasis aphylla*-Gesellschaften ausgebildet. Auf den rezenten, lehmig-sandigen Spülflächen und in den kleinen Depressionen, die als episodisch gefüllte „Endseen" blind endender Abflußrinnen angesehen werden können, wachsen *Artemisia herba-alba*-Gesellschaften mit kleinräumig stark wechselndem Deckungsgrad.

Der relativ pistennahe Perimeter wird überdurchschnittlich stark beweidet. Im Überschwemmungsbereich der bedeutenderen Oueds liegen vereinzelt ackerbaulich genutzte Parzellen. Die nächsten Zeltgruppen befinden sich aber erst an den Brunnenstellen des südlich gelegenen Oued Betoum.

In diesem Perimeter wurden die pflanzensoziologischen Aufnahmen 16, 17 und 18 der *Artemisia herba-alba*-Gesellschaften sowie 1 und 2 der *Anabasis aphylla*-Gesellschaften aufgenommen. Das Arealtypenspektrum ersterer ist in Abb. 33 abgebildet. In beiden Gesellschaften wurden Dauerquadrate beobachtet, deren wichtigste Entwicklungsstadien in Abb. 23 skizziert wurden (vgl. hierzu auch die Bilder 11 und 12).

Auf Fängen in 5 Fallen im April/Mai 1974 beruht das Gruppenspektrum der bodenlebenden Arthropodenfauna in Abb. 41. Insgesamt wurden in *Artemisia herba-alba*-Gesellschaften fünf Mal Käfer-Zeitfänge unternommen. Das aus diesen gewonnene Arealtypenspektrum ist in Abb. 45 (Beilagenheft, Nr. 27) enthalten.

II. Ergebnisse der Untersuchungen zur Biogeographie der ostmarokkanischen Hochplateaus

Schon im ersten Teil dieser Arbeit liegen den Kapiteln zur Vegetation, zur Tierwelt und zu den Böden der ostmarokkanischen Hochplateaus eine Reihe von Ergebnissen der biogeographischen Untersuchungen zugrunde. Mit Hilfe der Abb. 31—34 sowie 44—46 wurde eine arealtypologische Kennzeichnung und Gliederung des Ag und seiner Randlandschaften nach floristischen und faunistischen Gesichtspunkten versucht. Lebensformenspektren der wichtigsten Pflanzengesellschaften (Abb. 35—39) halfen ebenfalls schon dort, die Eigenständigkeit des Trockensteppenraumes zwischen den mediterranen Landschaften im Norden und den vollsaharischen im Süden zu unterstreichen. Zu den Ergebnissen der biogeographischen Arbeiten sind die dort mitgeteilten Arten zu nennen, die die vor allem klimatisch zu differenzierenden größeren Teilräume des Ag oder auch die eher edaphisch zu fassenden Ökotope besonders kennzeichnen. Schließlich gehen auch die dort genannten Bodencharakteristika auf diese Untersuchungen zurück.

Diese Themen werden hier nicht erneut aufgegriffen, zumal die graphischen Darstellungen in allen Fällen für sich sprechen. Vielmehr werden im folgenden die pflanzen- und tiersoziologischen Ergebnisse näher diskutiert. Die drei wichtigsten, mehrfach genannten Pflanzengesellschaften (Halfa-, Wermut- und Retama-Ges.) werden mit ihren standörtlichen und regionalen Varianten den ermittelten Variablen aus anderen Bereichen, insbesondere den edaphischen, gegenüberzustellen sein. Darüber hinaus ergeben sich Ansätze zur Klärung biozönotischer Verknüpfungen. Die Erläuterungen werden für die wichtigsten Ökotop-Typen der ostmarokkanischen Hochplateaus gegeben, deren Ausgliederung wesentlich nach pflanzensoziologischen und edaphischen Kriterien erfolgte. Sie können somit auch als Erläuterungen des Überblicksprofils der „Ökotop-Typen der ostmarokkanischen Hochplateaus" (Tafelbeilage 4) aufgefaßt werden, in welchem graphisch und tabellarisch die ermittelten Werte festgehalten wurden. Es ist aber zu betonen, daß in diesem Profil keineswegs die Darstellung eines Ökosystem-Modells auf struktureller Basis versucht wird. Hierfür reicht gegenwärtig das Material noch bei weitem nicht aus.

Neben diesen im weiteren Sinn ökologischen Aspekten sollen aber auch noch andere Fragen behandelt werden, z. B. solche der jahreszeitlichen Dynamik der Vegetationsentwicklung und der pflanzlichen Produktion, der gegenwärtigen Belastung durch den Menschen und die weidenden Tiere wie auch solche der potentiellen Nutzungsmöglichkeiten. Damit werden schließlich wieder Fragen erreicht, die im ersten Teil der Arbeit bei der Behandlung der Bevölkerung und ihrer wirtschaftlichen Probleme bereits aufgeworfen worden sind.

A. Die Verbreitung der Pflanzengesellschaften und ihrer regionalen und standörtlichen Varianten auf den ostmarokkanischen Hochplateaus

Die Ausgliederung von Vegetationseinheiten ist im wesentlichen eine Frage der Zweckmäßigkeit. Es wurde schon darauf hingewiesen, daß die „Pflanzengesellschaften" in dieser Untersuchung zwar aufgrund pflanzensoziologischer Aufnahmen unterschieden worden sind, daß aber eine gesicherte Einordnung in die pflanzensoziologische Systematik zum gegenwärtigen Zeitpunkt noch nicht möglich ist. Zwar sind die ausgegliederten Pflanzengesellschaften in ihrer floristischen Zusammensetzung Ergebnis der Tabellenarbeit (vgl. Tafelbeilage 2), bei ihrer Bezeichnung standen jedoch physiognomische und ökologische Gesichtspunkte im Vordergrund.

Die hier als „Pflanzengesellschaften" bezeichneten Einheiten sind also in Abhängigkeit von den wichtigsten Standortbedingungen immer wieder auftretende Kombinationen von Pflanzenarten, in denen eine namengebende Art dominiert und in denen besonders charakteristische Begleiter eine nähere Bezeichnung, gegebenenfalls auch eine Untergliederung in Varianten, erlauben. Diese Definition entspricht somit sinngemäß etwa einer solchen von ELLENBERG (1956, S. 9) für den neutraleren Begriff der „Pflanzengemeinschaften".

Es bedarf wohl keiner weiteren Begründung, wenn hier und im folgenden unterstellt wird, daß die Pflanzengesellschaften besonders gut das Ergebnis des Zusammenspiels aller Standortfaktoren oder Variablen widerspiegeln. Ein deutlicher Wechsel in der Zusammensetzung von Pflanzengesellschaften ist stets auf Änderungen in diesem Zusammenwirken der Standortfaktoren zurückzuführen; diese wiederum sind ursächlich mit qualitativen oder quantitativen Veränderungen einer oder mehrerer Variablen verbunden, wobei diese Veränderungen auch gemeinsam wirksam werden können.

Dem biologischen Begriff des einheitlichen Standorts entspricht der räumliche Begriff der kleinsten homogenen Fläche. Bezogen auf die Lebensgemeinschaften sprechen wir dabei vom „Biotop". Betonen wir aber das Zusammenspiel aller Variablen, beziehen also auch alle anthropogenen Einwirkungen mit ein, so sprechen wir mit TROLL (1945) vom „Ökotop". Veränderungen der Standortbedingungen bedeuten in räumlicher Sicht einen Wechsel von Ökotopen. Der regelhafte Wechsel bestimmter Ökotope wird immer dann, wenn sich das daraus ergebende räumliche Muster als besonders charakteristisch und als sich wiederholend erweist, als Ökotopgefüge bezeichnet.

Wir können im folgenden kein lückenloses Bild aller im engeren Ag auftretenden und auf der genannten vegetationskundlichen Grundlage basierenden Ökotope und Ökotopgefüge zeichnen. Wohl aber scheint es möglich, die besonders wichtigen — weil den weitaus größten Raum innerhalb des Ag einnehmenden — Ökotope und die aus ihnen zusammengesetzten Gefüge zu beschreiben. Diese werden deshalb als Typen bezeichnet und anschließend skizziert. Dabei dient das Überblicksprofil der „Ökotop-Typen der ostmarokkanischen Hochplateaus", in welchem die wichtigsten Daten zusammengestellt worden sind, als Grundlage. Es muß wohl kaum betont werden, daß die im folgenden für die Ökotopgefüge der Rumpfflächen im Westen, der Hochebenen im Osten und der Schichtstufen im Süden des Ag vorgestellten Ökotope nicht streng auf eines dieser Ökotopgefüge beschränkt sein müssen.

1. Die Pflanzengesellschaften der Rumpfflächen im Westen der ostmarokkanischen Hochplateaus

Der weitaus größte Bereich der Kalk- und Dolomitrumpfflächen im flachwelligen bis kuppigen westlichen Bereich des Ag wird von *Stipa tenacissima*-Gesellschaften eingenommen. Am dichtesten und üppigsten sind diese Gesellschaften in Räumen ausgebildet, in denen jährliche Niederschlagsmengen zwischen 300 und 400 mm erwartet werden können. Bei höheren Niederschlagsbeträgen in Höhenlagen über 1 400 m im Norden und über 1 500 m im Süden deutet verstärktes Auftreten von Arten, wie z. B. *Rosmarinus officinalis*, den Übergang zu mediterranen Gesellschaften an. Im Westen reichen vom mittleren Moulouyabecken vor allem in den Talungen saharisch getönte Gesellschaften mit *Haloxylon scoparium* bis etwa 1 100 m Höhe hinauf. Die relativ gleichförmigen Halfagesellschaften werden nur in den Talmulden, in kleinen Depressionen und auf den zu den östlichen Hochebenen überleitenden, meist verkrusteten Fußflächen von Artenkombinationen abgelöst, in denen *Artemisia herba-alba* und andere Zwergsträucher dominieren.

Wichtigster Ökotop-Typ ist also in diesem Raum die sandig-steinige, zwischen 2 und 7 Grad geneigte Rumpffläche mit einer völlig baum- und strauchfreien, therophytenreichen, relativ dichten Halfagesellschaft, in welche bei flach- bis mittelgründigen, besonders steinigen Substraten (mit einem durchweg 30 % betragenden Grobbodenanteil und unter 40 % Schluff- und Tongehalt) eine Reihe kennzeichnender Zwergsträucher, wie *Thymus ciliatus* und *Sideritis incana*, eingestreut sind. In weniger geneigten und sandigeren Bereichen, meist am Übergang zu den Talmulden, zeigen vor allem *Achilla leptophylla* und *Adonis aestivalis* stärkere anthropogene Beeinflussung an. Hier liegen auch gegenwärtig die meisten im Regenfeldbau genutzten Parzellen (vgl. Abb. 7).

Wie stark sich der Grad der Hangneigung im Zusammenhang mit der selektiven Abtragung und Umlagerung des Feinmaterials auswirkt, zeigt besonders deutlich die Abb. 13, welche den Ökotop-Typ der steinigen Vulkankuppe enthält. In dem bereits oben genannten Hangneigungsbereich ist auch hier dieselbe Variante der Halfagesellschaften ausgebildet. An Hangpartien mit über 7 Grad Neigung und mit Substraten, die sehr flachgründig und außerordentlich steinig sind (über 40 % Grobbodenanteil), treten zusammen mit *Thymus ciliatus* verstärkt *Launea acanthoclada* und *Calendula aegyptiaca* auf. In den sehr flachen Hangpartien am Übergang zu den eingesenkten Becken und Talmulden sind auf sand- und feinsandbestimmten Substraten therophytische Begleiter, wie *Astragalus cruziatus* und *Hippocrepis scabra*, anzutreffen, bei stärkerer Überweidung vor allem *Thymelaea microphylla* und wiederum *Adonis aestivalis*[89].

Die Rumpfflächenökotope und die Ökotope der nur örtlich bedeutsamen steinigen Vulkankuppen werden durch flache Senken und Talmulden voneinander getrennt. Auf den hier zusammengespülten Substraten mit einem oberflächennahen Schluff- und Tongehalt von 70 % und mehr sind *Artemisia herba-alba*-Gesellschaften verbreitet. In unmittelbarer Nachbarschaft der kaum eingetieften Abflußrinnen ist dabei eine Variante ausgebildet, in der andere Zwergsträucher, wie *Atractylis humilis* und *Haplophyllum linifolium*, vorherrschen sowie Arten, wie *Sonchus maritimus*, die vergleichsweise günstige Feuchtigkeitsversorgung anzeigen (vgl. Abb. 8). In größerer

---

[89] Hier und im folgenden ist neben den angegebenen Abbildungen auch die Tafelbeilage 2 mit den pflanzensoziologischen Aufnahmen zur Veranschaulichung heranzuziehen.

Entfernung von diesen Abflußrinnen dominiert dagegen auf in der Regel flachgründigen und oft verkrusteten Substraten mit höherem Grobbodenanteil im Oberboden *Artemisia herba-alba*. Begleitende Arten, wie *Astragalus fontanesii* und *Atractylis serratuloides*, zeugen von sehr starker, *Noaea mucronata*, *Stipa retorta* und gegebenenfalls auch *Pegamum harmala* von starker Überweidung. Die dann auf den wiederum stärker steinigen und sandigen Substraten anschließenden Halfagesellschaften unterliegen im übrigen bei sehr starker Nutzung, z. B. durch übermäßigen Halfaschnitt oder durch Brände, der Konkurrenz durch *Artemisia herba-alba* und dem Wettbewerb der anderen, besondere Belastung anzeigenden Zwergsträucher.

Als letzter, besonders gut in den Rumpfflächen abzugrenzender und das gesamte charakteristische Gefüge ergänzender Ökotop-Typ ist jener der sandig-tonigen Depressionen zu nennen (vgl. Abb. 14). Hier sind zum einen auf sandig-lehmigen Substraten mittlerer Gründigkeit Wermutgesellschaften entwickelt, die denen der Talmulden gleichen und wegen der spürbaren Beweidung ebenfalls zur *Noaea mucronata*-Gruppe gehören. In den Zentren der abflußlosen Hohlformen sind zum anderen auf tiefgründigen, oft stark verdichteten, aber nicht versalzten Bodenbildungen (mit über 80 % Schluff- und Tongehalt) *Lygeum spartum*-Gesellschaften mit relativ feuchtigkeitsbedürftigen Arten, wie *Sisymbrium irio*, *Sonchus maritimus* und *Cossonia africana*, entwickelt. Inmitten der durch das klare Überwiegen der Halfaökotope gekennzeichneten, weidewirtschaftlich weniger interessanten Rumpfflächengebiete sind diese Depressionen besondere Futterreserven und werden deshalb auch ausnahmslos beweidet, stellenweise als Tränken genutzt. Letzteres hat dann offensichtlich ein stärkeres Auftreten von *Hordeum murinum*, vor allem aber von *Pegamum harmala*, zur Folge.

Nach Untersuchungen von SOGETIM (1956) sollen in den randlichen Bereichen dieser Depressionen (dayas) auch *Retama sphaerocarpa* verbreitet gewesen sein. Diese Rutensträucher sind heute aber alle verschwunden; nur in ähnlichen Bildungen im Osten außerhalb des Ag und in Höhenlagen um 1 100 m ü. NN sind randlich noch Holzgewächse erhalten: *Ziziphus lotus* und *Pistacia atlantica*.

2. *Die Pflanzengesellschaften der Hochebenen im Osten der ostmarokkanischen Hochplateaus*

Die wichtigsten Ökotop-Typen der Hochebenen im Osten des engeren Ag werden von Zwergstrauchgesellschaften eingenommen, in denen *Artemisia herba-alba* als leitende Pflanzenart auftritt. Als regionale Varianten müssen Gesellschaften angesehen werden, in denen z. B. im Norden *Anabasis aphylla* vorherrscht oder in denen im vollariden Südosten bei jährlichen Niederschlagsmengen um oder sogar unter 200 mm saharische Arten, wie *Helianthemum lippii* und *Aristida ciliata*, stärker hervortreten. Saharische Chenopodiaceen-Gesellschaften mit *Haloxylon scoparium* und *Atriplex-Arten* treten erst außerhalb des Ag auf.

Es verdient weiterhin festgehalten zu werden, daß zahlreiche begleitende Arten sowohl in den Halfa- als auch in den Wermutgesellschaften vorkommen. Es erreichen aber wegen der größeren Winterkälte auf den höher gelegenen Rumpfflächen im Westen einige Arten (z. B. *Marrubium deserti, Helianthemum lippii* und auch *Ziziphus lotus*) diesen Raum ebensowenig, wie im umgekehrten Fall andere Arten (*Vella pseudocytisus, Convolvulus lineatus, Polygonum balansae, Ormenis africana* u. a.) im zwar wintermilderen, doch merklich trockeneren Osten nicht mehr gedeihen können. Sie erlangen somit einen Wert als regionale Kennarten.

Für die standörtlichen Varianten sind die edaphischen Verhältnisse von großer Bedeutung; diese werden ebenfalls wieder sehr stark vom Formenschatz, hier besonders vom Mikrorelief, mitbestimmt.

Das charakteristische Ökotopgefüge des weitaus größten, innerhalb des Ag zentral gelegenen Bereichs der östlichen Hochebenen wird im wesentlichen aus drei Ökotoptypen zusammengesetzt, die häufig ein sehr engmaschiges Muster bilden. Hierher gehört der Typ der fast völlig ebenen, in den randlichen, zu den höheren Umrahmungen überleitenden Gebieten nur wenig geneigten Fußflächen, die häufig verkrustet sind oder doch wenigstens deutliche Kalkanreicherungshorizonte besitzen. In der oberen Substratschicht ist fast immer steinig-kiesiges Material angereichert, stellenweise auch etwas verbacken. Darunter erreichen ab ca. 25 cm bei bemerkenswert hohem Feinsandanteil Schluff und Ton bis zu 60 % am Gesamtsubstrat. Das Wurzelwerk fast aller Arten der hier verbreiteten, meist sehr lückigen Wermutgesellschaften bleibt allerdings im wesentlichen auf die ersten 20 bis 30 cm beschränkt. Die bereits oben genannten saharischen Zwergsträucher *Marrubium deserti* und *Helianthemum lippii* kennzeichnen diese Variante der *Artemisia herba-alba*-Gesellschaften vor allem im Süden der Hochebenen. Im Norden herrschen dagegen die bereits in den Senken der westlichen Rumpfflächen verbreiteten Varianten mit *Noaea mucronata*, bei starker Beweidung auch mit *Astragalus fontanesii* vor (vgl. Abb. 9, 10, 17 und 19). Im Nordosten des Ag ist auf diesen Fußflächenökotopen inselhaft eine *Anabasis aphylla*-Gesellschaft verbreitet. Es konnten hier jedoch keine besonderen Substrateigenschaften festgestellt werden.

Die Karten der Perimeter 7 und 19 (vgl. Abb. 10 und 19) lassen besonders gut erkennen, daß in die stellenweise stark aufgelösten Fußflächen Bereiche um wenige Dezimeter eingesenkt sind, in denen die rezenten, kaum eingetieften Abflußrinnen liegen. Sie sind selbst unschwer als Abschnitte weitaus breiterer, subrezenter Entwässerungssysteme zu deuten. Diese breiteren Bereiche werden wenigstens episodisch bei Starkregen überschwemmt. Wegen des geringen Gefälles findet aber auch dann der Hauptabfluß in den rezenten Rinnensystemen statt, wobei sich diese verlagern können. In den breiten Spülbereichen kommt es nur zu geringfügigen Massenumlagerungen. Diese führen örtlich zu einer Anreicherung sandiger Fraktionen. Hierdurch wird somit innerhalb der Spülbereiche ein charakteristisches Muster von girlandenförmigen, sehr niedrigen Wällen geschaffen, die quer zur Abflußrichtung liegen.

Aus den sich so ergebenden oberflächennahen Substratunterschieden beruht die Ausbildung sich schon physiognomisch durch den stark differierenden Deckungsgrad unterscheidender *Artemisia herba-alba*-Gesellschaften. Auf den stärker sandigen Wällen — den Ökotopen also, die als sandig-lehmige Überschwemmungsflächen im Überblicksprofil ausgeschieden wurden — ist eine soziologisch nur schwer zu kennzeichnende Variante (z. B. verstärktes Auftreten von *Asteriscus pygmaeus*, *Bromus rubens*, eventuell auch von *Schismus barbatus*) ausgebildet. In diesen Gesellschaften wird im allgemeinen ein Deckungsgrad von 80 % erreicht und stellenweise überschritten. Der räumlich erheblich größere Anteil dieser Überschwemmungsflächen (mit einem oberflächennahen Schluff- und Tongehalt von über 80 % und entsprechenden Substratverdichtungen) ist stellenweise fast pflanzenleer. Als relativ treuer Begleiter der sehr vereinzelten Artemisia-Zwergsträucher kann *Paronychia capitata* genannt werden.

Einen höheren Deckungsgrad erreichen die *Artemisia herba-alba*-Gesellschaften schließlich wieder in Bereichen nahe den rezenten Abflußrinnen, wo in kleinen ausgekolkten Wannen das Wasser nach Niederschlagsereignissen länger stehen bleibt. Als kennzeichnende Begleiter dieser Variante sind wieder *Atractylis humilis*, *Xeranthemum inapertum*, stellenweise auch *Sisymbrium irio* und *Sonchus maritimus*, bei stärkerer Verlehmung auch *Lygeum spartum* zu nennen.

Dieses geschilderte und illustrierte Muster des typischen Ökotopgefüges der östlichen Hochebenen (vgl. auch Bilder 5 und 6) wird durch einen weiteren Ökotoptyp ergänzt, der jedoch eher linienhaft die größeren, auch stärker eingetieften Abflußrinnen, wie den Oued Nosli (Perimeter 5, Abb. 9) und den Oued Sidi Ali (Perimeter 17, Abb. 17), begleitet. Er besteht aus wallförmigen, sehr feinsandigen Aufschüttungen und Aufwehungen, die die anschließenden Fuß- und Spülflächen um wenige Meter überragen können und die im einheimischen Sprachgebrauch wie auch in der Literatur als „nebka" (plur. nebket) bezeichnet werden (Bild 9). Auf ihm stockt die einzige, im wesentlichen aus größeren Sträuchern gebildete Vegetationsformation im engeren Ag, deren Hauptbestandsbildner ein Rutenstrauch, *Retama sphaerocarpa*, ist. Im Vergleich mit den *Artemisia herba-alba*-Gesellschaften sind die *Retama sphaerocarpa*-Gesellschaften wieder relativ therophytenreiche Bestände. Im Wind- und Strahlungsschutz dieser Sträucher wachsen bei vergleichsweise günstigen Wasserhaushaltsbedingungen eine Reihe von mediterranen Arten, die sonst nur wesentlich weiter nördlich auftreten (z. B. Papaver-Arten, *Minuartia geniculata*, u. a.), andererseits sind hier aber auch Arten mit saharischem Verbreitungsschwerpunkt vertreten *(Matricaria pubescens)*. Somit bestätigt sich hier auf kleinerem Raum die Anschauung von KAISER (1953), der den Oueds bei der Verbreitung der Taxa eine besondere Rolle zuschreibt. Schon die Arealtypenspektren der Retama-Gesellschaften (Abb. 34) lassen diesen Zusammenhang erkennen (Beilagenheft, Nr. 13).

Die aufgenommenen Retama-Gesellschaften lassen zwar einen unterschiedlichen Artenreichtum erkennen, doch ist bei den gleichbleibenden edaphischen Standortbedingungen eine Zuordnung zu klimatisch bestimmten regionalen Varianten wegen der geringen Zahl der Aufnahmen zur Zeit nur unter Vorbehalt möglich. Es muß hier aber noch auf die überall zu unterstellende, aber unterschiedlich starke anthropogene Beeinflussung eingegangen werden. Die häufig in den noch intakten Strauchformationen auftretenden *Hordeum murinum* und *Pegamum harmala* zeigen zumindest die Beeinflussung durch das weidende Vieh an. Es darf aber darüber hinaus einerseits angenommen werden, daß die noch heute vereinzelt oder in kleinen Gruppen erhaltenen, oft stark verunstalteten Exemplare von *Pistacia atlantica* — insbesondere am Oued Betoum, dem sie auch den Namen gaben — Reste einer Baumvegetation sind, die an diesen Standorten regelmäßiger verbreitet war. Andererseits ist zu vermuten, daß einige nebket durch starke Brennholzentnahme so gestört wurden, daß anschließende Starkregen die aufgeschichteten feinsandig-tonigen Substrate angegriffen, teilweise in den Abflußrinnen abgeführt, aber auch auf den angrenzenden Spülflächen verbreitet haben. Damit bestimmt diese Substratauflage gegenwärtig wenigstens teilweise die Vegetationsfeindlichkeit dieser Flächen. Jung verschüttete, relativ dichte Artemisia-Gesellschaften konnten sich offensichtlich nur selten wieder regenerieren.

Ein Ökotop-Typ, der vor allem in den Randbereichen der Hochebenen im Osten örtlich das Ökotopgefüge mitbestimmt, der aber auch in sehr flachen Hanglagen der Schichtstufen im Süden, stellenweise auch auf den Rumpfflächen im Westen auftritt, ist der Typ der sandigen Fußfläche. Hier bestimmt insbesondere der hohe Mittel- und Feinsandanteil (zusammen über 70 %) den Substratcharakter. Diese Substratzusammensetzung verdankt ihre Genese ganz wesentlich vom Wind herbeigeführtem Material, welches von den Halfahorsten aufgefangen und am Weitertransport gehindert wurde. Dabei bilden sich im Windschatten der Horste sogar regelrechte Mikrodünen. Auf diesen Fußflächen sind relativ dichte und artenreiche Halfagesellschaften verbreitet, die in den nördlicher gelegenen Bereichen durch Begleiter, wie *Achillea leptophylla* und *Colchicum triphyllum*, charakterisiert werden können, im Süden dagegen eher durch *Thymelaea passerina*, *Cruzianella patula* und *Brachyapium dichotomum*.

3. *Die Pflanzengesellschaften der Schichtstufen im Süden der ostmarokkanischen Hochplateaus*

In den Schichtstufenlandschaften im Süden des Ag herrschen wiederum — wie schon in den Rumpfflächengebieten im Westen die *Stipa tenacissima*-Gesellschaften vor. Im Vergleich mit den dort verbreiteten Varianten lassen sich einige bemerkenswerte Differenzierungen, aber auch viele Übereinstimmungen feststellen. In den höher gelegenen westlichen Schichtstufenbereichen sind auf den sandig-steinigen Fußflächen und auf den schuttreichen Stufenhängen schon physiognomisch im durchschnittlichen Deckungsgrad, aber auch in der floristischen Zusammensetzung der Halfagesellschaften keine wesentlichen Unterschiede zu denen der Rumpfflächen festzuhalten. Im Gegensatz dazu weisen aber die Halfagesellschaften in den niedrigeren Schichtstufenlandschaften im Südosten des Ag einerseits floristische Besonderheiten auf, die sich zusammenfassend mit einer Zunahme saharischer Arten bei gleichzeitiger Abnahme mediterraner beschreiben lassen; andererseits sind die hier verbreiteten Gesellschaften im Durchschnitt lichter, die Horste sind kleiner, das Längenwachstum der einzelnen Halme ist geringer. Hierdurch wird insgesamt deutlich, daß in diesen nur noch ca. 200 mm jährlichen Niederschlag erhaltenden Räumen die flächendeckende Halfaverbreitung bereits klimatisch begrenzt wird.

Örtlich wird das Ökotopgefüge der Schichtstufen sehr stark durch die selektive Abtragung und Umlagerung des Fein- wie auch des Grobmaterials nach Niederschlagsereignissen bestimmt. Dabei werden klare Zusammenhänge mit dem Grad der Hangneigung deutlich. Es resultiert in weiten Gebieten eine catenenartige Abfolge von Ökotopen, beginnend bei den schwach geneigten Ausgleichs- und Fußflächen im Stufenvorland bis hinauf zu den felsigen Traufbereichen.

Auf ausgedehnten Stufenflächen oder auch zwischen einzelnen Schichtkämmen sind häufig kleine Senken und Becken entwickelt, in denen auf relativ grobkörnigen, oft verkrusteten Substraten im Westen *Artemisia herba-alba*-Gesellschaften mit vielen mediterranen Arten verbreitet sind, im Osten dagegen zunehmend saharische Zwergsträucher, wie *Marrubium deserti, Helianthemum lippii, Haloxylon scoparium* und in einem Fall auch *Anabasis aretioides*, die Zwergstrauchformationen mitbestimmen. Dieser letztgenannte Ökotop-Typ der verkrusteten Beckenfüllungen wurde für den westlichen Bereich der Schichtstufen (Perimeter 11, Abb. 11) im Überblicksprofil der Ökotop-Typen der ostmarokkanischen Hochplateaus an letzter Stelle skizziert. Begleitende Arten, wie *Pegamum harmala* und *Noaea mucronata*, weisen hier ebenso auf anthropogene Beeinflussung hin wie die Spuren eines gegenwärtig wohl zurückgehenden Regenfeldbaus. Es muß für viele dieser Bereiche eine merkliche Degradierung unterstellt werden, deren Ergebnis auch eine Zurückdrängung der Halfagesellschaften ist, die hier von Natur aus befriedigende edaphische Grundlagen vorfinden. Es darf angenommen werden, daß bei einer Wiederbesiedlung ehemals ackerbaulich genutzter Flächen hier *Artemisia herba-alba* und andere Zwergsträucher dem Halfagras überlegen sind.

Wesentlich geringer ist der anthropogene Einfluß auf die noch näher zu beschreibenden Ökotope und Pflanzengesellschaften der Stufenflächen, -hänge und -kanten einzuschätzen. Hier lassen sich die festgestellten Varianten der Halfagesellschaften durch die gefundenen Substratunterschiede im allgemeinen befriedigend erklären. Kleinräumige Expositionsunterschiede scheinen dagegen seltener ins Gewicht zu fallen.

Am Beginn der modellhaften Abfolge von Ökotopen, ihrer catenenartigen Anordnung also (vgl. hierzu die Abb. 9, 12 und 16), steht in der Regel der bereits im Rahmen der Hochebenen im Osten näher beschriebene Ökotop der sandigen Fußfläche. Hierauf folgt der Typ der sandig-steinigen Fußfläche. Diesem gehören meist etwas stärker, zwischen 2 und 5 Grad, maximal bis 10 Grad geneigte Flächen an, auf denen durchgehend steinige, nur flach- bis mittelgründige Substrate über Anstehendem, seltener auch über Krusten, liegen. Die hier verbreitete Halfagesellschaft wird durch eine Gruppe von Begleitern gekennzeichnet, die teilweise auch noch die steileren Stufenhänge besiedeln oder die auch schon zu den Halfagesellschaften der steinigen Rumpfflächen im Westen gehören. Für die Übergangsbereiche zwischen dem feuchteren Südwesten und dem trockeneren Südosten innerhalb des Ag sind folgende Arten wichtig: *Helianthemum pilosum, Scorzonera undulata* sowie *Astragalus cruziatus* und *Rochelia disperma* (vgl. hierzu Perimeter 15, Abb. 15).

Bei zunehmender Hangneigung werden die nach wie vor steinigen Substrate mehr und mehr von grobem Hangschutt bedeckt. Trotzdem besitzen diese meist mittelgründigen Bildungen einen relativ hohen Schluff- und Tongehalt, der aus Mergel- und Tonlagen im Liegenden der jurassischen oder kretazischen Stufenbildner stammt. Mitunter sind in Hangkerben diese Mergel freigelegt und sehr locker mit *Lygeum spartum* und *Plantago psyllium* besiedelt. Die hier durchaus nicht weniger dichten Halfagesellschaften können durch das relativ häufige Auftreten von *Asphodelus tenuifolius, Galium fruticosum, Phagnalon saxatile* und auch schon *Alyssum maritimum* gekennzeichnet werden, Arten also, die bereits den Übergang zu den felsigen Standorten der Stufenkante andeuten. Andererseits ist jedoch die hier verbreitete Variante noch eng mit der der steinigen Fußflächen verwandt.

Die Halfagesellschaften des felsigen Milieus der Stufenkante und ihrer näheren Umgebung sind floristisch besonders klar zu fassen. Die charakteristischen Arten sind durchweg mit einem entsprechend ausgebildeten Wurzelwerk auf die Wasser- und Nährstoffentnahme aus tiefreichenden Klüften und Fugen eingestellt. Sie suchen darüber hinaus fast ausnahmslos den Schatten, den felsige Standorte für wenige Stunden des Tages in sehr steilen Lagen und unter Überhängen bieten können. Insofern lassen sich hier auch Expositionsunterschiede feststellen, die jedoch nicht weiter verfolgt wurden. Als kennzeichnende Arten dieser an felsige Standorte gebundenen Halfagesellschaft (vgl. Perimeter 12, Abb. 12 und Perimeter 16, Abb. 16) sind *Rupicapnos africana, Moricandia arvensis* und *Capparis spinosa* zu nennen.

B. Die jahreszeitliche Entwicklung der Pflanzengesellschaften der ostmarokkanischen Hochplateaus

Im vorangehenden Kapitel wurden die wichtigsten Pflanzengesellschaften der ostmarokkanischen Hochplateaus näher erläutert und ihre regionalen, klimatisch begründeten sowie ihre standörtlichen, edaphisch zu erklärenden Varianten vorgestellt. Es müssen nun noch Fragen diskutiert werden, die in engerem Zusammenhang mit der Weidewirtschaft und damit mit den zentralen Problemen der Bevölkerung in diesem Raum stehen, die im ersten Teil dargelegt wurden.

Hierzu ist es zunächst einmal notwendig, einen Eindruck von der jahreszeitlichen Entwicklung der Vegetation und insbesondere der pflanzlichen Produktion zu gewinnen.

1. Die Ergebnisse der Beobachtungen von Dauerquadraten in den wichtigsten Pflanzengesellschaften

Zur näheren Illustration der hier diskutierten Beobachtungen darf auf die Abbildungen 20 bis 24 und auf die Bilder 11 bis 15 hingewiesen werden. Es wurde schon im Rahmen der Einführung erwähnt, daß nicht alle von Oktober 1973 bis Juni 1974 in monatlichen Abständen aufgenommenen Zustände der 2 mal 2 Meter großen Dauerquadrate wesentliche Unterschiede zeigten. Es sind in den Abbildungen deshalb auch nur die drei wichtigsten Entwicklungsetappen festgehalten worden, die wir im folgenden interpretieren.

Wenden wir uns zunächst Aufnahmen aus wichtigen Varianten der *Stipa tenacissima*-Gesellschaften zu. In Abbildung 20 werden Entwicklungsstadien aus der stark steinigen und aus der felsigen Variante in den Perimetern 13 und 16 für die Monate November, März und Mai wiedergegeben. Damit sind drei entscheidende Aspekte erfaßt, die im übrigen auch in allen weiteren Abbildungen dargestellt werden:

— der herbstliche Aspekt am Ende der Trockenzeit, gegebenenfalls nach den ersten Herbstniederschlägen und damit am Beginn der produktiven Zeit, die allerdings durch winterliche Frostperioden unterbrochen wird;
— der Frühjahrsaspekt innerhalb des Zeitraums der jährlichen Niederschlagsmaxima und der höchsten pflanzlichen Produktion;
— der Frühsommeraspekt nach Abschluß der wichtigsten Produktionsphase und am Beginn der sommerlichen Trockenzeit.

Im felsigen Milieu der Stufenkante in Perimeter 16 treiben nach den ersten Herbstniederschlägen im November bereits die Zwergsträucher (*Artemisia herba-alba, Thymus ciliatus*) etwas aus, andere erscheinen dagegen als oberirdisch völlig abgestorben (*Helianthemum pilosum, Moricandia arvensis*). Das Halfagras selbst ist noch völlig dürr, ebenso auch andere zu diesem Zeitpunkt nicht mehr zu bestimmende Arten. Letzteres gilt auch für wenige junge Keimpflanzen, die jetzt schon ausgetrieben haben. Ende März haben dann offensichtlich alle Arten und Individuen stark ausgetrieben, neue Annuelle sind hinzugekommen (*Erodium triangulare, Matricaria pubescens, Alyssum granatense*). Ende Mai blühen und fruchten bis auf die im Herbst blühende *Artemisia herba-alba* alle Arten.

Die Entwicklung darf für das laufende Jahr als nahezu abgeschlossen gelten.

Auch die einzelnen phänologischen Entwicklungsstadien aus den stark steinigen Hangbereichen des Guelb Zerga (Perimeter 13) wiederholen bei sehr ähnlichem Artenbestand diesen jahreszeitlichen Rhythmus ohne stärkere Modifizierungen. Hier fällt allerdings auf, daß einige Individuen von *Launea acanthoclada* erst sehr spät austreiben. Außerdem wurden im Mai Individuen einzelner Arten gefunden, die im März noch nicht als Keimpflanzen beobachtet werden konnten. Hieraus läßt sich schließen, daß erst weitere, nach der März-Aufnahme empfangene Niederschläge die Entwicklung einer dichten, therophytenreicheren Ausbildung dieser Pflanzengesellschaften erlaubten.

Noch im November 1973 mußten auf den sandig-steinigen Fußflächen des Garet Dik (Perimeter 12) wie auch auf den sandig-steinigen Rumpfflächenbereichen des Jebel el Gaada (Perimeter 1) die dort beobachteten eng verwandten Varianten der *Stipa tenacissima*-Gesellschaften als durchweg vertrocknet und abgestorben bezeichnet werden (vgl. Abb. 20). Dies ist wahrscheinlich darauf zurückzuführen, daß hier auf relativ engem Raum die Herbstniederschläge fast ganz ausgeblieben waren. Auch im März sind auf den Fußflächen die meisten Annuellen in einem noch unbestimmbaren Keimpflanzenstadium; erst Ende Mai haben alle perennierenden Arten ausgetrieben, das Halfagras und *Vella pseudocytisus* blühen, die Annuellen fruchten bereits überwiegend. Hier muß ergänzt werden, daß der gewählte Ausschnitt mit seiner Individuenarmut nicht repräsentativ ist [90].

Die beiden letzten Aufnahmen auf den Rumpfflächen in Perimeter 1 zeigen ausnahmsweise Entwicklungsstadien, die nur durch den zeitlichen Abstand von einem Monat getrennt sind. Hier haben schon Ende April alle Zwergsträucher und das Halfagras stark ausgetrieben, die meisten Annuellen blühen. Ende Mai blüht auch das Halfagras, die Therophyten fruchten ausnahmslos, einige Individuen sind bereits völlig vertrocknet. In diesem Ausschnitt des Dauerquadrats sind die Therophyten in der Individuenzahl insgesamt leicht überrepräsentiert.

Wir schließen als nächstes die Interpretation der Dauerquadrate an, die in den Übergangsbereichen verschiedener Artemisia-Gesellschaften auf-

---

90) Im einzelnen Fall ist festzustellen, daß die Aufnahmen in ihrem Artenbestand und ihrer Individuendichte nicht immer ganz repräsentativ für die ausgewählte Gesellschaftsvariante waren. Das war jedoch kaum zu vermeiden, da die Dauerquadrate im Herbst am Ende der Trockenzeit festgelegt werden mußten.

genommen wurden, wo kleinräumig auf sandig-lehmigen Substraten eine Variante ausgebildet ist, in der ein weiteres Horstgras, *Lygeum spartum*, dominiert. Diese Dauerquadrate stammen aus den relativ feuchten, episodisch überfluteten Bereichen der Depressionen (Perimeter 14) und Überschwemmungsflächen (Perimeter 11, Bild 13, 14 und 15) und sind in Abbildung 24 skizziert. Die Verhältnisse sind in beiden Beständen sehr ähnlich und sollen zusammen besprochen werden.

Die ersten, aus dem November 1973 bzw. aus dem Januar 1974 stammenden Aufnahmen zeigen die Lygeum-Horste oberirdisch völlig vertrocknet, gleiches gilt für die Artemisia-Zwergsträucher und mehrere nicht näher zu identifizierende Reste von Therophyten. Daneben sind in beiden Fällen bereits einige junge Keimpflanzen festzustellen. Die April-Aufnahmen zeigen beide Male sehr therophytenreiche, durchaus charakteristische Ausschnitte mit vielen blühenden Arten, darunter *Helianthemum virgatum* und die individuenreichen Annuellen *Ceratocephalus incurvus* und *Koelpinia linearis*. Die Lygeum-Horste zeigen dagegen trotz der fortgeschrittenen Jahreszeit bei guter Wasserversorgung teilweise noch keine Wachstumsspuren. Das gilt im Fall von Perimeter 11 auch noch bei der letzten Aufnahme Ende Mai. Hier zeigt sich im übrigen, daß dieser zwar etwas weiter südlich, aber merklich höher als Perimeter 14 gelegene Bereich phänologisch hinterherhinkt. Die meisten Therophyten blühen hier erst, wenn sie in den Depressionen von Dmia bereits fruchten, zum Teil sogar schon ganz vertrocknet sind.

In Abbildung 22 sind Dauerquadrate von Varianten der *Artemisia herba-alba*-Gesellschaften dargestellt. Sie sollen einmal untereinander verglichen werden; das Beispiel aus dem Perimeter 14 erlaubt aber auch einen Vergleich mit dem bereits oben beschriebenen Dauerquadrat der *Lygeum spartum*-Variante.

Bei letzterem zeigt sich, daß *Artemisia herba-alba* schon im November größtenteils neu austreibt, während Lygeum noch keinerlei Wachstumsspuren aufweist. In der April-Aufnahme haben dann alle Wermut-Zwergsträucher stark ausgetrieben; viele Annuelle, insbesondere das reichlich vertretene Gras *Stipa parviflora*, blühen jedoch in der Artemisia-Variante noch nicht. Das ist erst Ende Mai der Fall, wo in der Lygeum-Variante die Therophyten größtenteils schon fruchten. Diese Differenzierung muß wohl mit der unterschiedlichen Wasserversorgung erklärt werden, welche in dem Lygeum-Bereich von den ersten Frühjahrsniederschlägen an als durchgehend ausreichend angesehen werden kann.

Beim Vergleich der beiden Artemisia-Gesellschaften fällt wiederum auf, daß die Entwicklung der Variante auf den steinigen, verkrusteten Fußflächenbereichen des Perimeters 2 gegenüber der in Perimeter 14 nachhinkt. Allerdings stammen die beiden ersten Aufnahmen aus verschiedenen Monaten, Oktober bzw. November, doch dürften auch hier die regional unterschiedlichen Niederschlagsverhältnisse im Herbst 1973 dafür mitverantwortlich sein. Die beiden folgenden Aufnahmen im April bzw. Mai 1974 zeigen eine relativ gleichlaufende Entwicklung, wobei zu bemerken ist, daß in der stark überweideten, relativ zwergstrauchreichen Variante in Perimeter 2 die perennierenden Arten, wie *Sideritis incana, Noaea mucronata* und *Atractylis serratuloides,* erst jetzt blühen.

Abschließend sind noch die Verhältnisse in zwei eng benachbarten Dauerquadraten in Perimeter 19 zu besprechen (Abb. 23). Hier sind auf sehr ähnlichen Substraten Pflanzengesellschaften ausgebildet, die sich physiognomisch stark voneinander unterscheiden. Im Dauerquadrat 19/1 ist ein Ausschnitt aus einer *Anabasis aphylla*-Gesellschaft kartiert (Bild 11 und 12). Dauerquadrat 19/2 zeigt dagegen eine Variante einer *Artemisia herba-alba*-Gesellschaft, die zu den auf den sandig-lehmigen Spülflächen gefundenen mit *Schismus calycinus, Bromus rubens* und weiteren Poaceen gehört. Die Wasserversorgung ist hier besonders vorteilhaft. Bei einem Vergleich der beiden Gesellschaften fällt ihr sehr unterschiedliches Verhalten auf. Es beruht im wesentlichen auf der fast entgegengesetzten Entwicklung der beiden hauptbestandbildenden Arten.

In der Aufnahme aus dem November 1973 zeigen die zwar auch spät, aber noch in der Trockenzeit blühenden Wermut-Zwergsträucher nach den Herbstniederschlägen nur geringe bis keine Wachstumsspuren. Für *Anabasis aphylla* haben diese Niederschläge jedoch ausgereicht, stattliche Zwergsträucher zu entwickeln, die in voller Blüte stehen oder auch schon fruchten. Im März 1974 sind diese Zwergsträucher vertrocknet und oberirdisch praktisch abgestorben; doch treiben jetzt, wie auch in der Artemisia-Variante, zahlreiche Therophyten aus, dazu alle anderen Zwergsträucher. In der *Anabasis aphylla*-Gesellschaft ist darunter vor allem *Pegamum harmala* zu nennen, in der Artemisia-Variante *Atractylis humilis.* Ende Mai sind von den Anabasis-Zwergsträuchern nur noch kümmerliche Reste erhalten, der Gesamtaspekt wird nun von den teilweise blühenden *Pegamum harmala*-Individuen und zahlreichen Therophyten bestimmt, die bereits überwiegend fruchten. Die *Artemisia herba-alba*-Gesellschaft erreicht jetzt ihren höchsten Deckungsgrad, auch hier haben die meisten Annuellen ihre Entwicklung abgeschlossen.

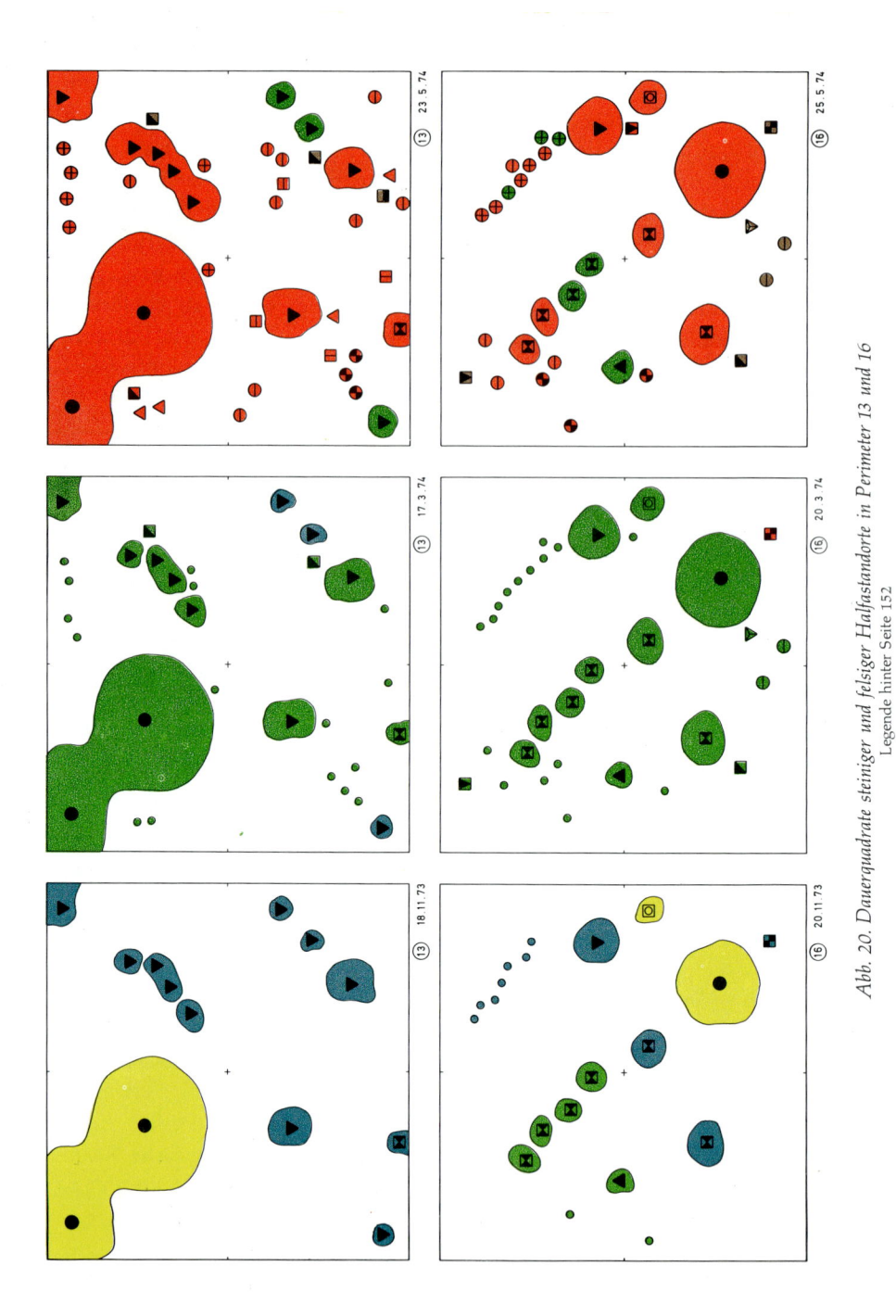

Abb. 20. *Dauerquadrate steiniger und felsiger Halfastandorte in Perimeter 13 und 16*
Legende hinter Seite 152

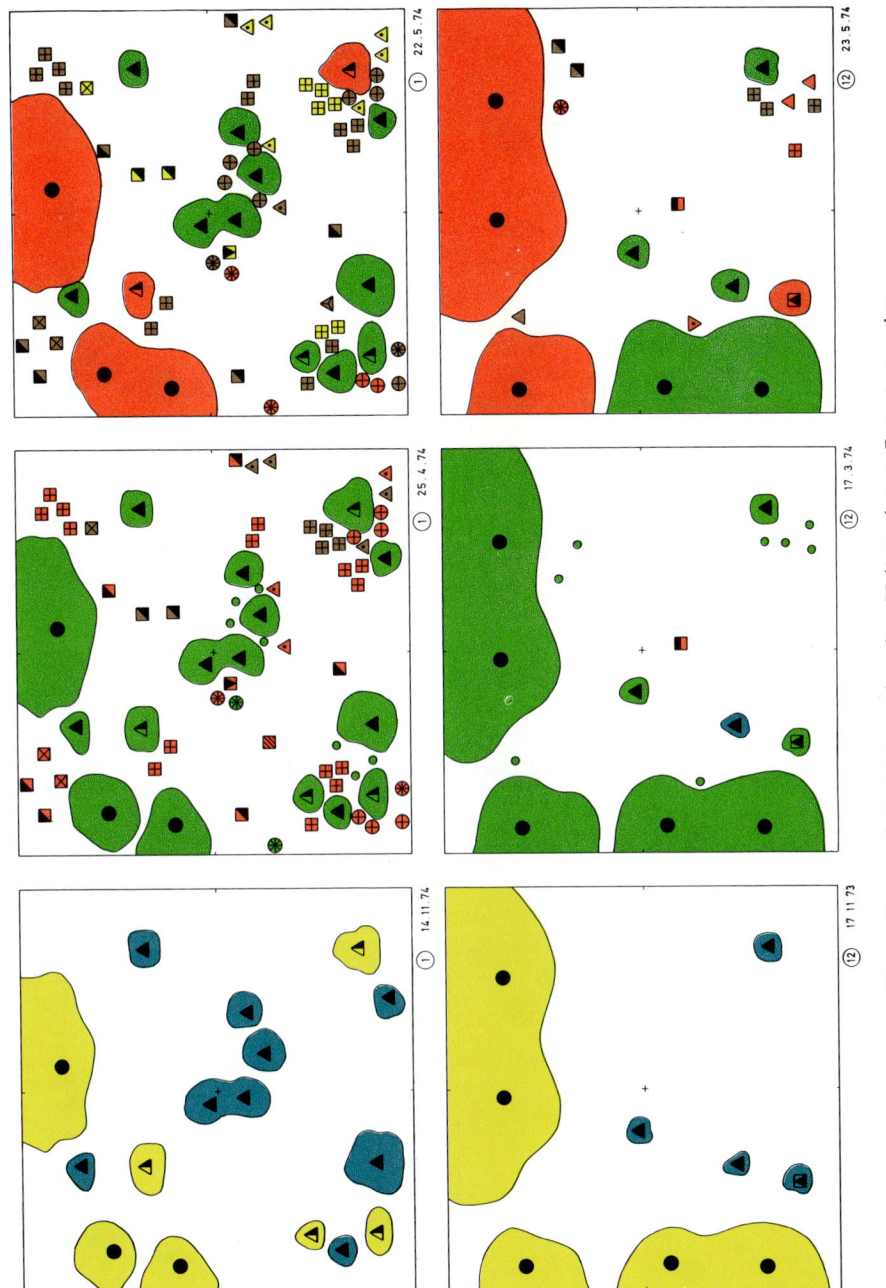

Abb. 21. Dauerquadrate steiniger und sandiger Halbfastandorte in Perimeter 1 und 12
Legende hinter Seite 152

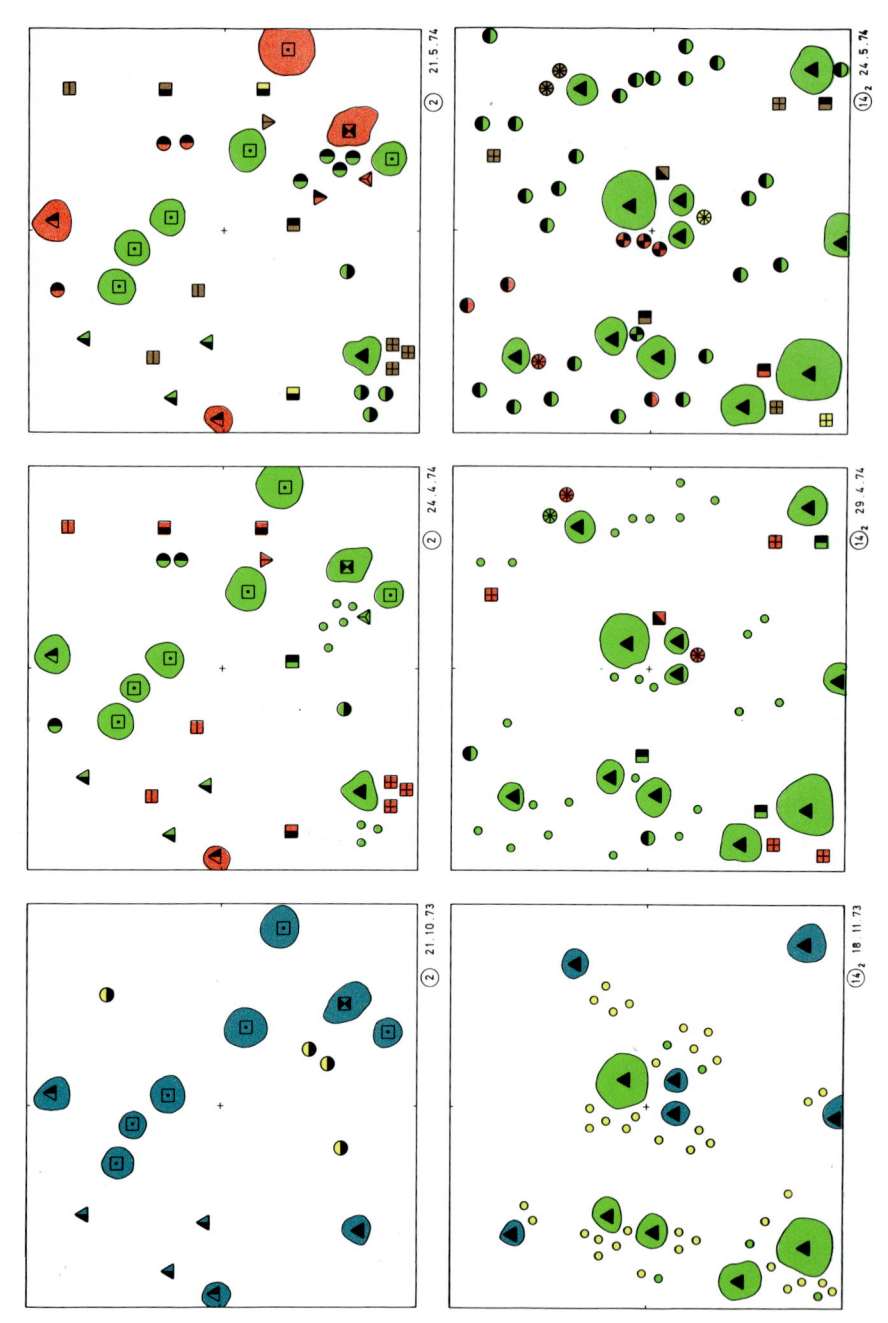

Abb. 22. Dauerquadrate lehmiger und steiniger Wermutstandorte in Perimeter 14 und 2
Legende hinter Seite 152

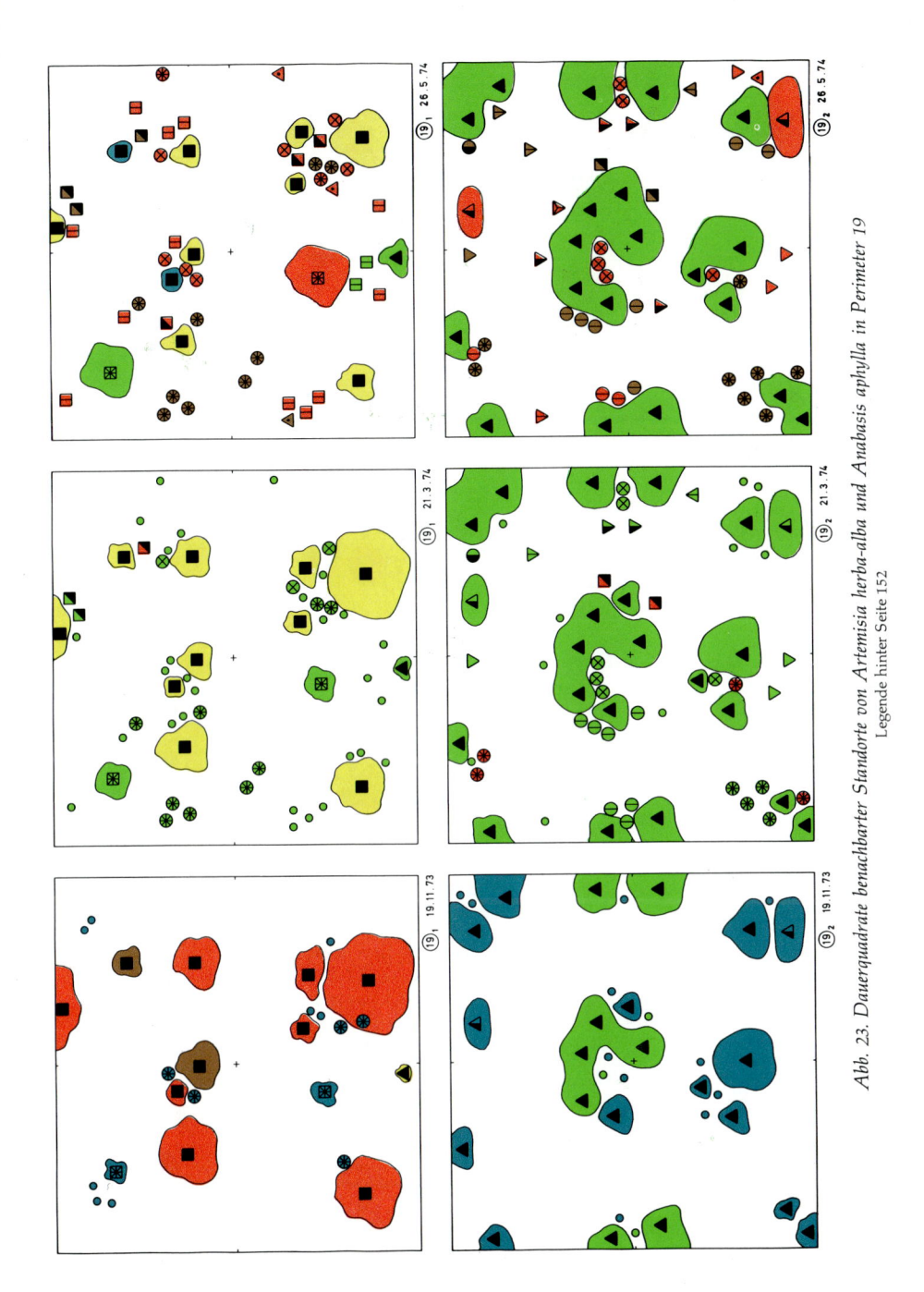

Abb. 23. Dauerquadrate benachbarter Standorte von Artemisia herba-alba und Anabasis aphylla in Perimeter 19
Legende hinter Seite 152

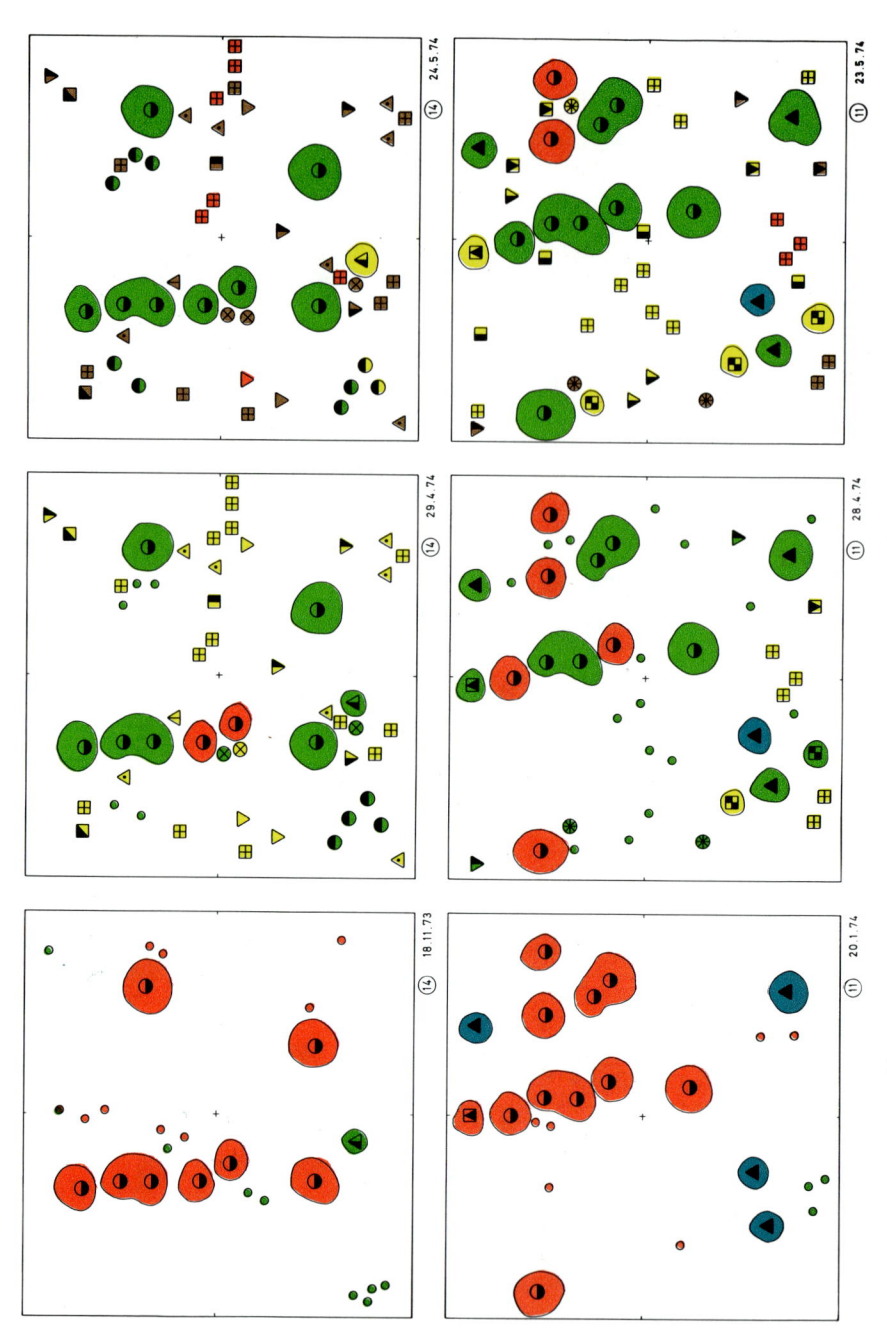

Abb. 24. Dauerquadrate lehmiger und sandiger *Lygeum spartum*-Standorte in Perimeter 14 und 11
Legende hinter Seite 152

Bei dem Versuch, das physiognomische Gesamtbild der Pflanzengesellschaften im Rhythmus der jahreszeitlichen Entwicklung in den wesentlichen Erscheinungsformen zu erfassen, werden aus den Erläuterungen und den graphischen Darstellungen neben einigen örtlichen Besonderheiten auch gewisse Grundzüge deutlich, die mit der gebotenen Vorsicht als regelhaft bezeichnet werden dürfen.

Bei allen aufgenommenen Dauerquadraten lassen sich enge Zusammenhänge zwischen einzelnen Entwicklungsstadien der Pflanzengesellschaften und der jahreszeitlichen Niederschlagsverteilung erkennen. Bei den Halfa- und Wermut-Gesellschaften sind dabei nur graduelle Unterschiede festzustellen; die allerdings nur wenig Raum einnehmenden Lygeum- und Anabasis-Gesellschaften verhalten sich dagegen grundsätzlich anders.

In einem überdurchschnittlich feuchten Jahr setzt bei vielen Arten schon mit den Herbstniederschlägen nach der sommerlichen Trockenzeit ein deutliches Wachstum ein. Bei *Anabasis aphylla* sind sogar alle wesentlichen Entwicklungsstadien auf den Herbst beschränkt. *Stipa tenacissima* zeigt verstärktes Längenwachstum, auch *Artemisia herba-alba* treibt mehr oder weniger stark aus. Einige Therophyten können im Herbst ebenfalls ihren ganzen Entwicklungszyklus abschließen (z. B. *Erodium triangulare*), andere werden nur als Keimpflanzen sichtbar, die dann aber erstaunlicherweise die winterliche Ruhepause mit häufigem Frostwechsel und Minima unter − 10 Grad C größtenteils unbeschadet überstehen können. In dieser Winterpause ruht auch bei den perennierenden Arten das Wachstum weitgehend. Es setzt aber dann schon ab Januar/Februar trotz anhaltender Frostgefahr und gegebenenfalls mehrfacher kurzzeitiger Schneebedeckung verstärkt wieder ein. Die Hauptwachstumsperiode und das Blühen und Fruchten folgen dann aber bei fast allen Arten in den Monaten April und Mai; viele Therophyten, z. B. *Androsace maxima, Ceratocephalus incurvus, Koelpinia linearis* u. a. m., benötigen für ihre gesamte Entwicklung kaum 4 Wochen.

In trockenen Jahren sieht dieser Rhythmus ganz anders aus. Wegen fehlender Beobachtungsmöglichkeit kann die Entwicklung der Anabasis-Gesellschaften für diesen Fall nicht beschrieben werden. In allen anderen Gesellschaften wird das Wachstum stark eingeschränkt oder bleibt ganz aus. Selbst *Artemisia herba-alba* treibt kaum aus, Therophyten erscheinen gar nicht oder nur bei einigen Arten in wesentlich verminderter Individuenzahl. Die gesamte Entwicklung der Annuellen wird dann auf wenige Wochen im Frühjahr zusammengedrängt, im Extremfall bleiben sie bei anhaltender Trockenheit auch dann aus oder erscheinen nur in wenigen Exemplaren, die ihre gesamte Stoffproduktion auf die Ausbildung von Blüte und Frucht abstellen. Die perennierenden Arten blühen und fruchten in solchen Trockenjahren unter Umständen überhaupt nicht.

Somit wird aus diesen Beobachtungen der Dauerquadrate klar, daß die pflanzliche Produktion von Jahr zu Jahr starken Schwankungen unterworfen ist. Auch die Länge und zeitliche Lage der produktiven Zeit ändert sich, wobei die herbstliche Phase ganz ausfallen kann. Auf die pflanzliche Primärproduktion und die erkennbaren Zusammenhänge mit den Niederschlags- und Bodenfeuchtewerten wird im folgenden Abschnitt eingegangen.

2. Phytomasse und Primärproduktion in den wichtigsten Pflanzengesellschaften

Die Bestimmung der Phytomasse, vor allem aber der Primärproduktion von Pflanzengesellschaften, ist außerordentlich schwierig. Auf ihre Problematik wurde schon in der Einführung näher hingewiesen. Werte der pflanzlichen Produktion, in denen das standortbedingte Leistungsvermögen der Pflanzengesellschaften zum Audruck kommt, sind aber eine unentbehrliche Grundlage für jede weidewirtschaftliche Planung. Zusammen mit den Erkenntnissen über den jahreszeitlichen Rhythmus der Vegetationsentwicklung und seine Schwankungen, welche Hinweise auf geeignete Formen der Umtriebsweide geben, erlauben die Werte der Phytomasse und der pflanzlichen Produktion pro Jahr die Festlegung von Bestockungszahlen. Es kann also letztlich die unterschiedliche Tragfähigkeit der durch verschiedene Pflanzengesellschaften charakterisierten Räume erkannt werden.

Im Rahmen unserer biogeographischen Fragestellungen konnten die hierfür nötigen, sehr arbeitsaufwendigen Untersuchungen nur in bescheidenem Umfang durchgeführt werden [91]. Die Ergebnisse werden trotzdem mitgeteilt und kommentiert, weil sie trotz aller einzukalkulierenden Fehlerqquellen insgesamt doch einen ersten Eindruck von Größenordnungen geben. Dabei muß allerdings — um eine gewisse Relativierung der Werte zu erreichen — zweierlei von vornherein angemerkt werden. Zum einen gelten die ermittelten Daten für ein überdurchschnittlich feuchtes Jahr. Zum anderen war zum Erntezeitpunkt die Frühjahrsproduktion der Annuellen so gut wie abgeschlossen. Es fehlen aber für die Werte der Gesamtproduktion jene der gegebenenfalls im Herbst entwickelten An-

---

91) Gerade zu den Fragen der pflanzlichen Produktion und ihrer standörtlichen und regionalen Differenzierung sind weiterführende Untersuchungen geplant.

nuellen. Somit sind unsere Werte der Produktion der Annuellen als Minimumbeträge für feuchte Jahre einzuschätzen.

Wenden wir uns jedoch zunächst der Phytomasse zu. Hierunter wird hier die Menge der oberirdischen Organe der lebenden pflanzlichen Organismen zum Erntezeitpunkt verstanden. Im Überblicksprofil der Ökotop-Typen der ostmarokkanischen Hochplateaus sind die ermittelten Werte für die einzelnen Standorte angegeben. Sie schwanken bei den Halfagesellschaften insgesamt zwischen ca. 800 und 1 600 g/m² und liegen damit durchaus im Bereich der Werte, die auch von BAZILEVICH et al. (1971) für Steppengesellschaften arider Räume angegeben werden (1 200 g/m²). Für die Artemisiagesellschaften kann im allgemeinen ein Mittelwert von 600 g/m² angenommen werden, die Schwankungen liegen hier allerdings zwischen weniger als 50 und fast 2 000 g/m².

Schon die wenigen selbst ermittelten Daten lassen zwei Tendenzen erkennen, die auch durch die Beobachtung und Schätzung im Gelände allenthalben gestützt werden. Die Phytomasse nimmt in allen Pflanzengesellschaften von Norden nach Süden, am stärksten von Nordwesten nach Südosten ab und folgt damit in etwa der ebenso eingeschätzten Abnahme der durchschnittlichen jährlichen Niederschlagsmengen. Zwar lassen unsere wenigen Werte keine Korrelationen mit statistischen Methoden zu, doch scheinen sich auch hier die diesbezüglichen von WALTER (1963) mitgeteilten, oben angedeuteten Zusammenhänge zwischen Phytomasse und Niederschlagsmenge voll zu bestätigen.

Größere Abweichungen lassen sich durch extreme Standortverhältnisse erklären. Der niedrigste Wert für die Halfagesellschaften wurde im ausgesprochen felsigen Milieu der Stufenkante im Südosten des Ag ermittelt. Die Extremwerte der Artemisia-Gesellschaften resultieren einerseits aus den tonigen, vegetationsfeindlichen Spülflächen, andererseits aus den sandig-lehmigen Spülflächenbereichen mit außergewöhnlich günstiger Wasserversorgung. Die höchste Phytomasse pro Flächeneinheit wird im engeren Ag in den Retama-Gesellschaften mit Werten zwischen 3 000 und 4 000 g/m² erreicht.

Die Primärproduktion eines Jahres konnte aus den bereits oben erwähnten Gründen nicht für die gesamten Pflanzengesellschaften, sondern nur für die in ihnen auftretenden Therophyten bestimmt werden, die bei den Erntevorgängen auf denselben Flächen entnommen und sogleich von den ausdauernden Arten getrennt worden waren. Die Gesamtproduktion von Pflanzengesellschaften in semiariden bis ariden Gebieten kann in normalen Jahren nach den in der Literatur [92] genannten Daten sehr grob auf ca. ein Drittel der Phytomasse geschätzt werden. In feuchten Jahren wird sie aber eventuell mehr als die Hälfte, in trockenen Jahren weniger als ein Viertel der Phytomasse ereichen. Unterstellen wir diese grobe Schätzung als richtig, so zeigt sich, daß der Anteil der Annuellen an der Gesamtproduktion beträchtlich ist.

Die absoluten, selbst ermittelten Werte der Primärproduktion von Annuellen im Feuchtjahr 1973/74 (vgl. in Tafelbeilage 2 die Zahlen unter dem Strich) schwanken zwischen 100 und 350 g/m² in den Halfagesellschaften und zwischen 10 und 350 g/m² in den Artemisia-Gesellschaften. Da das Minimum der Artemisia-Gesellschaften wiederum aus den tonigen Spülflächen stammt, ist unter Ausklammerung dieses Wertes festzustellen, daß im Gegensatz zu der erheblich differierenden Phytomasse bei beiden Gesellschaften die der Annuellen innerhalb derselben Größenordnung schwankt. Die auftretenden Schwankungen sind wiederum indirekt eng mit den Niederschlagsverhältnissen, direkt mit dem Gang der Bodenfeuchte und der substratspezifischen Menge des pflanzenverfügbaren Wassers verknüpft.

Wir wollen an dieser Stelle kurz auf die Ergebnisse der Bodenfeuchteuntersuchungen eingehen. Auch sie müssen aus Gründen, die bereits im methodologischen Teil ausgeführt wurden, mit Vorsicht interpretiert werden. Dennoch lassen die Diagramme im Überblicksprofil der Ökotop-Typen einige allgemeinere Aussagen zu, insbesondere in einer vergleichenden Betrachtung.

Im Oktober, am Ende der Trockenzeit, sind alle Bodenbildungen am stärksten ausgetrocknet. Sie dürften dann kaum noch pflanzenverfügbares Wasser enthalten, abgesehen von Ausnahmen an grundwassernahen Standorten in Oueds, nebket u. a. Die festgestellten Maxima werden an einigen Standorten bereits im Januar erreicht, an anderen kaum abweichende Werte im April. Dabei sind die obersten Substratbereiche bis zu einer Tiefe von mindestens 10 cm wegen der dort auch kurzfristig starken Schwankungen nach kleineren Niederschlagsereignissen aus der Betrachtung auszuschließen. Im Juni hat der Bodenfeuchtegehalt durchweg wieder stark abgenommen. Nur an Standorten, wo mit Zuschußwasser von höher gelegenen Bereichen der näheren Umgebung zu rechnen ist, können noch höhere Werte

---

92) BAZILEVICH, RODIN und ROZOV (1971), DAUBENMIRE (1972), FORICHON (1952), MARION (1953), WALTER (1963), WHITTAKER (1961) u. a. Allerdings sind die dort mitgeteilten Werte nur unter Vorbehalt vergleichbar. Oft fehlen exakte Angaben zur benutzten Arbeitstechnik wie auch klare Definitionen der gefundenen Daten.

erwartet werden; in anderen Fällen werden aber auch schon fast die Minima vom Ende der Trockenzeit erreicht.

Hieraus ergibt sich, daß schon durch die Herbstniederschläge das Bodenwasserdefizit — nicht zuletzt auch wegen der in den Wintermonaten stark gedrosselten Verdunstung und der fast völligen Vegetationsruhe — wieder ausgeglichen werden kann. Die Frühjahrsniederschläge bewirken bei wieder wachsender Verdunstung und stärkerem Wasserverbrauch durch die austreibenden Pflanzen, daß bis zum Beginn der Trockenzeit ein gewisser Bodenfeuchtegehalt aufrechterhalten wird. Schon bald nach den letzten Niederschlägen wird dann aber offensichtlich das pflanzenverfügbare Wasser entnommen.

Als besonders günstig erweist sich für die Bodenwasseraufnahme eine auch nur kurzzeitige winterliche Schneebedeckung. Hier kommt fast der gesamte Niederschlagsbetrag dem Bodenwasserhaushalt zugute. Im Gegensatz dazu sind Niederschläge in der Trockenzeit wegen des hohen oberflächlichen Benetzungswiderstands aller Substrate nahezu nutzlos.

Die selbst ermittelten absoluten Werte des Bodenfeuchtegehalts haben nach den wenigen Messungen eines einzigen Jahres natürlich noch keine besondere Aussagekraft. Gerade bei der Bestimmung von Bodenfeuchtewerten in Räumen mit schütterer Vegetationsdecke ist auch auf kleinstem Raum mit erheblichen Schwankungen zu rechnen. Nach GLOVER (1962) und CLOUDSLEY (1964) war z. B. die Eindringtiefe von Wasser nach mittleren Niederschlagsereignissen unter Horstpflanzen und Zwergsträuchern so groß wie auf nacktem Boden zuzüglich der Höhe der jeweiligen Pflanze. Das kann in etwas abgeschwächter Form auch durch die eigene Anschauung bestätigt werden. Immerhin liegen unsere Daten größenordnungsmäßig im Bereich der Werte, die von OZENDA (1954) für die angrenzenden Räume der algerischen Hochplateaus gefunden wurden. Im Vergleich untereinander, vor allem bei eng benachbarten Standorten, lassen sich aber doch deutlich regelhafte Beziehungen zwischen Bodenfeuchte und Substrat einerseits sowie Bodenfeuchte und pflanzlicher Produktion andererseits erkennen.

Besonders klar wird dies am Beispiel der eng benachbarten Ökotope der verkrusteten Fußflächen sowie der sandig-lehmigen und der lehmig-tonigen Spülflächen aus dem Perimeter 7 (vgl. auch Abb. 10). Im sandig-lehmigen Milieu ist in Substrattiefen um 25 cm, also im Wurzelbereich vieler Arten, der Bodenwassergehalt im Januar und April weitaus höher als im tonigen Milieu oder auf den Fußflächen. Hier besitzen auch die *Artemisia herba-alba*-Gesellschaften den mit Abstand höchsten Deckungsgrad und die größte Phytomasse; auch der Wert für die Produktion der Annuellen ist außerordentlich hoch. Im Bodenfeuchtegang besitzen die verkrusteten Fußflächen und die tonigen Spülflächen nur geringfügige Unterschiede. Da aber erstere mit ihren weitaus sandigeren Substraten von diesen Feuchtemengen mehr für die Aufnahme durch Pflanzen zur Verfügung stellen, sind Phytomasse und Primärproduktion dort auch wesentlich größer als auf den vegetationsarmen Ökotopen mit den tonigen, stark verdichteten Bildungen. Daß gerade Substrate mit hohem Sandanteil, verglichen mit solchen anderer Korngrößenzusammensetzung, bei durchaus ähnlichem Bodenfeuchtegang für die Vegetationsentwicklung besonders günstige Voraussetzungen bieten, zeigt das Beispiel der sandigen Fußflächen. Hier erreichen die Annuellen die höchsten Werte der Primärproduktion innerhalb der Halfagesellschaften. Ein ähnlich hoher Wert konnte nur noch in den sandig-tonigen Depressionen ermittelt werden. Dort liegen die Bodenfeuchtewerte allerdings auch auf Grund von Zuschußwasser erheblich höher.

Die in Tafelbeilage 4 für die wichtigsten Ökotop-Typen in Diagrammen gegenübergestellten Daten der Korngrößenanalysen, des Bodenfeuchtegangs und der Phytomasse der perennierenden Arten bzw. der Primärproduktion der Annuellen lassen weitere Beziehungen dieser Art erkennen. Gerade auf diesem Gebiet müssen aber noch umfangreichere, langfristigere Beobachtungen folgen.

3. Vegetationskundliche Aspekte für eine potentielle Weidenutzung

Die in den vorangegangenen Abschnitten erläuterten Ergebnisse der vegetationskundlichen Untersuchungen und auch die mitgeteilten Beobachtungen zur rezenten Dynamik der oberflächennahen, bodenäquivalenten Substrate sind für die oben geschilderten weidewirtschaftlichen Probleme von praktischem Interesse. Natürlich haben sich in anderen Trockengebieten schon mehrfach Agrarwissenschaftler, Botaniker oder auch Entwicklungshilfeexperten mit ähnlichen Fragen beschäftigt[93]. So nimmt es denn nicht wunder, wenn eine Reihe von Ergebnissen durchaus nicht neu ist. Neu sind für unser Ag nur einige Diskussionsbeiträge; hinzu kommen die mitgeteilten Daten, die — wenn auch nur als Größenordnung verstanden — eine konkretere Basis für Planungen sein können als wenig verbindliche, auf Schätzungen beruhende Empfehlungen.

---

93) Es darf hier an den von KNAPP (1965) herausgegebenen Band „Weidewirtschaft in Trockengebieten" erinnert werden.

Vor allem aber wird hier deshalb eine kurze Zusammenstellung der vegetationskundlichen Aspekte für eine potentielle Weidenutzung auf den ostmarokkanischen Hochplateaus vorgenommen, weil sich deutlich gezeigt hat, daß in diesem Gesamtraum ein pauschal durchgeführtes Weidemanagement ganz sicher nicht angestrebt werden darf. Vielmehr müßten sehr flexible, der skizzierten räumlichen Differenzierung Rechnung tragende Programme zur Sicherung und Verbesserung der natürlichen weidewirtschaftlichen Grundlagen ausgearbeitet werden. Wenn wir hier nur sehr grob im engeren Ag die Rumpfflächen im Westen, die Hochebenen im Osten und die Schichtstufen im Süden behandeln, so bedeutet das nicht, daß nicht auch innerhalb dieser Räume weitere Differenzierungen zu beachten und Alternativen zu entwickeln wären. Im Überblicksprofil der Ökotop-Typen der ostmarokkanischen Hochplateaus (Tafelbeilage 4) sind in der letzten Spalte in Stichworten einige Maßnahmen erwähnt, die hier näher erläutert werden sollen.

Bei der Betrachtung des Entwicklungsrhythmus der annuellen und der perennierenden Arten hat sich gezeigt, daß das Futterangebot im normalen Jahresablauf sehr stark schwankt. Wenigen Monaten (im allgemeinen von frühestens März bis höchstens Anfang Juni sowie einige Oktober- und Novemberwochen) mit relativ guten Futtergrundlagen wegen der austreibenden Annuellen steht die weitaus längste Zeit des Jahres gegenüber, in der nur perennierende Arten zur Verfügung stehen. Unter diesen bestimmen ganz wesentlich zwei die auftretenden Gesellschaften: *Stipa tenacissima* vor allem im Rumpfflächen- und Schichtstufenbereich, *Artemisia herba-alba* überwiegend auf den Hochebenen im Osten. Beide Arten sind im Hinblick auf die Beweidung ganz unterschiedlich einzustufen. Während das Halfagras nur in äußersten Notzeiten gefressen wird und Schafe daran sogar erkranken, bilden die Wermutsträucher zwar keine sonderlich gute, dennoch aber in Trockenzeiten ausreichende Futtergrundlage für alle Weidetiere.

Allein diese Eigenschaften der beiden hauptbestandbildenden Pflanzenarten führen somit schon zu einer sehr wesentlichen räumlichen Differenzierung. Auf den Rumpfflächen und in den Schichtstufengebieten müßte der Weidegang im wesentlichen auf den schon oben genannten Zeitraum beschränkt werden, in dem die Primärproduktion der Therophyten zur Verfügung steht. Talmulden, Becken und Depressionen besitzen insgesamt nur einen bescheidenen Flächenanteil mit weidefähigen perennierenden Arten. Da es aber weder eine Weideregelung noch überhaupt Alternativen für die teilweise ganzjährig in diesen Räumen lebende Bevölkerung gibt, ist gerade dieser Flächenanteil in der Regel auch besonders stark degradiert, sofern davon nicht Teile im Regenfeldbau genutzt werden. Fast vegetationsfrei sind die bedeutenderen Brunnenplätze, stark belastet ist ihre weitere Umgebung. Die Halfagesellschaften sind auch dort, wo sie regelmäßig und schon für längere Zeit mit in die industrielle Halfanutzung einbezogen werden, wenig verändert. Allerdings sind die Bestände im Umkreis traditioneller, immer wieder benutzter Zeltplätze vor allem durch Brände beeinflußt.

Das Hauptproblem besteht in diesen Bereichen in der Länge der futterarmen oder sogar futterlosen Zeit. Ein Weidemanagement ohne geregelten Umtrieb ist aus diesem Grund undenkbar. Da in diesen Umtrieb die Hochebenen im Osten mit einzubeziehen sind, wird weiter unten hierauf zurückzukommen sein. Zunächst ist nach einer Verbesserung der örtlichen Weidegrundlagen zu fragen. In vielen Fällen wird eine Ruhepause, eventuell für mehrere Jahre, eingeschaltet werden müssen, damit sich die stark zurückgedrängten, weidewirtschaftlich interessanten Arten erholen und wieder weiter ausbreiten können. Zwar ist heute über den Futterwert vieler autochthoner Arten nur wenig bekannt, doch lassen beobachtete Präferenzen beim Weidegang eine Vielzahl von Arten erkennen, besonders einjährige Papilionaceen, die offensichtlich besonders wertvoll sind und somit zu fördern wären. Daneben ist aber auch zu prüfen, welche kaum oder gar nicht vertretenen Arten, insbesondere gut bekannte und an vergleichbare ökologische Bedingungen angepaßte Gräser, eventuell einzubringen sind.

Eine erhebliche Verbesserung wird man sich in den relativ hochgelegenen und feuchten Rumpfflächen im Westen von einer Einbeziehung der im Regenfeldbau genutzten Parzellen in die Weideflächen versprechen dürfen. Diese und die zunächst auch längerer Ruhe zu überlassenden, stark belasteten anderen Bereiche der Talungen und Becken könnten im Hinblick auf eine Verlängerung der Zeit mit möglichem Weidegang eine Schlüsselstellung einnehmen. Dabei wäre das zwar primitive, aber doch sehr wirkungsvolle Bewässerungssystem, welches auf der Niederschlagswasserableitung von den umliegenden, mit Halfa besetzten Hängen mittels kleiner Kanäle auf die tiefer gelegenen Flächen beruht, beizubehalten und sogar auszubauen. Dadurch wäre sowohl die Ausbreitung von *Artemisia herba-alba* gewährleistet als auch die Möglichkeit geschaffen, Versuche mit wertvolleren ausdauernden Arten zu unternehmen. Trotzdem wird allerdings auch dann nur ein sehr begrenzter Besatz von Weidevieh ganzjährig in den Rumpfflächengebieten zu ermöglichen sein.

Das gilt in wesentlich verstärktem Maße für die Schichtstufenlandschaften, besonders im Südosten des engeren Ag. Dort erlauben auch die durchschnittlichen Niederschlagsmengen eine nur kurzzeitige Nutzung der Annuellen. Da aber gerade diese Gebiete gegenüber zu hoher Belastung besonders empfindlich reagieren, wäre bereits viel gewonnen, wenn hier die Herden in diesen kurzen Zeiträumen wirklich wandern und nicht, wie sonst üblich, Tage oder wenige Wochen im Einzugsbereich einer Wasserstelle verweilen würden. Für diesen Weidegang wäre aber ein begleitender Wassertransport erforderlich, der heute aus finanziellen und technischen Gründen noch nicht möglich ist. Vor auch hier denkbaren Experimenten mit neuen Pflanzenarten und Techniken müssen zunächst Bemühungen um die Erhaltung und schrittweise Verbesserung des gegenwärtigen Zustands erfolgen. Hier wäre eine für größere Räume und eine längere Zeitspanne gültige absolute Weideruhe am stärksten zu befürworten; die Aussichten auf einen solchen Erfolg sind heute allerdings gering.

Die industrielle Halfanutzung ist aus bereits geschilderten Gründen gegenwärtig stark zurückgegangen. Die Gefahr der Übernutzung besteht somit momentan nirgends. Die sehr lichten und vor allem zu schützenden Bestände in den Schichtstufen im Südosten werden zur Zeit überhaupt nicht bewirtschaftet. Diese Bestände müßten allerdings bei einer eventuell eintretenden günstigen Marktsituation besonders geschont und gegebenenfalls auch ganz von der Nutzung ausgeschlossen werden. Die Deflationsgefahr kann durch diese Gesellschaften nur auf solche Weise etwas effektiver gebannt werden. Den dichten Beständen an den feuchteren Standorten der Rumpfflächen im Westen scheint dagegen eine geregelte Nutzung mit nicht zu starker Blattentnahme eher förderlich als schädlich zu sein.

In den von jungen Sedimenten gebildeten Hochebenen im Osten des engeren Ag sind die potentiellen weidewirtschaftlichen Möglichkeiten anders zu beurteilen. Zwar ist natürlich auch hier auf Grund der Produktion der Annuellen im Frühjahr und eventuell auch im Herbst das Futterangebot für das weidende Vieh besonders hoch. Entscheidend ist aber, daß auch in der Trockenzeit in den flächenmäßig am weitesten ausgedehnten Wermut-Gesellschaften — vor allem natürlich in den sehr dichten Beständen an Standorten mit einer Substratbeschaffenheit, die eine besonders gute Wasserversorgung ermöglicht — die Nahrungsgrundlagen in erheblich höherem Maße vorhanden sind als in den Halfa-Gesellschaften. Allerdings haben wir in den Hochebenen auch Bereiche kennengelernt, die wegen ihrer sehr feinkörnigen, stark verdichteten Substrate nahezu vegetationsleer sind.

Wenn wir hier den Gedanken der geregelten Umtriebsweide wieder aufgreifen, so bietet sich nach den Beobachtungen und Ergebnissen der Studien an den Dauerquadraten im Gesamtraum ein Umtrieb an, der im

Frühjahr zunächst eine Beweidung in den Hochebenen vorsieht. Dort setzt die Entwicklung der Annuellen aufgrund des etwas wintermilderen Klimas eher ein. Ein Wechsel in die Halfagebiete, vor allem also in die winterkälteren, höher gelegenen Rumpfflächenbereiche, sollte allerdings erst dann erfolgen, wenn dort die Annuellen möglichst ihr volles Wachstum abgeschlossen haben, sie also nicht bereits zum großen Teil als Keimpflanzen gefressen werden. In dieser Zeit könnten sich die Weidegründe der Hochebenen im Osten erholen und dann anschließend bis zur Abwanderung der Herden in die Winterweidegebiete erneut genutzt werden.

Gerade in den Hochebenen im Osten sind auch großflächig Bestände verbreitet, die gegenwärtig stark degradiert sind, was sich einerseits im geringen Deckungsgrad, andererseits auch in der Zunahme nicht verwertbarer oder sogar toxischer Arten zeigt. Deshalb müßten hier wie auch schon in den Muldenbereichen der Rumpfflächen solche Areale zunächst mehrere Jahre vom Weidegang ausgeschlossen werden. Ebenso ist auch zu fragen, ob für die vegetationsarmen Überschwemmungsbereiche nicht eine Form der Bodenbearbeitung gefunden werden könnte, die auch dort besser angepaßten Weidearten das Wachstum erlaubt. Hier muß allerdings mit großer Vorsicht und auf zunächst kleinen Flächen experimentiert werden, da die Gefahr der Deflation durch solche Maßnahmen wenigstens vorübergehend stark erhöht werden kann. Darüber hinaus könnten in diesen Bereichen mit einfachen Hilfsmitteln die üblichen kleinen Tränken (rdir) angelegt werden, die die wenigen perennierenden Wasserstellen kurzzeitig entlasten würden.

Unter absoluten Schutz müssen die die Hauptoueds begleitenden nebket mit den *Retama sphaerocarpa*-Gesellschaften gestellt werden. Sie tragen zum einen zur Stabilisierung der Abflußrinnen bei, zum anderen bieten sie willkommenen und sonst kaum vorhandenen Schutz für Menschen und Tiere.

Den hier genannten Vorschlägen für langfristige Verbesserungen der weidewirtschaftlichen Grundlagen aus biogeographischer Sicht stellen sich gegenwärtig noch kaum zu überwindende Schwierigkeiten entgegen. Abschließend sollen nur die wichtigsten genannt werden.

Es kann derzeit kaum erhofft werden, daß der oben skizzierte Weidewechsel mit den einzuschiebenden Ruhepausen zu verwirklichen ist. Es wird dies vor allem an den divergierenden Interessen der einzelnen Stammesverbände scheitern, die traditionsgemäß an den genannten Großräumen unterschiedlich hohe Flächenanteile beanspruchen. Ebenso ist wohl kaum anzunehmen, daß die für bestimmte Gebiete dringend einzulegenden, oft mehrjährigen Ruhe- bzw. Regenerationspausen eingehalten werden können. Die Besatzdichte ist heute im Gesamtraum zu hoch, als daß auch nur auf kleinste, eventuell nur wenig produzierende Flächen innerhalb der vom Wasserangebot bestimmten Reichweite der Herden verzichtet werden könnte.

Weitere Schwierigkeiten werden sich schließlich in Trockenjahren mit unterdurchschnittlicher pflanzlicher Produktion einstellen. Für solche Zeiten müßten Futterreserven in den Randlandschaften bereitstehen, gegebenenfalls sollte auch der Transport von Herden über große Entfernungen gewährleistet sein. Das Weidemanagement müßte also auch auf die Randlandschaften mit ausgedehnt werden, die zum gegenwärtigen Zeitpunkt darauf nicht eingestellt sind.

C. Ergebnisse tiersoziologischer Untersuchungen

In dem Abschnitt über die Tierwelt der ostmarokkanischen Hochplateaus wurde bereits eine allgemeine Charakterisierung der Trockensteppenfauna versucht; es wurden die wichtigsten Vertreter unter den Wirbeltieren und den Wirbellosen vorgestellt und eine räumliche Gliederung nach tiergeographischen Gesichtspunkten erarbeitet. Dabei war u. a. aufgefallen, daß mehrere Arten aller behandelten Tiergruppen deutliche Habitatpräferenzen zeigen [94]. Wenigstens teilweise konnten diese Präferenzen großräumig mit klimatischen Werten korreliert werden; kleinräumig halfen Substratbeschaffenheit und Pflanzengesellschaft, die Verbreitung von Arten zu erklären.

Mit Hilfe von Fallen- und Zeitfängen sind Gruppen der bodenlebenden Arthropoden etwas näher erfaßt worden, insbesondere die Coleoptera. Auf die benutzten Untersuchungstechniken ist im methodologischen Teil ausführlich eingegangen worden. Es muß allerdings nochmals betont werden, daß das Material bisher insgesamt nicht ausreicht, sichere Angaben über Verbreitungsmuster und habitatbindende Faktoren zu machen, wie das in einschlägigen Arbeiten mit langjährigen Untersuchungen erfolgreich durchgeführt worden ist (z. B. THIELE und KOLBE 1962, TIETZE 1973). Wir sind auch noch weit davon entfernt, die Skizzierung biozönotischer Konnexe vorzunehmen, wie das schon bei TISCHLER (1955) für ökologisch vergleichbare Räume Innerasiens und der USA geschah. Schließlich haben auch

---

[94] Es wird auf das Überblicksprofil der Ökotop-Typen der ostmarokkanischen Hochplateaus verwiesen, in dem die für einzelne Ökotope besonders kennzeichnenden Arten aufgeführt sind.

die Untersuchungsschritte zu einigen zentralen Fragen dieser Arbeit, z. B. zu den weidewirtschaftlichen Problemen, keinen gegenwärtig sichtbaren Bezug.

Nun darf aber andererseits auch nicht verkannt werden, daß Tiere ebenso wie Pflanzen durch die Ansprüche, die sie an ihre Umwelt stellen und die in der ökologischen Valenz zusammengefaßt werden können, in gleichem Maße geeignet sind, räumliche Qualitäten anzuzeigen, also als Bioindikatoren gewertet zu werden. Offensichtliche Beziehungen ergeben sich über die Nahrungskette, andere Faktoren können aber von ebenso entscheidender Bedeutung sein. Zum besseren Verständnis räumlicher Wirkungsgefüge wird deshalb auch die Tierwelt in die Betrachtungen mit einzubeziehen sein. Dazu erfolgt hier ein erster Schritt.

In Tafelbeilage 3 sind die Ergebnisse der Zeit- und Fallenfänge für die Coleoptera zusammengefaßt; die Abbildungen 40—43 zeigen Gruppenspektren der bodenlebenden Arthropoden an verschiedenen Standorten und für verschiedene Zeitpunkte. Diese Darstellungen werden im folgenden im Hinblick auf Fragen der Verbreitung im Ag interpretiert, wobei insbesondere die Beziehungen einzelner Arten zu bestimmten Pflanzengesellschaften im Mittelpunkt stehen. Biotopbindende Faktoren sind noch nicht mit ausreichender Sicherheit zu isolieren. Dazu fehlen nicht zuletzt autökologische Untersuchungen, wie überhaupt zur Biologie der Wirbellosenfauna unsere Kenntnisse noch sehr große Lücken aufweisen. So wäre es z. B. unbedingt erforderlich, für eine ökologisch begründete Erklärung der Verbreitung von Arten ihre Embryonal- und Larvalentwicklung genauer zu erforschen, da hier die sensibelsten Phasen ihrer Entwicklung liegen und nur begrenzende Faktoren erfaßt werden können. Auch über den jahreszeitlichen Rhythmus des Auftretens der Imagines wie über die tageszeitlichen Aktivitätsphasen einzelner Arten sind wir kaum orientiert. Daß ersterer eine große Rolle spielt, kann mit Tabellen in Tafelbeilage 3 nachgewiesen werden, in denen für je einen Artemisia- und Halfa-Standort die Fänge in etwa monatlichen Abständen von Oktober bis Juni verzeichnet sind. Eine Erklärung dieses Rhythmus im einzelnen, für den z. B. das Nahrungsangebot, aber auch klimatische Faktoren verantwortlich sein können, ist gegenwärtig ebenfalls noch nicht möglich.

Die Teiltabelle der Coleoptera-Zeitfänge (Tafelbeilage 3) erlaubt eine Reihe von Rückschlüssen auf die Verbreitung und besonders auf die Grenzen der Verbreitung einzelner Arten im engeren Ag, wobei wir das Auftreten in verschiedenen Pflanzengesellschaften zunächst einmal hintanstellen.

Ein großer Teil der individuenreichsten Arten, vor allem Tenebrioniden und Chrysomeliden, sind im gesamten engeren Ag verbreitet. Gleiches gilt auch für einige Scarabaeus-Arten, die aber zusammen mit Ontophagus-Arten und weiteren guten Fliegern ohnehin schwerer in ihrer räumlichen Verbreitung zu erfassen sind. Wenn diese Arten somit auch nicht zur räumlichen Differenzierung auf Grund ihrer Verbreitungsgrenzen herangezogen werden können, so erlaubt ihr Individuenreichtum aber doch die Beobachtung gehäuften oder vereinzelten Auftretens im Ag und damit Erkenntnisse zur Habitatspräferenz.

Als „Mikrohabitate" spielen besonders auf den Fuß- und Überschwemmungsflächen (kaum abgeschwächt aber auch überall sonst) einzelne größere Steine oder Steinhaufen eine bedeutende Rolle. Die Schutzfunktion dieser Steine muß nicht erläutert werden, erklärt werden müssen aber interessante Differenzierungen in den Artenkombinationen der auftretenden Käferpopulationen. Die genannten Steinansammlungen sind in ihrer gegenwärtigen Lage entweder das Ergebnis der physikalischen Verwitterung und des natürlichen Massentransports, oder sie sind von den Nomaden für die Anlage der Zelte zusammengetragen worden und blieben nach Verlassen der Zeltplätze zurück. Mit sehr hoher Wahrscheinlichkeit werden nahezu ganzjährig bei den letztgenannten Steinansammlungen Arten wie *Timarcha latipes, T. laevigata, Gonocephalum prolixum, Pimelia gibba, Cymindis setifensis* zu finden sein. An etwas feuchteren Standorten gesellen sich noch *Morica jevini, Asida ruficornis* und verschiedene Hoplarion- und Scaurus-Arten hinzu. Alle diese Arten dürfen wohl mit großer Sicherheit als „Kulturfolger" angesprochen werden. Damit stehen sie in einem gewissen Gegensatz zu anderen Arten, die stärker in den nicht oder kaum beeinflußten Steinansammlungen hervortreten, wie z. B. *Chrysomela bicolor, Micipsa instriata, Paracelia simplex*.

Andere häufig im gesamten Ag vertretene Taxa, wie *Zophosis ghilianii* sowie einige Scarabaeus-, Pimelia-, Erodius- und Adesmia-Arten, verzichten fast völlig auf den Schutz der Steine. Sie sind aber allesamt wegen ihrer Grabbeine dazu in der Lage, sich sehr schnell in vorzugsweise lockeren, sandigen Substraten zu verbergen. Deshalb suchen sie vor allem in den Grashorsten und Zwergsträuchern sowie den von diesen bedingten kleinen Sandanhäufungen Schutz und Möglichkeiten der Eiablage, wobei die Scarabaeiden hier ihre Kotbällchen eingraben [95].

---

95) Die nähere Erkundung solcher Mikrohabitate bzw. Mikrobiotope, zu denen auch die etwas größeren nebket zu stellen sind, verspricht weitere wichtige Erkenntnisse, erfordert aber auch sehr eingehende, langandauernde Beobachtung.

Die nur in Teilbereichen des engeren Ag auftretenden Arten lassen in ihrer Verbreitung weitere Bindungen an verschiedene Geofaktoren erkennen. Viele Arten sind auf den Norden und den hochgelegenen Westen des Ag, also die insgesamt kühleren und feuchteren Bereiche, beschränkt. Die meisten dieser Arten, wie z. B. *Orthamus barbarus, Scarabaeus laticollis, Pachychila lesnei,* haben ihren Verbreitungsschwerpunkt ohnehin in den nördlich angrenzenden Gebieten. Man darf wohl annehmen, daß sich diese Arten vor den strengen, langanhaltenden Wintern besser schützen können als vor zu großer Trockenheit, da sie in den südlich und östlich anschließenden Räumen fehlen. Ebenso erreichen aber auch Taxa mit südlichen, teilweise saharischen Verbreitungsschwerpunkten, wie *Pachychila sicardi, Mylabris hirtipennis* oder *Adesmia dilatata,* diese feuchteren Bereiche nicht. Sehr eng verwandte Arten oder Unterarten, die morphologisch nur schwer zu unterscheiden sind, treten als vikariierende Arten nur in den nördlichen bzw. südlichen Räumen des Ag auf, z. B. *Scaurus dubius* und *S. tristis, Pimelia boyeri* und *P. brisouti* sowie *Adesmia metallica ssp. faremonti* und *A. metallica ssp. mediocostata.*

Die Tenebrioniden, die insgesamt ca. 40 % aller Käferarten und etwa die Hälfte aller Käferindividuen stellen, scheinen nur im Einzelfall engere Bindungen an bestimmte Pflanzengesellschaften zu besitzen. Das ist auch kaum erstaunlich, da sie sich überwiegend von abgestorbener pflanzlicher Substanz ernähren und dabei wenig wählerisch zu sein scheinen. Wenn wir beim Vergleich von Zeitfängen an verschiedenen Standorten den Verwandtschaftsgrad dieser Fänge nur für die Tenebrioniden vergleichen, so ergibt sich eine mehr oder weniger linear mit der wachsenden Distanz zwischen den betreffenden Standorten verlaufende Abnahme des Verwandtschaftsgrades [96]. Da das für Standorte aller Pflanzengesellschaften zutrifft, müssen wohl andere Bindungen als die an bestimmte Pflanzenarten dafür verantwortlich sein, wahrscheinlich klimatische. Auch für die Käfer scheint, wie schon oben für die Vögel und andere Tiergruppen angedeutet, die 200-mm-Isohyete eine wichtige Verbreitungsgrenze zu sein.

Besonders enge Bindungen an höhere Bodenfeuchte besitzen die im Ag vorkommenden Carabiden. *Calathus fuscipes* besiedelt nur die feuchtesten Biotope, z. B. im Beckentiefsten der Depressionen in Perimeter 14. Auch *Orthamus barbarus* wurde dort gefangen, ist aber etwas stärker an größere Trockenheit angepaßt. Das gilt in noch höherem Maße für die weit verbreiteten und individuenreichen Arten *Celia veteratrix, Paracelia*

---

96) Der Verwandtschaftsgrad wird in Prozent der gemeinsamen Arten zweier Zeitfänge von den insgesamt ermittelten Arten ausgedrückt.

simplex, Cymindis setifensis und besonders *Amara cottyi.* Dennoch nutzen auch diese Arten die örtlich feuchtesten Biotope, z. B. unter größeren Steinen, wo sie die nichtaktive, in diesem Fall heißeste Tageszeit verbringen.

Eine Reihe von Arten besitzt weitere charakteristische räumliche Verbreitungsmuster, bei denen den verschiedenen Pflanzengesellschaften zunächst indirekt eine mitentscheidende Rolle zufällt. In Tafelbeilage 3 wurden zwei Gruppen ausgegliedert, von denen die erste nur in den Artemisia-Gesellschaften im Süden fehlt, während die zweite überall — bis auf die Standorte in den Halfa-Gesellschaften im Norden des Ag — vorkommt. Die Arten der ersten Gruppe, zu der *Pimelia boyeri, Sepidium wagneri* und *Graphopterus serrator* gehören, meiden also nur die trockensten und am wenigsten Schutz bietenden Standorte im Südosten. Die Arten der zweiten Gruppe mit *Micipsa mulsanti, Adesmia dilatata* und *Melyris rubripes* sind dagegen an den feuchtesten Standorten mit besonders dichtem Pflanzenkleid nicht mehr konkurrenzfähig. Mit hoher Wahrscheinlichkeit fallen die Verbreitungsgrenzen dieser Gruppen mit der bereits genannten 200-mm- bzw. mit der 400-mm-Isohyete zusammen.

Schließlich lassen weitere Arten Bindungen an Pflanzengesellschaften erkennen, ohne daß dabei allerdings schon jeweils klar wäre, welche Käferarten mit welchen Pflanzenarten durch diese im engsten Sinn biozönotischen Zusammenhänge miteinander verbunden sind und welcher Art diese Verknüpfungen sind. Zweierlei fällt bei den hier ermittelten Arten auf. Zum einen gehören sie durchaus verschiedenen Familien an, wobei die sonst so vorherrschenden Tenebrioniden als besonders kennzeichnende Arten jetzt hinter den Scarabaeidae, den Alleculidae und den Meloidae zurückbleiben. Zum anderen sind mehrere dieser Arten als Imagines nur kurzzeitig vertreten. In einzelnen Fällen fällt so z. B. das Auftreten mehrerer Mylabris-Arten mit der Blühphase verschiedener Annueller zusammen. *Heliotaurus distinctus* ist nur an blühenden Retama-Sträuchern beobachtet worden, *Heliotaurus coerulens* nur an blühenden Halfahorsten.

Schon nach diesen wenigen und noch stark hypothetischen Ergebnissen darf wohl mit Recht unterstellt werden, daß ausreichend lange und umfangreiche Untersuchungen zur Verbreitung (und Erklärung dieser Verbreitung) der bodenlebenden Arthropoden, besonders der Coleoptera, gerade für die Feingliederung von Ökotopen und Ökotopgefügen wertvolle Erkenntnisse vermitteln können.

Es soll hier abschließend noch auf Fragen der Besiedelungsdichte von Käferpopulationen an den wichtigsten Standorten eingegangen werden. Natürlich sind auch Dichteangaben problematisch. Der Aufnahme-Zeitpunkt ist von großer Bedeutung (Tafelbeilage 3). Die hier zugrunde gelegten Zahlen haben ebenfalls nur im Vergleich der Standorte untereinander einen gewissen Wert, da sie einheitlich auf den Ergebnissen der Zeitfänge im April/Mai 1974 beruhen. Eine Kennzeichnung mit absoluten Werten der Besiedelungsdichte, in der Arten- und Individuenzahl gleichermaßen berücksichtigt werden, erlaubt unser Material nicht. Dennoch lassen sich Tendenzen und Regelhaftigkeiten feststellen.

Im Vergleich von anthropogen möglichst unbeeinflußten Halfa- und Wermutgesellschaften fällt auf, daß die Werte der Besiedelungsdichte kaum stärker voneinander abweichen. Unter Berücksichtigung aller Ergebnisse lassen sich in den Wermutgesellschaften zwar durchschnittlich etwas höhere Werte feststellen, doch ist es fraglich, ob das signifikant ist und, wenn ja, ob es wirklich an den verschiedenen hauptbestandbildenden Arten liegt. Deutlicher sind die Beziehungen zwischen therophytenreichen oder -armen Beständen, zwischen Gesellschaften mit hohem oder niedrigem Deckungsgrad auf der einen und der mehr oder weniger hohen Besiedelungsdichte durch Käfer auf der anderen Seite. Während mit zunehmendem Deckungsgrad die Besiedelungsdichte auch etwa linear zunimmt, scheint ein besonderer Therophytenreichtum bis zu einem gewissen Grad mit einer exponentiellen Zunahme der Besiedelungsdichte verbunden zu sein.

Die Individuen- und Artendichte der Käfer ist also ganz offensichtlich kausal mit dem Nahrungsangebot verknüpft. Das zeigen im übrigen auch die Ergebnisse der Fallenfänge auf benachbarten Flächen in einer Halfagesellschaft und auf einer Regenfeldbauparzelle in Perimeter 1, die in Abbildung 43 auch graphisch dargestellt sind. Gerade das Nahrungsangebot, aber auch ein sich bietender Schutz vor Feinden oder die Lebensmöglichkeiten begrenzenden Klimafaktoren führen zu inselhaft verbreiteten Biotopen verschiedener Größenordnung, in denen tierische Lebewesen ganz allgemein, im speziellen Fall auch Käfer und andere bodenlebende Arthropoden, gehäuft auftreten. Solche Biotope sind in flächenmäßig größerer Ausdehnung die Retama-nebket oder auch die nächste Umgebung von Wasserstellen. Auf kleinstem Raum sind es, wie bereits erwähnt, einzelne Grashorste, Zwergsträucher oder größere Steine.

Schon bei den Wasserstellen muß hierfür aber mit Sicherheit der Einfluß des Weideviehs zur Erklärung mit herangezogen werden, während dieser Einfluß — und ganz allgemein anthropogene Beeinflussung — bei den Zeltplätzen und Regenfeldbauparzellen überwiegt. Es darf angenommen werden, daß auch tierische Taxa den Grad der Belastung von Weideflächen anzeigen können; doch sind unsere derzeitigen Kenntnisse hiervon noch zu lückenhaft.

Auch zur Lösung der insgesamt in diesem Abschnitt angeschnittenen Fragen der biozönotischen Verknüpfungen und der Zusammenhänge mit abiotischen Variablen sind noch umfangreiche und zeitlich ausgedehnte Untersuchungen nötig.

III. Zusammenfassende Betrachtung der gegenwärtigen bevölkerungs- und wirtschaftsgeographischen Probleme der ostmarokkanischen Hochplateaus und Perspektiven einer zukünftigen Entwicklung

Bei der Einführung in die Landesnatur der ostmarokkanischen Hochplateaus sowie der Skizzierung der gegenwärtigen bevölkerungs- und wirtschaftsgeographischen Situation wurden viele Fragen aufgeworfen. Zunächst ist sichtbar geworden, daß dieses Trockensteppengebiet zu den Räumen zu zählen ist, deren landwirtschaftliches Potential — also die durchschnittliche Menge der spontan erzeugten pflanzlichen Produktion jenseits der vertretbaren Regenfeldbaugrenze — nur durch eine Form der extensiven Weidewirtschaft genutzt werden kann. Aus wirtschaftlicher Sicht ist hier der Nomadismus die ideale Anpassung. Es steht ebenfalls außer Frage, welch wichtiger Ergänzungsraum dieses Gebiet allein schon für die intensiv genutzten Acker- und Gartenbaugebiete wie auch für die Städte im nördlichen Ostmarokko sein könnte [97].

Nun wurde aber auch versucht zu zeigen, wie einerseits die zunehmende und überwiegend nomadisierende Bevölkerung der Trockensteppen über die Händler auf den Souks durchaus Anregungen aus den Städten und wirtschaftlich stärkeren Nachbarräumen erhält und wenigstens für die kommende Generation die Bereitschaft, ja sogar der Wunsch nach einem wirtschaftlichen und sozialen Wandel deutlich wird. Andererseits ist durch den heutigen Viehbesatz auch schon in durchschnittlichen Ertragsjahren die Grenze überschritten, welche eine selbständige Regeneration der Weidegründe garantiert. Gerade weil aber die Belastung noch nicht sehr lange und nicht viel zu hoch ist, ergibt sich hier die Chance, frühzeitig eingreifen und eine Entwicklung einleiten zu können, bei der nicht — wie ja oft üblich

---

[97]) Bereits gegenwärtig werden die Städte Oujda, Taza und sogar Fes zum großen Teil von hier aus mit Hammelfleisch versorgt.

— die Restauration im Mittelpunkt steht, sondern die Reform. Hierzu wurden im Rahmen der biogeographischen Untersuchungen Beobachtungen gesammelt und Möglichkeiten aufgezeigt.

Im folgenden sollen nochmals die wichtigsten Probleme des untersuchten Raumes und einige Vorschläge für eine künftige Entwicklung zusammenfassend dargestellt werden.

A. Die gegenwärtigen bevölkerungs- und wirtschaftsgeographischen Probleme der ostmarokkanischen Hochplateaus

Erste Probleme ergeben sich bereits, wenn zunächst das Verhältnis „Mensch — natürliche Umwelt" in den Mittelpunkt der Betrachtung gerückt wird. Selbstverständlich haben sich viele aus dieser Sicht ergebende Fragen schon immer für die Nomaden in den ostmarokkanischen Trockensteppenräumen gestellt. Dennoch müssen sie hier kurz der Vollständigkeit halber erwähnt werden.

Die sommerliche Trockenzeit erfordert eine Reihe von Anpassungen in Bezug auf Kleidung und Behausung. Die Anpassungen an die hohen Temperaturen werden von der hier lebenden Bevölkerung als offenbar ausreichend empfunden, wenn man sich auch den unangenehmen heißen Staubstürmen kaum entziehen kann. Als ungenügend werden aber die Möglichkeiten beklagt, sich in kalten Winternächten und gegen die eisigen Winde zu schützen. Trotz großer Abhärtung gewähren bei dem verbreiteten Mangel an Brennmaterial die übliche Kleidung nebst Schuhwerk und auch die Zelte nur mangelhaften Schutz. Erkältungen und sogar Erfrierungen, insbesondere aber Erkrankungen der Ohren und Nierenentzündungen, sind die Folge. Andere Beschwerden, vor allem Magen- und Darmkrankheiten, sind indirekt klimatisch bedingt. Im Sommer werden viele Nomaden zum Genuß von minderen Wasserqualitäten gezwungen, was zu schweren Verdauungsstörungen führt, weil dieses Wasser wenigstens teilweise unabgekocht getrunken wird.

Dieses unerfreuliche Thema muß auch auf die ebenfalls mit dem Klima zusammenhängenden Augenkrankheiten ausgedehnt werden und auf das Fehlen primitivster hygienischer Voraussetzungen; schließlich sind falsche oder mangelhafte Ernährung und ihre Folgen zu berücksichtigen. Letztere sind sowohl auf die Armut vieler Familien zurückzuführen, die sich keine abwechslungs- und kalorienreichere Nahrung leisten können, als auch auf die freiwillige Isolation, die den Besuch von Märkten mit Einkaufsmöglichkeiten auf ein Mindestmaß beschränkt. Die Wandergewohnheiten verbieten ganz allgemein eine sachgemäße Behandlung von Krankheiten. Nicht nur aus finanziellen Gründen gibt es für Nomaden auch heute noch keine ärztliche Versorgung.

Ebenso fehlt natürlich jede Möglichkeit des Schulbesuchs und jeglicher Schulung überhaupt. Das gilt nicht nur für die Kinder, sondern auch für die Erwachsenen. Gerade durch die Unterweisung letzterer könnten ohne großen Aufwand auch einige der oben genannten Probleme gelöst oder vermieden werden. Auch auf dem Sektor der Viehzucht und der Viehhaltung wäre eine solche Unterweisung von großem Wert. Nicht nur die oft großen Entfernungen zum nächsten Schul- oder Unterweisungsort wirken als Hindernis, auch nicht die regelmäßigen Wanderungen, die ja viele Nomaden im Winter den größeren Siedlungen näher bringen. Vielmehr sind hauptsächlich die mangelhafte infrastrukturelle Erschließung, insbesondere das Verkehrsnetz, vor allem aber die verbreitete Armut und die Abhängigkeit von wenigen reichen „opinion-leaders" hierfür verantwortlich.

Auf Schwierigkeiten und Probleme dieser und ähnlicher Art, die sich aus sozialen Gegensätzen und der Macht der Reichen oder besser der Ohnmacht der Armen ergeben, kann hier nur hingewiesen werden. Es können hierzu auch weiter unten keine Empfehlungen gegeben werden, denn alle Betroffenen kennen die gegenwärtige Situation und die Möglichkeiten, sie zu ändern, viel besser, als sie ein Außenstehender je wird überblicken können. Insgesamt unterstreichen die bisher angeführten Punkte nur noch einmal, wie rückständig und peripher im weitesten Sinn dieser Raum innerhalb Marokkos ist.

Ein Teil der Armut ist aber natürlich auch ursächlich mit den Wirtschaftsgewohnheiten verbunden. Zwar führt nur selten der Zwang zur Produktion eines Minimums für den Unterhalt der Familie zu falscher Nutzung. Es wird aber fast immer versucht, ein den jeweiligen klimatischen Voraussetzungen entsprechendes Maximum aus dem jährlich unterschiedlich hohen Angebot an Wasser und Futterpflanzen herauszuholen. Dabei wird bewußt in Kauf genommen, daß die Herden in kommenden, möglicherweise trockeneren Jahren stark dezimiert werden, ebenso — und vielleicht unbewußt, weil die entsprechende Unterweisung fehlt — eine zunehmende Verschlechterung der Weidegründe. So muß gegenwärtig vor allem um die wichtigen Brunnenorte, aber nicht nur dort, schon ein erhebliches Maß an endgültiger oder nur sehr schwer wieder zu behebender Zerstörung von Vegetation und Boden festgestellt werden. Die sommerliche Wasserarmut und die weit voneinander entfernt liegenden perennierenden Wasserstellen sind andererseits jedoch auch der Grund dafür, daß noch relativ große Flächen im Ag von der Beweidung fast ganz ausgenommen sind.

Die große Zahl der armen Nomadenfamilien muß versuchen, ihren Lebensunterhalt durch jede sich zusätzlich bietende Erwerbsquelle zu sichern. So erklärt sich auch der allein auf den Niederschlag und eventuell etwas Zuschußwasser von den umliegenden Hängen gegründete Regenfeldbau in Tälern und auf Ouedterrassen, weit südlich einer vertretbaren Anbaugrenze. Abgesehen von den unsicheren und auch im besten Fall nur niedrigen Erträgen gehen hierdurch die besten Weideflächen verloren, und zwar nicht nur im Jahr der Bestellung, sondern auch später, da sich auf diesen bour-Parzellen zunehmend nitrophile Arten, wie etwa *Pegamum harmala*, durchsetzen, die nicht gefressen werden. Außerdem wird die Erosions- und Deflationsgefahr erhöht.

Vor der Protektoratszeit waren die Möglichkeiten eines nicht auf die Viehwirtschaft gegründeten Nebenerwerbs sehr beschränkt. Handarbeiten, wie geknüpfte Teppiche und Matten, oder andere Erzeugnisse aus Wolle und Halfagras wurden nur für den eigenen Bedarf hergestellt. Auch das Sammeln von Kräutern und Gewürzpflanzen beschränkte sich auf den eigenen Haushalt. Die Transportfunktion spielte bei den Kleintiernomaden — und hierzu gehören fast alle Oulad el Hajj und Beni Guil — keine Rolle. Aus Land-, Haus- und Wasserbesitz in den Oasen des Moulouyatals und von Figuig flossen nur wenigen zusätzliche Einkünfte zu.

Zuerwerb, für manche auch Haupterwerb und damit ausreichendes Motiv zur Seßhaftwerdung, boten in der Protektoratszeit der Bergbau und die Halfanutzung, eventuell auch Saisonarbeit in den landwirtschaftlich intensiv genutzten Räumen an der Mittelmeerküste und im westlichen Marokko.

Es wurde schon geschildert, daß heute diese Möglichkeiten zum größten Teil nicht mehr bestehen. Hieraus aber ergibt sich die gegenwärtige Hauptproblematik: empfindliche Einschränkung des Nebenerwerbs bei gleichzeitig wachsendem Bevölkerungsdruck durch den natürlichen Zuwachs und die Rückwanderung mit den schon skizzierten Folgen der Überstockung und Übernutzung weiter Bereiche der ostmarokkanischen Trockensteppengebiete.

B. Perspektiven einer zukünftigen Entwicklung der ostmarokkanischen Hochplateaus

Schon vor über sieben Jahrzehnten stellten Bernard und Ficheur (1902, S. 421) fest, daß es sich bei der Gesamtheit der marokkanischalgerischen Hochplateaus um „des pays des pasteurs et d'éleveurs nomades" handeln würde, und sie fahren fort: „et ils ne paraissent pas sauf en des points très limités pouvoir jamais devenir autre chose". Heute würde auch in Marokko wie in vielen Staaten des altweltlichen Trockengürtels von seiten der Regierung verständlicherweise ein Seßhaftwerden der Nomaden sehr begrüßt werden. Man hat nur noch nicht das erfolgversprechende Rezept gefunden. Nach der von uns gewonnenen Einschätzung würde hierdurch aber nur eine Reihe von bestehenden Problemen durch eine wahrscheinlich größere Zahl neuer Probleme abgelöst werden. Kommen wir aber, wie schon BERNARD und FICHEUR, für diesen Raum — und wie viele andere Autoren in jüngerer Zeit zu ähnlichen Fragen in vergleichbaren Räumen — zu dem Schluß, als Lösung der geschilderten Probleme in den für eine extensive Wanderweidewirtschaft prädestinierten Trockensteppengebieten Ostmarokkos nicht unbedingt die Entnomadisierung, die Seßhaftmachung, zu sehen, so müssen wir nach den Möglichkeiten einer Verbesserung des Lebensstandards für den hier lebenden Teil der marokkanischen Bevölkerung suchen und Perspektiven einer zukünftigen wirtschaftlichen Entwicklung aufzeigen.

Eine solche Entwicklung muß zunächst auf die Sicherung, dann auch auf mögliche Verbesserungen der wirtschaftlichen Grundlagen gerichtet sein. Besonderes Augenmerk gilt dabei den Minimumfaktoren Wasser und Futter. Wenden wir uns der Wasserfrage zu.

Es darf davon ausgegangen werden, daß erstens den hier lebenden Nomaden alle traditionellen Möglichkeiten der kurz- oder langfristigen Wassernutzung bekannt sind und daß zweitens zu keiner Zeit auch nur die kleinste Wassermenge vergeudet wird. Es wird also nötig sein, weitere Wasserstellen mit Hilfe der modernen Technik zu erschließen [98], vor Verdunstung und Versickerung geschützte Reservoire anzulegen oder nach Ausbau des Pistennetzes den Wassertransport mit Tankwagen in wasserlose Weidegebiete zu gewährleisten. Erschließung neuer Wasserstellen bedeutet nicht unbedingt kostspielige Tiefbohrung. Zu denken ist auch an Sedimenttalsperren mit möglichst salzfreien, aber speicherfähigen Alluvionen in den größeren Oueds. Hilfreich wären in einigen Fällen Motorpumpen oder windgetriebene Wasserheber, die allerdings dauernd überwacht

---

98) Daß dies möglich ist, zeigten Versuchsbohrungen nach Erdöl 1968 im Raum von Hassi el Ahmar. Öl wurde bis zur Aufgabe des Versuchs bei 3800 m Tiefe nicht gefunden, Wasserhorizonte mit — laut Auskunft der Nomaden — großer Schüttung wurden jedoch mehrfach angebohrt.

und gewartet werden müßten [99]. In besonders trockenen Jahren, in denen dann ja auch die Futtermengen nicht ausreichen, muß ohnehin an einen Transport der Herden ins Mouluoyatal oder in die Ebenen im Norden gedacht werden. Entscheidend ist aber, daß nach der Anlage neuer Brunnen o. ä. nicht auch sofort die Zahl der Tiere erhöht wird, ein schwieriges Problem in einer Gesellschaft, in der 50 fette Tiere weniger wert sind als 80 magere, am Rande des Existenzminimums lebende.

Bei den Futtergrundlagen muß zunächst an eine Sicherung und an den Schutz des natürlichen Produktionspotentials gedacht werden. Es wurde versucht zu zeigen, daß die Weidegründe im engeren Ag sehr unterschiedlich belastet werden. Während sich einerseits insbesondere um die Wasserstellen, aber auch entlang der größeren Oueds mit Hilfe von Vegetationsaufnahmen eine erhebliche Verarmung der verschiedenen Pflanzengesellschaften und starke Umlagerungs- und Abtragungstendenzen des Bodens bzw. der bodenäquivalenten Substrate nachweisen lassen, sind andererseits auch noch größere geschlossene Gebiete ganz oder für längere Zeit im Jahr von der Beweidung ausgenommen. Ein erster Schritt zur Wiederherstellung und Erhaltung eines wünschenswerten biozönotischen Gleichgewichts mit einer gleichmäßigen und begrenzten Belastung wäre eine Regelung des Weidegangs. Eine solche Regelung müßte zunächst einmal sowohl den langjährigen Schutz besonders stark degradierter Gebiete umfassen als auch ganz allgemein in periodischem Wechsel Ruhepausen für alle Weidegebiete vorsehen. Nur so können sich wertvolle einheimische Arten, wie z. B. *Medicago laciniata*, *Lotus maroccanus*, *Cynodon dactylon* und viele Astragalus-Arten, regenerieren und eventuell sogar ausbreiten. Nur dann kann auch mit einiger Aussicht in feuchteren Gebieten versucht werden, neue und besonders gute Futterpflanzen, vor allem Gräser, einzuführen, um so auch allmählich den Nährwert der Weide pro Flächeneinheit zu erhöhen.

Vor allem in Trockenjahren müßte der Weidegang stark eingeschränkt werden, ebenso im Frühjahr, damit nicht schon die jüngsten Keimpflanzen und Triebe abgefressen werden und die mögliche pflanzliche Produktion gar nicht mehr erreicht wird. Schließlich dürfen die besten Weideflächen auf den Terrassen und Spülflächen der Oueds natürlich nicht mehr durch den Anbau von Getreide genutzt, sondern müssen ganz mit in die Be-

---

99) Nach Ausnutzung der mit Hilfe moderner Maschinen noch zu erreichenden Wassermengen wird sich wahrscheinlich die jüngst in Gang gekommene Diskussion um eine Wasser-Pipeline aus dem Mouluoyatal auf die Hochplateaus erübrigen.

weidung eingeschlossen werden. Dabei ist aber die Zuleitung von Zuschußwasser von den umliegenden Hängen auf diese Flächen beizubehalten.

Solche Maßnahmen sind aber nur unter zwei Voraussetzungen zu realisieren. Zum einen müssen die Nomaden selbst von solchen Regelungen überzeugt und zur Mitarbeit gewonnen werden, natürlich ohne Ausnahme. Zum anderen muß dann aber zur Überbrückung von Futterlücken in besonders trockenen Jahren oder auch nur in den alljährlichen Trockenzeiten eine ausreichende Versorgung der Herden anderweitig gesichert werden. Diese zweite Forderung ließe sich ohne große Schwierigkeiten erfüllen, wenn man in den angrenzenden Räumen, in denen Regenfeldbau (Gaada von Debdou, der gesamte Norden des engeren Ag) oder auch Bewässerungsfeldbau (Becken von Berguent, mittleres Moulouyatal) möglich sind, die noch fast reine Subsistenzwirtschaft auf den Futterbau umstellen und gleichzeitig Möglichkeiten schaffen würde, das Futter zu konservieren und zu lagern. Die erste der genannten Forderungen scheint dagegen allein schon aus organisatorischen Gründen jedenfalls zum gegenwärtigen Zeitpunkt kaum zu erfüllen zu sein. Es wäre hierzu entweder eine absolut anerkannte, einflußreiche Stammesführung oder eine funktionstüchtige junge zentralistische Administration nötig. Ersteres ist aber nicht mehr, letzteres noch nicht der Fall. Vielleicht könnte auch hier eine Lösung auf genossenschaftlicher Basis gefunden werden.

Überhaupt scheint eine Reihe von wünschenswerten Entwicklungen mit Genossenschaften oder vergleichbaren Formen funktionstüchtiger Zusammenschlüsse am ehesten einzuleiten zu sein. Was nämlich für die Wasser- und Futterversorgung gilt, kann und muß auch auf andere Bereiche ausgedehnt werden. Es gehören hierher Fragen der Tierzucht und neuer Rassen ebenso wie etwa der Bau von Gehegen oder Schutzeinrichtungen für die Tiere vor klimatischen Extremen. Besonders nötig ist auch eine geregelte Vermarktung, die über Absatzgenossenschaften mit Preisgarantien für Fleisch und Wolle erhebliche Verbesserungen bringen und eventuell sogar einen Markt für Milchprodukte (Schafs- und Ziegenkäse) erschließen könnte. Infrastrukturelle Maßnahmen, vor allem der Ausbau eines ausreichend engen Pistennetzes, sind hierfür Voraussetzung.

Die bisher geschilderten Punkte hatten vorrangig eine wirtschaftliche Verbesserung zum Ziel. Natürlich würde hiervon auch das tägliche Leben der Nomaden betroffen werden, etwa durch reichere Mahlzeiten oder durch wärmere Kleidung im Winter. Es ist nun aber zu fragen, ob nicht unter den hier skizzierten Perspektiven, die ohnehin einen häufigeren und regelmäßigen Kontakt mit den Verwaltungssitzen und Siedlungen der Randlandschaften erfordern, ob nicht unter diesen Vorzeichen sich auch Vorteile durch ein Seßhaftwerden von Teilen der Familie ergäben. Es müßten ja nur wenige Familienmitglieder, die sich periodisch ablösen können, in den Zelten mit den Herden ziehen.

Diese Frage ist durchaus nicht ohne weiteres zu bejahen, da sich für die Seßhaftwerdenden neben offensichtlichen Vorteilen, wie Marktnähe, ärztliche Versorgung, Schulungsmöglichkeit u. a. m., auch Nachteile einstellen können, die neben der größeren Infektionsgefahr wohl vor allem im sozial-psychologischen Bereich liegen. Die jüngere Generation unter den Nomaden würde einen solchen Wandel zu einer möglichst flexiblen Form des Teilnomadismus nicht mehr als sozialen Abstieg betrachten, ganz im Gegenteil. Für sie bedeutet der feste Wohnsitz in einer ländlichen Siedlung oder sogar in der Kleinstadt, daß sie ein wenig mehr Anteil an den Errungenschaften einer modernen technischen Welt haben wird. Gleichermaßen sieht sie ihre Chancen auf einen Zuerwerb steigen.

Nur unter Abwägung aller Gesichtspunkte können wohl teilweise auch die Pläne der Regierungsstellen zu einer Seßhaftmachung unterstützt werden. Von den bisherigen Provinzhauptstädten für die ostmarokkanischen Hochplateaus Oujda und Taza gingen bisher wenige Impulse aus. Mit der administrativen Neugliederung Ostmarokkos und der Einrichtung der neuen Provinz Bou Arfa, die weite Teile der ostmarokkanischen Hochplateaus umfaßt, sind möglicherweise sehr wichtige Weichen gestellt worden.

Literaturverzeichnis

A h m a d , Naji Abbas: Die ländlichen Lebensformen und die Agrarentwicklung in Tripolitanien. — Heidelberg 1969.

A n t , H.: Die malakologische Gliederung einiger Buchenwaldtypen in NW-Deutschland. — Vegetatio 18. 1969, S. 374—386.

A u b e r t , G.: Arid Zone Soils. A study of their formation, characteristics and conservation. — Arid Zone Res. 18. 1962, S. 115—137.

A v a r g u e s , J. et J. R i p o l l : Le problème de l'eau dans les Hauts Plateaux Oranais. — Terres et Eaux No. 20. Alger 1954, S. 28—43.

B a l o g h, Janos: Lebensgemeinschaften der Landtiere. — Berlin 1958.

B a z i l e v i c h , N. I., L. Y. R o d i n u. N. N. R o z o v : Geographical aspects of biological productivity. — Sov. Geogr. 12. 1971, S. 293—317.

B e r g e r - L a n d e f e l d t , Ulrich: Beiträge zur Ökologie der Pflanzen nordafrikanischer Salzpfannen. — Vegetatio 8. 1958, S. 169—206; 9. 1959, S. 1—25.

B e r n a r d , A. et E. F i c h e u r : Les régions naturelles de l'Algérie. — Ann. de Géogr. 11. 1902, S. 221—246, 339—365, 419—437.

B o b e k, Hans: Bemerkungen zur Frage eines neuen Standorts der Geographie. — Geogr. Rdsch. 22. 1970, S. 438—443.

B o e s c h , Hans: Nomadismus, Transhumanz und Alpwirtschaft. — Die Alpen 27. 1951, S. 202 ff.

B o n s , J. et B. G i r o t : Clef illustrée des reptiles du Maroc. — Trav. de l'Inst. Scient. Chérif., Série Zool. No. 26. Rabat 1962.

B o u d y, Pierre: Économie forestière nord-africaine. Bd. 1: Milieu physique et milieu humain. — Paris 1948.

B r a u n - B l a n q u e t , Josias: Pflanzensoziologie. Grundzüge der Vegetationskunde. 3. Aufl. — Wien 1964.

B r o s s e t , André: Écologie des Oiseaux du Maroc Oriental. — Trav. de l'Inst. Scient. Chérif., Série Zool. No. 22. Rabat 1961.

C a p o t - R e y, Robert: Le nomadisme pastoral dans le Sahara français. — Travaux de l'Institut de Recherches sahariennes 1. 1942, S. 63—86.

C h a p m a n , R. N. et al.: Studies in the ecology of sand dune insects. — Ecology 7. 1926, S. 416—426.

C h o r l e y , Richard u. Barbara K e n n e d y : Physical Geography. A Systems Approach. — London 1971.

C l o u d s l e y, J. L. u. M. J. C h a d w i c k : Life in deserts. — London 1964.

D a u b e n m i r e , Rexford: Annual cycles of soil moisture and temperature as related to grass development in the steppe of eastern Washington. — Ecology 53. 1972, S. 419—425.

D e n B o e r , P. J.: Verbreitung von Carabiden und ihr Zusammenhang mit Vegetation und Boden. — In: Biosoziologie. Den Haag 1965, S. 172—183.

D e s p o i s , Jean: L'Afrique Blanche. Bd. 1: L'Afrique du Nord. — Paris 1958.

D e s p o i s , Jean u. René R a y n a l : Géographie de l'Afrique du Nord-ouest. — Paris 1967.

D i e r s c h k e , Hartmut: Forschungsgegenstand und Forschungsrichtungen der Vegetationskunde. — Der Biologieunterricht 6. 1970, S. 4—21.

Dixey, F.: The availability of water in semi-arid lands: possibilities and limitations. — Arid Zone Res. 26. 1964, S. 37—45.

Dongus, Hansjörg: Über Beobachtungen an Schichtstufen in Trockengebieten. — In: Tübinger Geogr. Stud., H. 34. (Wilhelmy-Festschrift) 1970, S. 43—55.

Dresch, Jean: Dépressions fermées encaissées en régions sèches, spécialement en Afrique du Nord. — C. R. du Congrès intern. de Géographie, Rio 1956, Bd. 1, 1959, S. 222—228.

Dresch, Jean u. René Raynal: Note sur les formes glaciaires et périglaciaires du Moyen Atlas, du bassin de la Moulouya et du Haut Atlas oriental. — Notes du Serv. géol. du Maroc 7. 1953, S. 111—121.

Durand, Jacques-H.: Les croûtes calcaires et gypseuses en Algérie: formation et âge. — Bull. Soc. géol. Franç. (7) V, 1963, S. 959—968.

Ellenberg, Heinz: Grundlagen der Vegetationsgliederung. 1. Teil: Aufgaben und Methoden der Vegetationskunde. — Stuttgart 1956.

Ellenberg, Heinz: Leistung und Haushalt von Land-Lebensgemeinschaften. — Umschau 68. 1968, S. 481—485.

Ellenberg, Heinz: Ziele und Stand der Ökosystemforschung. — In: Ökosystemforschung. Heidelberg 1973, S. 1—31.

Ellenberg, Heinz (Hrsg.): Integrated Experimental Ecology. Methods and results of ecosystem research in the German Solling project. — Berlin, Heidelberg 1971.

Ellenberg, Heinz u. R. Mueller-Dombois: Tentative physiognomic-ecological classification of plant formations of the earth. — Ber. Geobot. Inst. ETH, Stiftg. Rübel, Zürich 37. 1967, S. 21—55.

Ellenberg, Heinz u. R. Mueller-Dombois: A Key to Raunkiaer plant life forms with revised subdivisions. — Ber. Geobot. Inst. ETH, Stiftg. Rübel, Zürich 37. 1967, S. 56—73.

Ellermann, J. R. u. T. C. S. Morrison-Scott: Checklist of Palaearctic and Indian Mammals 1758 to 1946. — London 1951.

Emberger, Louis: La végétation de la région méditerranéenne. Essai d'une classification des groupements végétaux. — Rev. gén. de Bot. 42. 1930, S. 641—662, S. 705—721.

Emberger, Louis: Aperçu général sur la végétation du Maroc. Commentaire de la carte phytogéographique du Maroc 1 : 1 500 000. — Veröff. d. Geobot. Inst. Rübel 14. 1939, S. 40—157.

Emberger, Louis: Un projet de classification des climats du point de vue phytogéographique. — Bull. Soc. Hist. Natur. Toulouse 77. 1942, S. 97—124.

Emberger, Louis: Une classification biogéographique des climats. — Recu. Trav. Lab. Bot. Géol. Zool., Fac. Scien. Univ. Montpellier, Série Bot., fasc. 7. 1955, S. 3—43

Etchécopar, R. D. u. F. Hüe: Les oiseaux du Nord de l'Afrique. — Paris 1964.

Falkner, F. R.: Die Trockengrenze des Regenfeldbaus in Afrika. — Petermanns Mitt. 84. 1938, S. 209—214.

Fiedler, H. J.: Die Untersuchung der Böden. Band I. — Dresden, Leipzig 1964.

Filzer, Paul: Ein botanischer Beitrag zur Charakterisierung natürlicher Landschaften Süddeutschlands. — Ber. z. dt. Landeskunde 31. 1963, S. 69—83.

Finke, Lothar: Wozu heute noch Vegetationsgeographie studieren? — Geogr. Rdsch. 25. 1973, S. 125—131.

Forichon, R.: La mise en valeur des steppes de la Moyenne Moulouya. — Bull. écon. soc. Maroc 15. 1952, S. 440—447.

Ganssen, Robert: Grundsätze der Bodenbildung. — Mannheim 1965.
Ganssen, Robert: Trockengebiete. — Mannheim 1968.
Gautier, E. F.: La meseta sud-oranaise. — Ann. de Géogr. 18. 1909, S. 328—340.
Giessner, Klaus: Der mediterrane Wald im Maghreb. — Geogr. Rdsch. 23. 1971, S. 390—400.
Gebien, H.: Katalog der Tenebrioniden. — 3 Teile. — Berlin, München 1937—1944.
Hamilton, W. J.: Competition and thermoregulatory behavior of the Namib Desert tenebrionid beetle genus Cardiosis. — Ecology 52. 1971, S. 810—822.
Heinzel, H., R. Fitter u. J. Parslow: The birds of Britain and Europe with North Africa and the Middle East. — London 1972.
Holm, E. u. E. B. Edney: Daily activity of Namib desert arthropods in relation to climate. — Ecology 54. 1973, S. 45—56.
Houston, James M.: The Western Mediterranean World. — London 1964.
Hubschmann, J.: Limons rouges et gris quaternaires récents et érosion sélective au Maroc oriental. — Z. f. Geomorph. N. F. 15. 1971, S. 261—273.
Ionesco, T.: Les types de végétation du Maroc, essai de nomenclature et de définition. — Rév. Géogr. du Maroc 1/2. 1962, S. 75—86.
Isnard, Hildebert: Le Maghreb. — Paris 1966.
Jaeger, Fritz: Trockengrenzen in Algerien. — Petermanns Mitt., Ergänzungsheft 223. Gotha 1936.
Jahandiez, E. u. R. Maire: Catalogue des plantes du Maroc. 3 Bde. — Paris 1931—34.
Julien, Charles-André: Histoire de l'Afrique du Nord. 2 Bde., 2. Aufl. — Paris 1951/52.
Kaiser, Ernst: Die großen Wadis, insbesondere das System des Igargar, als Leitlinien des saharischen Bios. — Wiss. Veröff. d. Dt. Inst. f. Länderkde., N. F. 12. Leipzig 1953, S. 47—56.
Kaiser, Ernst: Ideen zu einer Biogeographie der Sahara. — Petermanns Geogr. Mitt. 98. 1954, S. 86—100.
Karafiat, H.: Die Tiergemeinschaften in den oberen Bodenschichten schutzwürdiger Pflanzengesellschaften des Darmstädter Flugsandgebietes. — Inst. f. Naturschutz, Schriftenreihe Band 9, Heft 4. Darmstadt 1970.
Kausch, W.: Der Einfluß von edaphischen und klimatischen Faktoren auf die Ausbildung des Wurzelwerkes der Pflanzen unter besonderer Berücksichtigung einiger algerischer Wüstenpflanzen. — Darmstadt 1959.
Killian, Charles: Sols et plantes indicataires dans les parties non irriguées des oasis de Figuig et de Ben-Ounif. — Bull. Soc. Hist. Nat. de l'Afrique du Nord 32. 1941, S. 301—314.
Killian, Charles: Plantes et sols au Sahara et leurs relations mutuelles. — Inst. de Rech. Sahar. 2. 1943, S. 37—54.
Klink, Hans-Jürgen: Geoökologie und naturräumliche Gliederung. Grundlagen der Umweltforschung. — Geogr. Rdsch. 24. 1972, S. 7—19.
Knapp, Rüdiger: Vegetation und Landnutzung in Südtunesien. — Ber. d. Oberhess. Ges. f. Natur- u. Heilkunde, N.F. 36. 1968, S 103—124.
Knapp, Rüdiger: Die Vegetation von Afrika. Stuttgart 1973. (Vegetationsmonographien der einzelnen Großräume, Band III).
Knapp, Rüdiger (Hrsg.): Weidewirtschaft in Trockengebieten. — Stuttgart 1965. (Gießener Beiträge zur Entwicklungsforschung, Reihe I, 1).

Kocher, Louis: Prospection entomologique (Coléoptères) de la Moyenne Moulouya. — Bull. Soc. Sci. Natur. Maroc. Rabat 1954, S. 263—286.

Kubiena, Walter: Die Böden des mediterranen Raumes. Athen 1962, S. 1—22. (Intern. Kali-Institut).

Lange, O. L.: Die Ökologie der Wüstenpflanzen. — Nova Acta Leopoldina 31. 1966, S. 19—21.

Lauer, Wilhelm: L'indice xérothermique. — Erdkunde 7. 1953, S. 48—51.

Le Houerou, Henri-Noel: Recherches écologiques et floristiques sur la végétation de la Tunisie méridionale. 2 Vol. — Alger 1959. (Inst. Rech. Sahar.).

Leidlmair, Anton: Umbruch und Bedeutungswandel im nomadischen Lebensraum des Orients. Geogr. Z. 53. 1965, S. 81—97.

Lemée, Georges: Contribution à la connaissance phytosociologique des confins saharo-marocaines; les associations à thérophytes des dépressions sableuses et limoneuses non salées et des rocailles aux environs de Beni Ounif. — Vegetatio 4. 1953, S. 137—154.

Leser, Hartmut: Zum Konzept einer Angewandten Physischen Geographie. — Geogr. Z. 61. 1973, S. 36—46.

Long, Gilbert: Conceptions générales sur la cartographie biogéographique intégrée de la végétation et de son écologie. — Ann. de Géogr. 78. 1969, S. 257—285.

Long, Gilbert: Le concept d'intégration en écologie appliquée. — Canad. Journal of Botany 50. 1972, S. 533—541.

Maire, René: Flore de l'Afrique du Nord. — Paris 1952 ff.

Manshard, Walter: Der Mensch und die Biosphäre. Ein neues Forschungsprogramm der UNESCO. — Die Erde 102. 1971, S. 321—327.

Marion, J.: Objectifs et premières leçons de l'expérimentation alfatière notamment au Maroc. — Ann. rech. forestières au Maroc 1953, S. 56—162.

Martin, J. et al.: Géographie du Maroc. — Paris 1964.

Martini, Hans Joachim: Geologische Grundlagen der Wasserversorgung im ariden Nordafrika. — In: Wasserwirtschaft in Afrika. Bonn 1963, S. 14—17.

Meigs, P.: Classification and occurrence of mediterranean-type dry climates. — Arid Zone Res. 26. 1964, S. 17—21.

Mensching, Horst: Die Nordgrenze der Sahara in Marokko. — Umschau 54. 1954, S. 527—531.

Mensching, Horst: Marokko. Die Landschaften im Maghreb. — Heidelberg 1957.

Mensching, Horst: Die Maghrebländer; Eignungsraum und geographische Grenzen in Nordafrika. — Dt. Geographentag Bochum 1965. Tagungsbericht u. wiss. Abh. Wiesbaden 1966, S. 106—115.

Mensching, Horst: Bergfußflächen und das System der Flächenbildung in den ariden Subtropen und Tropen. — Geol. Rundschau 58. 1968, S. 62—82.

Mensching, Horst: Nomadismus und Oasenwirtschaft im Maghreb. Entwicklungstendenzen seit der Kolonialzeit und ihre Bedeutung im Kulturlandschaftswandel der Gegenwart. — Braunschweiger Geogr. Stud. Heft 3. 1971, S. 155—166.

Mensching, Horst u. René Raynal: Fußflächen in Marokko. — Petermanns Geogr. Mitt. 98. 1954, S. 171—176.

Métro, A. u. Ch. Sauvage: Flore des végétaux ligneux de la Marmora. La nature au Maroc. I. — Rabat 1955.

Monjauze, A., L. Faurel u. G. Schotter: Note préliminaire sur un itinéraire botanique dans la steppe et le Sahara septentrional algérois. — Bull. de la Soc. d'Hist. Nat. d'Afrique du Nord 46. 1955, S. 206—230.

Montchaussé, G.: La steppe algérienne, cadre d'interactions entre l'homme et son milieu. — Options Méd. 13. 1972, S. 55—60.

Müller, Paul: Die Bedeutung der Biogeographie für die ökologische Landschaftsforschung. — Biogeographica 1. 1972, S. 25—53.

Müller, Paul: Aspects of Zoogeography. — The Hague 1974.

Müller, Siegfried: Beobachtungen an rezenten Kalkrindenböden im nördlichen Algerien. — Z. f. Pflanzenernährung 65. 1954, S. 107—117.

Müller-Hohenstein, Klaus: Die anthropogene Beeinflussung der Wälder im westlichen Mittelmeerraum unter besonderer Berücksichtigung der Aufforstungen. — Erdkunde 27. 1973, S. 55—68.

Nachtigall, Horst: Akkulturationsprobleme bei den Beni Mguild (Marokko). — Ethnos 1966, S. 34—56.

Nachtigall, Horst: Beiträge zu Feldbau und Nomadismus der Beni Mguild (Marokko). — Z. f. Ethnologie 92. 1967, S. 162—199.

Neef, Ernst: Die theoretischen Grundlagen der Landschaftslehre. — Gotha 1967.

Neef, Ernst: Zu einigen Fragen der vergleichenden Landschaftsökologie. — Geogr. Z. 59. 1970, S. 161—175.

Neef, Ernst: Geographie und Umweltwissenschaft. — Petermanns Geogr. Mitt. 116. 1972, S. 81—88.

Niemeier, Georg: Vollnomaden und Halbnomaden im Steppenhochland und in der nördlichen Sahara. — Erdkunde 9. 1959, S. 249—263.

Ozenda, Paul: Observations sur la végétation d'une région semi-aride. Hauts plateaux du Sud-Algérois. — Bull. Soc. Hist. Nat. Afr. Nord 1954, S. 189—223.

Ozenda, Paul: Flore du Sahara septentrional et central. — (Paris) 1958. (C.N.R.S.).

Paskoff, Roland: Les hautes plaines du Maroc oriental. La région de Berguent. — Cahiers d'Outre-Mer 10. 1956, S. 34—64.

Pasteur, G. u. J. Bons: Catalogue des reptiles actuels du Maroc. Révision des formes d'Afrique, d'Europe et d'Asie. — Trav. de l'Inst. Scientif. Chérif., Série Zool. No. 21. Rabat 1960.

Pellegrin, Jacques: Reptiles, batraciens et poissons du Maroc Oriental. — Bull. Mus. Hist. Nat. 32. Paris 1926, S. 159—163.

Pitard, C. J.: Contribution à l'étude de la végétation du Maroc désertique et du Maroc central. — Soc. des Scien. Nat., Mémoire 8. 1924, S. 245—278.

Pujos, A. u. C. Sauvage: Au sujet de quelques chenopodiacées du Maroc Oriental. — Bull. Soc. Scient. Natur. Maroc. 32. Rabat 1952, S. 169—173.

Quézel, Pierre: Peuplement végétal des Hautes Montagnes de l'Afrique du Nord. — Paris 1957.

Quézel, Pierre: La végétation du Sahara du Tschad à la Mauritanie. — Stuttgart 1965.

Quézel, Pierre u. S. Santa: Nouvelle Flore d'Algérie et des régions désertiques méridionales. — 2 Bde. Paris 1962/63.

Rathjens, Carl: Geographische Grundlagen und Verbreitung des Nomadismus. — In: Nomadismus als Entwicklungsproblem. Bochumer Schriften zur Entwicklungsforschung und Entwicklungspolitik Bd. 5. 1969, S. 19—28.

Rauh, Werner: Vegetationsstudien im Hohen Atlas und dessen Vorland. — Sitzungsberichte d. Heidelberger Akademie d. Wiss. Math.-naturwiss. Klasse Abh. 1. Heidelberg 1952.

Raynal, René: Mouvements de population récents et actuels au Maroc oriental. — Congr. intern. géogr. Lisbonne IV. 1949, S. 67—80.

Raynal, René: Plaine et piedmonts du bassin de la Moulouya (Maroc Oriental). Étude géomorphologique. — Rabat 1961.

Reichelt, G. u. O. Wilmanns: Vegetationsgeographie. Praktische Arbeitsweisen. — Braunschweig 1973. (Das geographische Seminar).

Rübel, E. u. W. Lüdi (Hrsg.): Ergebnisse der Internationalen pflanzengeographischen Exkursion durch Marokko und Westalgerien 1936. — Geobot. Inst. Rübel, Heft 31. Bern 1939.

Sasson, Albert: Recherches écophysiologiques sur la flore bactérienne des sols des régions arides du Maroc. — Travaux de l'Inst. Scien.. Chérif. Série bot. et biol. végétale No. 30. Rabat 1967.

Schiffers, Heinrich (Hrsg.): Die Sahara und ihre Randgebiete. Darstellung eines Naturgroßraumes. I. Bd. Physiogeographie. — München 1971.

Schimper, A. F. W.: Pflanzengeographie auf physiologischer Grundlage. Bd. I, II, 3. Aufl. — Jena 1935.

Schlichting, Ernst u. Hans-Peter Blume: Bodenkundliches Praktikum. Eine Einführung in pedologisches Arbeiten für Ökologen, insbesondere Land- und Forstwirte und für Geowissenschaftler. — Berlin, Hamburg 1966.

Schmithüsen, Josef: Allgemeine Vegetationsgeographie. 3. Aufl. — Berlin 1969.

Schmithüsen, Josef: Vegetation und Landschaft. — Vegetation 20. 1970, S. 210—213.

Scholz, Fred: Belutschistan (Pakistan). Eine sozialgeographische Studie des Wandels in einem Nomadenland seit Beginn der Kolonialzeit. — Göttinger Geogr. Abh. Heft 63. Göttingen 1974.

Sivignon, M.: L'évolution du nomadisme dans les Hautes Plaines de l'ouest algérien. — Rév. de géogr. de Lyon 38. 1963, S. 205—223.

Sochava, V. B.: Geography and Ecology. — Sov. Géogr. 12. 1971, S. 277—291.

Sogetim: Étude des érosions dans le bassin de la Moulouya. Reconnaissance des milieux des hauts plateaux du Maroc oriental et de leurs bordures montagneuses, Bassin de l'Oued-Za. — Rabat 1956.

Steubing, Lore: Pflanzenökologisches Praktikum. — Berlin 1965.

Stocker, O.: Der Wasser- und Assimilationshaushalt südalgerischer Wüstenpflanzen. — Ber. dt. bot. Ges. 67. 1954, S. 289—299.

Stocker, O.: Steppe, Wüste und Savanne. — In: Festschrift Franz Firbas. Bern 1962, S. 234—243.

Stoddart, D. R.: Geography and the ecological approach: The ecosystem as a geographic principle and method. — Geography 50. 1965, S. 242—251.

Stoddart, D. R.: Die Geographie und ihr ökologischer Ansatz. — In: Wirtschafts- und Sozialgeographie. Köln, Berlin 1970.

Stugren, Bogdan: Grundlagen der allgemeinen Ökologie. — Jena 1972.

Thiele, Hans-Ulrich: Was bindet Laufkäfer an ihre Lebensräume? — Naturw. Rundschau 21. 1968, S. 57—65.

Thiele, Hans-Ulrich u. Wolfgang Kolbe: Beziehungen zwischen bodenbewohnenden Käfern und Pflanzengesellschaften in Wäldern. — Pedobiologia 1. 1962, S. 157—173.

Tichy, Franz: Die Aufgaben der Ökologie in der Kulturlandschaftsforschung. — Biogeographica 1. 1972, S. 15—24.

Tischler, Wolfgang: Synökologie der Landtiere. — Stuttgart 1955.

Treguboy, V.: Étude des groupements végétaux du Maroc oriental méditerranéen. — Bull. du Mus. d'Hist. nat. Marseille 1. 1963, S. 121—196.

Troll, Carl: Der jahreszeitliche Ablauf des Naturgeschehens in den verschiedenen Klimagürteln der Erde. — Studium Generale 8. 1955, S. 713—733.

UNESCO-FAO (Hrsg.): Carte de la végétation de la région méditerranéenne 1 : 5 Mill. — Paris 1968.

UNESCO-FAO (Hrsg.): Carte bioclimatique de la région méditerranéenne 1 : 5 Mill. — Paris 1962.

Uvarov, B. P.: Development of arid lands and its ecological effects on their insect fauna. — Arid Zone Res. 18. 1962, S. 235—248.

Vageler, Paul: Zur Bodengeographie Algiers. — Petermanns Mitt. Ergänzungsheft Nr. 258. Gotha 1955.

Volk, Otto: Ökologische Grundlagen des Nomadismus. — In: Nomadismus als Entwicklungsproblem. Bochumer Schriften zur Entwicklungsforschung und Entwicklungspolitik. Bd. 5. 1969, S. 57—66.

Volk, Otto u. Heinrich Walter: Die Grundlagen der Farmwirtschaft in Südwestafrika. — Stuttgart 1954.

Walter, Heinrich: Über die Stoffproduktion der Pflanzen in ariden Gebieten und die Wasserversorgung von Wüstenpflanzen sowie über Bewässerungskulturen. — In: Wasserwirtschaft in Afrika. Köln 1963, S. 83—95.

Walter, Heinrich: Die Vegetation der Erde in öko-physiologischer Betrachtung. Bd. II: Die gemäßigten und arktischen Zonen. — Jena 1968.

Walter, Heinrich: Biosphäre, Produktion der Pflanzendecke und Stoffkreislauf in ökologisch-geographischer Sicht. — Geogr. Z. 59. 1971, S. 116—130.

Walter, Heinrich u. Helmut Lieth: Klimadiagramm-Weltatlas. — Jena 1964.

Weber, Hermann: Grundriß der Insektenkunde. 3. Aufl. — Stuttgart 1954.

Weischet, Wolfgang: Die räumliche Differenzierung klimatologischer Betrachtungsweisen. Ein Vorschlag zur Gliederung der Klimatologie und zu ihrer Nomenklatur. — Erdkunde 2. 1956, S. 109—122.

Winkler, A.: Catalogus Coleopterum Regionis Palaearcticae. — Wien 1924—34.

Winkworth, R. E.: The soil water regime of an arid grassland (Eragrostis oriopeda) community in Central Australia. — Agricultural Meteorology 7. 1970, S. 387—399.

Wirth, Eugen: Morphologische und bodenkundliche Beobachtungen in der syrisch-israelischen Wüste. — Erdkunde 12. 1958, S. 26—42.

Wirth, Eugen: Agrargeographie des Irak. — Hamburg 1962. (Hamburger Geogr. Studien, Heft 13).

Wirth, Eugen: Der Nomadismus in der modernen Welt des Orients, Wege und Möglichkeiten einer wirtschaftlichen Integration. — In: Nomadismus als Entwicklungsproblem. Bochumer Schriften zur Entwicklungsforschung und Entwicklungspolitik. Bd. 5. 1969, S. 93—106.

Wirth, Eugen: Syrien. Eine geographische Landeskunde. — Darmstadt 1971.

Zednik, Friedrich: Waldbau gegen Versteppung im Mittelmeerraum. — Allgem. Forstzeitung 75. Wien 1964, S. 93—95.

Verzeichnis der benutzten Karten und Luftbilder

Ministère des Travaux et des Transports, Institut Géographique National, Paris:
Carte Générale du Maroc 1/500 000 (1960), Blatt Oujda.

Ministère de l'Agriculture, Service Topographique, Rabat:
Carte du Maroc 1/100 000

Feuille NI-30-IX-3	Berkine	Feuille NI-30-X-1	Matarka
Feuille NI-30-IX-4	Debdou	Feuille NI-30-X-2	Tendrara-Ouest
Feuille NI-30-X-3	Hassiane ed Dab	Feuille NI-30-III-3	Tameslent
Feuille NI-30-X-4	Oued Charef	Feuille NI-30-III-4	Talsint
Feuille NI-30-XVI-2	Berguent	Feuille NI-30-IV-3	Bel Rhiada
Feuille NI-30-XX-1	Missour	Feuille NI-30-IV-4	Jebel Lakhdar
Feuille NI-30-IX-2	Hassi el Ahmar	Feuille NI-30-V-3	Bou Arfa

Comité National de Géographie du Maroc, Institut scientifique chérifien, Rabat:
Atlas du Maroc, Rabat 1951 ff.

Planche No 40 a Élevage: Ovins et caprins. (Joly, F. 1954)
Planche No 40 b Élevage: Bovins, porcins, camélidés, équidés. (André, A. 1955)
Planche No 40 c Élevage: Marchés du bétail, équipement vétérinaire. (Raynal, R. u. A. André 1955)
Planche No 44 a Chemins de fer. (Bouquerel, J., F. Joly u. A. André, 1955)
Planche No 28 b Géographie des maladies. (Gaud, J. 1956)
Planche No 4 a Précipitations annuelles. (Gaussen, H., J. Debrach u. F. Joly, 1958)
Planche No 14 b Répartition des eaux salées au Maroc. (Margat, J. 1960)
Planche No 41 a Économie minière. (André, A. u. J. Le Coz 1961)
Planche No 31   Population (1960). (Noin, D. 1963)
Planche No 6 b Étages bioclimatiques. (Sauvage, Ch. 1963)
Planche No 39 b L'arboriculture et la viticulture au Maroc (1960). (Mathez, M. 1968)

Protectorat de la République Française au Maroc, Gouvernement Chérifien, Direction de la Production Industrielle et des Mines, Service Géologique:
Carte Géologique du Maroc au 1/500 000
Blatt Oujda (Paris 1954)

Ministère du Commerce, de l'Artisanat, de l'Industrie et des Mines, Direction des Mines et de la Géologie, Division de la Géologie, Rabat:
Carte Géologique du Maroc au 1/100 000
Blatt Hassi el Ahmar
Blatt Matarka
(einschließlich "Notices explicatives" von R. Medioni, Rabat 1968)

Ministère de l'Agriculture, Service Topographique, Rabat:
Luftbilder der "Mission l'Oriental", 1970, Maßstab ca. 1/40 000. (Aus dieser Serie wurden Bilder benutzt, die die Gesamtfläche der topographischen Karten 1/100 000 von Debdou, Hassiane ed Dab, Hassi el Ahmar und Matarka sowie den jeweils östlichen Teil der Blätter Berkine und Missour abdecken.)

Glossar

Arabische und berberische Begriffe des ostmarokkanischen Sprachgebrauchs in französischer Transkription

acheb	annuelle Kräuterflur
adrar	Gebirge, Bergland
ahmar	rot
ain	Quelle, Wasserstelle
ait	die Söhne von ... (berb.)
alfa	Halfagras
beit	Ei, eiförmig
betoum	*Pistacia atlantica*
bled	Landschaft, hier auch im Sinn von „nicht der Staatsgewalt unterstehendem Gebiet" (bled es siba)
bour	Trockenfeld
chaif	Aussicht, erhöhter Punkt
chaima	Zelt
chair	Gerste
charef	gealtert, weise
chebka, chebket	Netz, Netzwerk
cheikh	Scheich
chih	*Artemisia herba-alba*
chlib	Milch
choruf	Lamm
dahar	Rücken, Grat
daia, dayet	Senke, „trockener See"
dar	Haus
diab	Wolf
dik	Huhn
djelf	Ackerflächen in Flußauen
dmia	blutig, die Blutige
douar	Zeltgruppe, ländliche Siedlung
en nefouikha	ausgeblasen, dem Wind ausgesetzt
fellah	Fellache, Bauer
foum	Mund, Tor
gaada, gada	Hochebene, Plateau
gara, garet	Tafel, Tafelberg
guelb, glab	Herz
haouli	Hammel
hassi	tiefer Brunnen
houd	Fisch
jdih	Ziege
jebel	Berg, Gebirge
jenane, jnim, inien	Garten
jorf	Höhle
kaid	Gemeindeoberhaupt
khammessat	Fünftelspacht
kilb	Hund
klila	Käse

ksar	befestigte ländliche Siedlung
ma	Wasser
matarka	Hammer
menzah	Park
m'guismet	Hügelland
mechoui	Spießbraten (Hammel)
melk	privater Landbesitz
naji	überlebend
nana	Pfefferminze
oglat	flacher Brunnen
oulad	Stamm, die Söhne von ... (arab.)
oued	Fluß, Wadi
ras	Kopf, Gipfel
rchida	klug, weise
rdir, ghedir	Teich, künstliche Wasserstelle
rhar	Loch
rhazala	Gazelle
rih	Wind
rtem	*Retama sphaerocarpa*
seffoula	niedrig
seguia	Bewässerungskanal
seheb	Flußaue
souk	Markt, Wochenmarkt
sta	Regen
tinzil	erhöhter Punkt
tisraine	kultiviert, bepflanzt
zerga	blau

Die Aufnahmen zu den folgenden Bildern 1 bis 15 stammen vom Verfasser.

Bild 1. Rumpffläche des Rekkam aus jurassischen Kalken mit Halfa-Gesellschaften auf den Kuppen und in Hanglagen sowie Wermut-Gesellschaften in Beckenlagen (Ausschnitt aus Perimeter 5 „Oued Nosli", 21. 10. 73)

Bild 2. Rumpffläche des Rekkam im Luftbild (Umgebung des Perimeter 1 „Jebel el Gaada", Okt. 70)

Die Luftbildausschnitte in den Bildern 2, 4 und 6 werden mit freundlicher Genehmigung des Service Topographique, Rabat, wiedergegeben.

Bild 3. Schichtkämme des Garet Dik aus Jura- und Kreidekalken mit Halfa-Gesellschaften auf Fußflächen und in Hanglagen sowie Retama-Gesellschaften am Oued im Mittelgrund (Ausschnitt aus Perimeter 15 „Chaif Oulad Raho", 25. 10. 73)

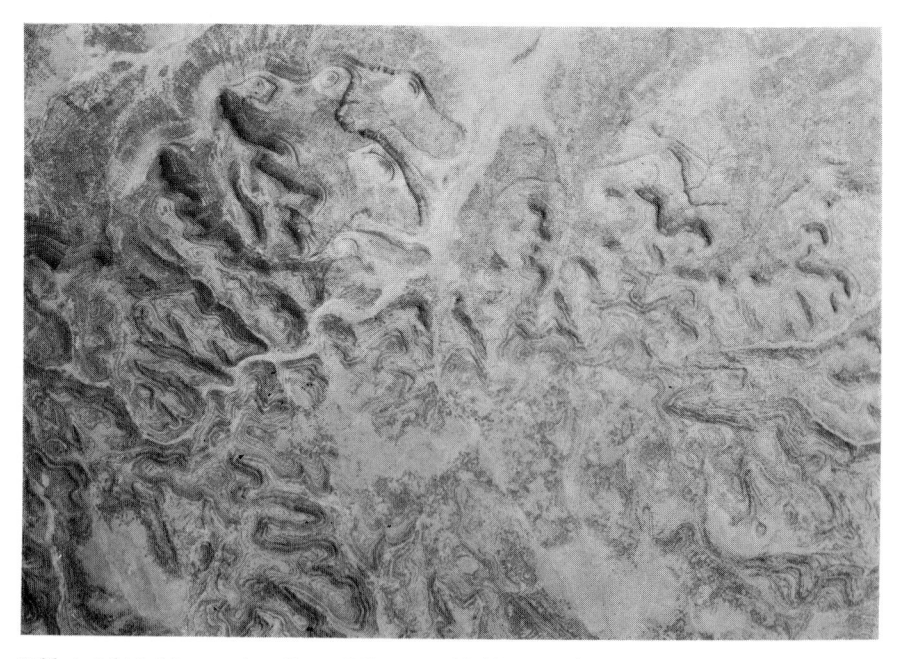

Bild 4. Schichtkämme des Garet Dik im Luftbild (Umgebung des Perimeter 12 „Garet Dik", Okt. 70)

Bild 5. Hochebenen von En Nefouikha aus jungquartären Ablagerungen und Alluvionen mit drei charakteristischen Boden-Vegetations-Komplexen: a) im Vordergrund Pegamum harmala auf steinigem Substrat; b) im Mittelgrund Artemisia herba-alba auf lehmigem Substrat; c) im Hintergrund nahezu vegetationsfreier Bereich auf tonigem, stark verdichtetem Substrat (Ausschnitt aus Perimeter 7 „En Nefouikha", 23. 3. 74)

Bild 6. Hochebenen von En Nefouikha im Luftbild (Umgebung des Perimeter 7 „En Nefouikha", Okt. 70)

Bild 7. Stipa tenacissima (flor.). (Ausschnitt aus Perimeter 15 „Chaif Oulad Raho",
24. 5. 74)

Bild 8. Artemisia herba-alba und Aristida coerulescens (flor.). (Ausschnitt aus Perimeter 7 „En Nefouikha", 25. 5. 74)

Bild 9. Retama sphaerocarpa auf Nebkets (Ausschnitt aus Perimeter 17 „Guelb Mbarek", 25. 5. 74)

Bild 10. Felsspaltengesellschaft mit Stipa tenacissima auf Schichtkammtrauf (Ausschnitt aus Perimeter 16 „Chaif er Rih", 23. 10. 73)

Bild 11. Dauerquadrat in Anabasis aphylla-Gesellschaft am 19. 11. 73, Anabasis aphylla (flor.). (Ausschnitt aus Perimeter 19 „Chebka Remlia")

Bild 12. Dauerquadrat von Bild 11 (Anabasis aphylla-Gesellschaft) am 26. 5. 74, Pegamum harmala (flor.). (Ausschnitt aus Perimeter 19 „Chebka Remlia")

am 23. 5. 74, mit zahlreichen Annuellen (flor. + frut.), (Bild 15). (Ausschnitt aus Perimeter 11 „Chebka Tisraine") ▶

Bilder 13, 14 und 15. Dauerquadrat in Lygeum spartum-Gesellschaft, Bild 13: am 23. 2. 74, verschneit, Winterruhe

am 28. 4. 74, mit austreibender Artemisia herba-alba (Bild 14)

Erlanger Geographische Arbeiten

Herausgegeben vom
Vorstand der Fränkischen Geographischen Gesellschaft

Die Erlanger Geographischen Arbeiten erscheinen als

Hefte

Sonderabdrucke einzelner Beiträge aus den Mitteilungen der
Fränkischen Geographischen Gesellschaft, und als

Sonderbände

Arbeiten, die nicht in den Mitteilungen der Fränkischen
Geographischen Gesellschaft veröffentlicht sind.

Bezug durch den Buchhandel
oder direkt vom Verlag Palm & Enke, Postfach 2140, D-8520 Erlangen
der die Auslieferung unserer Titel besorgt.

Selbstverlag der Fränkischen Geographischen Gesellschaft
in Kommission bei Palm & Enke, Erlangen

Erlanger Geographische Arbeiten
ISSN 0170—5172

Heft 1. *Thauer, Walter:* Morphologische Studien im Frankenwald und Frankenwaldvorland. 1954. IV. 232 S., 10 Ktn., 11 Abb., 7 Bilder u. 10 Tab. im Text, 3 Ktn. u. 18 Profildarst. als Beilage.
ISBN 3 920405 00 5   kart. DM 19,—

Heft 2. *Gruber, Herbert:* Schwabach und sein Kreis in wirtschaftsgeographischer Betrachtung. 1955. IV, 134 S., 9 Ktn., 1 Abb., 1 Tab.
ISBN 3 920405 01 3   kart. DM 11,—

Heft 3. *Thauer, Walter:* Die asymmetrischen Täler als Phänomen periglazialer Abtragungsvorgänge, erläutert an Beispielen aus der mittleren Oberpfalz. 1955. IV, 39 S., 5 Ktn., 3 Abb., 7 Bilder.
ISBN 3 920405 02 1   kart. DM 5,—

Heft 4. *Höhl, Gudrun:* Bamberg — Eine geographische Studie der Stadt. 1957. IV, 16 S., 1 Farbtafel, 28 Bilder, 1 Kt., 1 Stadtplan. — *Hofmann, Michel:* Bambergs baukunstgeschichtliche Prägung. 1957. 16 S.
ISBN 3 920405 03 X   kart. DM 8,—

Heft 5. *Rauch, Paul:* Eine geographisch-statistische Erhebungsmethode, ihre Theorie und Bedeutung. 1957. IV, 52 S., 1 Abb., 1 Bild u. 7 Tab. im Text, 2 Tab. im Anhang.
ISBN 3 920405 04 8   kart. DM 5,—

Heft 6. *Bauer, Herbert F.:* Die Bienenzucht in Bayern als geographisches Problem. 1958. IV, 214 S., 16 Ktn., 5 Abb., 2 Farbbilder, 19 Bilder u. 23 Tab. im Text, 1 Kartenbeilage.
ISBN 3 920405 05 6   kart. DM 19,—

Heft 7. *Müssenberger, Irmgard:* Das Knoblauchsland, Nürnbergs Gemüseanbaugebiet. 1959. IV, 40 S., 3 Ktn., 2 Farbbilder, 10 Bilder u. 6 Tab. im Text, 1 farb. Kartenbeilage.
ISBN 3 920405 06 4   kart. DM 9,—

Heft 8. *Burkhart, Herbert:* Zur Verbreitung des Blockbaues im außeralpinen Süddeutschland. 1959. IV, 14 S., 6 Ktn., 2 Abb., 5 Bilder.
ISBN 3 920405 07 2   kart. DM 3,—

Heft 9. *Weber, Arnim:* Geographie des Fremdenverkehrs im Fichtelgebirge und Frankenwald. 1959. IV, 76 S., 6 Ktn., 4 Abb., 17 Tab.
ISBN 3 920405 08 0   kart. DM 8,—

Heft 10. *Reinel, Helmut:* Die Zugbahnen der Hochdruckgebiete über Europa als klimatologisches Problem. 1960. IV, 74 S., 37 Ktn., 6 Abb., 4 Tab.
ISBN 3 920405 09 9   kart. DM 10,—

Heft 11. *Zenneck, Wolfgang:* Der Veldensteiner Forst. Eine forstgeographische Untersuchung. 1960. IV, 62 S., 1 Kt., 4 Farbbilder u. 23 Bilder im Text, 1 Diagrammtafel, 5 Ktn., davon 2 farbig, als Beilage.
ISBN 3 920405 10 2   kart. DM 19,—

Heft 12. *Berninger, Otto:* Martin Behaim. Zur 500. Wiederkehr seines Geburtstages am 6. Oktober 1459. 1960. IV, 12 S.
ISBN 3 920405 11 0 kart. DM 3,—

Heft 13. *Blüthgen, Joachim:* Erlangen. Das geographische Gesicht einer expansiven Mittelstadt. 1961. IV, 48 S., 1 Kt., 1 Abb., 6 Farbbilder, 34 Bilder u. 7 Tab. im Text, 6 Ktn. u. 1 Stadtplan als Beilage.
ISBN 3 920405 12 9 kart. DM 13,—

Heft 14. *Nährlich, Werner:* Stadtgeographie von Coburg. Raumbeziehung und Gefügewandlung der fränkisch-thüringischen Grenzstadt. 1961. IV, 133 S., 19 Ktn., 2 Abb., 20 Bilder u. zahlreiche Tab. im Text, 5 Kartenbeilagen.
ISBN 3 920405 13 7 kart. DM 21,—

Heft 15. *Fiegl, Hans:* Schneefall und winterliche Straßenglätte in Nordbayern als witterungsklimatologisches und verkehrsgeographisches Problem. 1963. IV, 52 S., 24 Ktn., 1 Abb., 4 Bilder, 7 Tab.
ISBN 3 920405 14 5 kart. DM 6,—

Heft 16. *Bauer, Rudolf:* Der Wandel der Bedeutung der Verkehrsmittel im nordbayerischen Raum. 1963. IV, 191 S., 11 Ktn., 18 Tab.
ISBN 3 920405 15 3 kart. DM 18,—

Heft 17. *Hölcke, Theodor:* Die Temperaturverhältnisse von Nürnberg 1879 bis 1958. 1963. IV, 21 S., 18 Abb. im Text, 1 Tabellenanhang u. 1 Diagrammtafel als Beilage.
ISBN 3 920405 16 1 kart. DM 4,—

Heft 18. Festschrift für Otto Berninger.
Inhalt: Erwin Scheu: Grußwort. — Joachim Blüthgen: Otto Berninger zum 65. Geburtstag am 30. Juli 1963. — Theodor Hurtig: Das Land zwischen Weichsel und Memel, Erinnerungen und neue Erkenntnisse. — Väinö Auer: Die geographischen Gebiete der Moore Feuerlands. — Helmuth Fuckner: Riviera und Côte d'Azur — mittelmeerische Küstenlandschaft zwischen Arno und Rhone. — Rudolf Käubler: Ein Beitrag zum Rundlingsproblem aus dem Tepler Hochland. — Horst Mensching: Die südtunesische Schichtstufenlandschaft als Lebensraum. — Erich Otremba: Die venezolanischen Anden im System der südamerikanischen Cordillere und in ihrer Bedeutung für Venezuela. — Pierre Pédelaborde: Le Climat de la Méditerranée Occidentale. — Hans-Günther Sternberg: Der Ostrand der Nordskanden, Untersuchungen zwischen Pite- und Torne älv. — Eugen Wirth: Zum Problem der Nord-Süd-Gegensätze in Europa. — Hans Fehn: Siedlungsrückgang in den Hochlagen der Oberpfälzer und Bayerischen Waldes. — Konrad Gauckler: Beiträge zur Zoogeographie Frankens. Die Verbreitung montaner, mediterraner und lusitanischer Tiere in nordbayerischen Landschaften. — Helmtraut Hendinger: Der Steigerwald in forstgeographischer Sicht. — Gudrun Höhl: Die Siegritz-Voigendorfer Kuppenlandschaft. — Wilhelm Müller: Die Rhätsiedlungen am Nordostrand der Fränkischen Alb. — Erich Mulzer: Geographische Gedanken zur mittelalterlichen Entwicklung Nürnbergs. — Theodor Rettelbach: Mönau und Mark, Probleme eines Forstamtes im Erlanger Raum. — Walter Alexander Schnitzer: Zum Problem der Dolomitsandbildung auf der südlichen Frankenalb. — Heinrich Vollrath: Die Morphologie der Itzaue als Ausdruck hydro- und sedimentologischen Geschehens. — Ludwig Bauer: Philosophische Begründung und humanistischer Bildungsauftrag des Erdkundeunterrichts, insbesondere auf der Oberstufe der Gymnasien. — Walter Kucher: Zum afrikanischen Sprichwort. — Otto Leischner: Die biologische Raumdichte. — Friedrich Linnenberg: Eduard Pechuel-Loesche als Naturbeobachter.
1963. IV, 358 S., 35 Ktn., 17 Abb., 4 Farbtafeln, 21 Bilder, zahlreiche Tabellen.
ISBN 3 920405 17 X kart. DM 36,—

Heft 19. *Hölcke, Theodor:* Die Niederschlagsverhältnisse in Nürnberg 1879 bis 1960. 1965. 90 S., 15 Abb. u. 51 Tab. im Text, 15 Tab. im Anhang.
ISBN 3 920405 18 8 kart. DM 13,—

Heft 20. *Weber, Jost:* Siedlungen im Albvorland von Nürnberg. Ein siedlungsgeographischer Beitrag zur Orts- und Flurformengenese. 1965. 128 S., 9 Ktn., 3 Abb. u. 2 Tab. im Text, 6 Kartenbeilagen.
ISBN 3 920405 19 6 kart. DM 19,—

Heft 21. *Wiegel, Johannes M.:* Kulturgeographie des Lamer Winkels im Bayerischen Wald. 1965. 132 S., 9 Ktn., 7 Bilder, 5 Fig. u. 20 Tab. im Text, 4 farb Kartenbeilagen.
vergriffen

Heft 22. *Lehmann, Herbert:* Formen landschaftlicher Raumerfahrung im Spiegel der bildenden Kunst. 1968. 55 S., mit 25 Bildtafeln.
ISBN 3 920405 21 8 kart. DM 10,—

Heft 23. *Gad, Günter:* Büros im Stadtzentrum von Nürnberg. Ein Beitrag zur City-Forschung. 1968. 213 S., mit 38 Kartenskizzen u. Kartogrammen, 11 Fig. u. 14 Tab. im Text, 5 Kartenbeilagen.
ISBN 3 920405 22 6 kart. DM 24,—

Heft 24. *Troll, Carl:* Fritz Jaeger. Ein Forscherleben. Mit e. Verzeichnis d. wiss. Veröffentlichungen von Fritz Jaeger, zsgest. von Friedrich Linnenberg. 1969. 50 S., mit 1 Portr.
ISBN 3 920405 23 4 kart. DM 7,—

Heft 25. *Müller-Hohenstein, Klaus:* Die Wälder der Toskana. Ökologische Grundlagen, Verbreitung, Zusammensetzung und Nutzung. 1969. 139 S., mit 30 Kartenskizzen u. Fig., 16 Bildern, 1 farb. Kartenbeil., 1 Tab.-Heft u. 1 Profiltafel als Beilage.
ISBN 3 920405 24 2 kart. DM 22,—

Heft 26. *Dettmann, Klaus:* Damaskus. Eine orientalische Stadt zwischen Tradition und Moderne. 1969. 133 S., mit 27 Kartenskizzen u. Fig., 20 Bildern u. 3 Kartenbeilagen, davon 1 farbig.
vergriffen

Heft 27. *Ruppert, Helmut:* Beirut. Eine westlich geprägte Stadt des Orients. 1969. 148 S., mit 15 Kartenskizzen u. Fig., 16 Bildern u. 1 farb. Kartenbeilage.
ISBN 3 920405 26 9 kart. DM 25,—

Heft 28. *Weisel, Hans:* Die Bewaldung der nördlichen Frankenalb. Ihre Veränderungen seit der Mitte des 19. Jahrhunderts. 1971. 72 S., mit 15 Kartenskizzen u. Fig., 5 Bildern u. 3 Kartenbeilagen, davon 1 farbig.
ISBN 3 920405 27 7 kart. DM 16,—

Heft 29. *Heinritz, Günter:* Die „Baiersdorfer" Krenhausierer. Eine sozialgeographische Untersuchung. 1971. 84 S., mit 6 Kartenskizzen u. Fig. u. 1 Kartenbeilage.
ISBN 3 920405 28 5 kart. DM 15,—

Heft 30. *Heller, Hartmut:* Die Peuplierungspolitik der Reichsritterschaft als sozialgeographischer Faktor im Steigerwald. 1971. 120 S., mit 15 Kartenskizzen u. Fig. u. 1 Kartenbeilage.
ISBN 3 920405 29 3 kart. DM 17,—

Heft 31. *Mulzer, Erich:* Der Wiederaufbau der Altstadt von Nürnberg 1945 bis 1970. 1972. 231 S., mit 13 Kartenskizzen u. Fig., 129 Bildern u. 24 farb. Kartenbeilagen.
ISBN 3 920405 30 7 kart. DM 39,—

Heft 32. *Schnelle, Fritz:* Die Vegetationszeit von Waldbäumen in deutschen Mittelgebirgen. Ihre Klimaabhängigkeit und räumliche Differenzierung. 1973. 35 S., mit 1 Kartenskizze u. 2 Profiltafeln als Beilage.
ISBN 3 920405 31 5 kart. DM 9,—

Heft 33. *Kopp, Horst:* Städte im östlichen iranischen Kaspitiefland. Ein Beitrag zur Kenntnis der jüngeren Entwicklung orientalischer Mittel- und Kleinstädte. 1973. 169 S., mit 30 Kartenskizzen, 20 Bildern und 3 Kartenbeilagen, davon 1 farbig.
ISBN 3 920405 32 3 kart. DM 28,—

Heft 34. *Berninger, Otto:* Joachim Blüthgen, 4. 9. 1912—19. 11. 1973. Mit einem Verzeichnis der wissenschaftlichen Veröffentlichungen von Joachim Blüthgen, zusammengestellt von Friedrich Linnenberg. 1976. 32 S., mit 1 Portr.
ISBN 3 920405 36 6 kart. DM 6,—

Heft 35. *Popp, Herbert:* Die Altstadt von Erlangen. Bevölkerungs- und sozialgeographische Wandlungen eines zentralen Wohngebietes unter dem Einfluß gruppenspezifischer Wanderungen. 1976. 118 S., mit 9 Figuren, 8 Kartenbeilagen, davon 6 farbig, und 1 Fragenbogen-Heft als Beilage.
ISBN 3 920405 37 4 kart. DM 28,—

Heft 36. *Al-Genabi, Hashim K. N.:* Der Suq (Bazar) von Bagdad. Eine wirtschafts- und sozialgeographische Untersuchung. 1976. 157 S., mit 37 Kartenskizzen u. Figuren, 20 Bildern, 8 Kartenbeilagen, davon 1 farbig, und 1 Schema-Tafel als Beilage.
ISBN 3 920405 38 2 kart. DM 34,—

Heft 37. *Wirth, Eugen:* Der Orientteppich und Europa. Ein Beitrag zu den vielfältigen Aspekten west-östlicher Kulturkontakte und Wirtschaftsbeziehungen. 1976. 108 S., mit 23 Kartenskizzen u. Figuren im Text und 4 Farbtafeln.
ISBN 3 920405 39 0 kart. DM 28,—

* * *

Sonderbände der Erlanger Geographischen Arbeiten
ISSN 0170—5180

Sonderband 1. *Kühne, Ingo:* Die Gebirgsentvölkerung im nördlichen und mittleren Apennin in der Zeit nach dem Zweiten Weltkrieg. Unter besonderer Berücksichtigung des gruppenspezifischen Wanderungsverhaltens. 1974. 296 S., mit 16 Karten, 3 schematischen Darstellungen, 17 Bildern und 21 Kartenbeilagen, davon 1 farbig.
ISBN 3 920405 33 1 kart. DM 82,—

Sonderband 2. *Heinritz, Günter:* Grundbesitzstruktur und Bodenmarkt in Zypern. Eine sozialgeographische Untersuchung junger Entwicklungsprozesse. 1975. 142 S., mit 25 Karten, davon 10 farbig, 1 schematischen Darstellung, 16 Bildern und 2 Kartenbeilagen.
ISBN 3 920405 34 X kart. DM 73,50

Sonderband 3. *Spieker, Ute:* Libanesische Kleinstädte. Zentralörtliche Einrichtungen und ihre Inanspruchnahme in einem orientalischen Agrarraum. 1975. 228 S., mit 2 Karten, 16 Bildern und 10 Kartenbeilagen.
ISBN 3 920405 35 8 kart. DM 19,—

Sonderband 4. *Soysal, Mustafa:* Die Siedlungs- und Landschaftsentwicklung der Çukurova. Mit besonderer Berücksichtigung der Yüregir-Ebene. 1976. 160 S., mit 28 Kartenskizzen u. Fig., 5 Textabbildungen u. 12 Bildern.
ISBN 3 920405 40 4 kart. DM 28,—

Sonderband 5. *Hütteroth, Wolf-Dieter and Kamal Abdulfattah:* Historical Geography of Palestine, Transjordan and Southern Syria in the Late 16th Century 1977. XII, 225 S., mit 13 Karten, 1 Figur u. 5 Kartenbeilagen, davon 1 Beilage in 2 farbigen Faltkarten.
ISBN 3 920405 41 2   kart. DM 69,—

Sonderband 6. *Höhfeld, Volker:* Anatolische Kleinstädte. Anlage, Verlegung und Wachstumsrichtung seit dem 19. Jahrhundert. 1977. X, 258 S., mit 77 Kartenskizzen u. Fig. und 16 Bildern.
ISBN 3 920405 42 0   kart. DM 30,—

Sonderband 7. *Müller-Hohenstein, Klaus:* Die ostmarokkanischen Hochplateaus. Ein Beitrag zur Regionalforschung und zur Biogeographie eines nordafrikanischen Trockensteppenraumes. 1978. 193 S., mit 24 Kartenskizzen u. Fig., davon 18 farbig, 15 Bildern, 4 Tafelbeilagen und 1 Beilagenheft mit 22 Fig. u. zahlreichen Tabellen.
ISBN 3 920405 43 9

Selbstverlag der Fränkischen Geographischen Gesellschaft
in Kommission bei Palm & Enke, D-8520 Erlangen, Postfach 2140